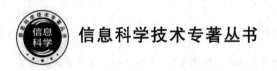 信息科学技术专著丛书

U0149923

高通量卫星通信技术

袁俊刚　韩慧鹏　编著

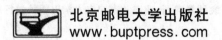 北京邮电大学出版社
www.buptpress.com

内 容 简 介

本书面向对卫星通信业务需求的激增和高通量卫星通信的快速发展,全面介绍了高通量卫星通信系统技术,包括高通量卫星平台技术和载荷技术、高效编码调制技术及卫星通信组网技术,此外还介绍了高通量卫星通信链路预算方法及国外主要高通量卫星通信系统。

本书层次清晰、内容丰富,力求理论方法结合工程实际。本书可作为从事卫星通信工程研发和研制的技术人员的学习用书,也可作为高校卫星通信专业本科生及研究生的教材或参考书。

图书在版编目(CIP)数据

高通量卫星通信技术 / 袁俊刚,韩慧鹏编著. -- 北京:北京邮电大学出版社,2021.10(2023.7 重印)
ISBN 978-7-5635-6529-0

Ⅰ. ①高… Ⅱ. ①袁… ②韩… Ⅲ. ①卫星通信 Ⅳ. ①TN927

中国版本图书馆 CIP 数据核字(2021)第 203167 号

策划编辑:彭 楠　　责任编辑:刘 颖　　封面设计:七星博纳

出版发行:北京邮电大学出版社
社　　　址:北京市海淀区西土城路 10 号
邮政编码:100876
发 行 部:电话:010-62282185　传真:010-62283578
E-mail:publish@bupt.edu.cn
经　　　销:各地新华书店
印　　　刷:北京虎彩文化传播有限公司
开　　　本:787 mm×1 092 mm　1/16
印　　　张:18
字　　　数:416 千字
版　　　次:2021 年 10 月第 1 版
印　　　次:2023 年 7 月第 2 次印刷

ISBN 978-7-5635-6529-0　　　　　　　　　　　　　　　　定价:88.00 元

前　言

随着经济社会的发展，市场对卫星通信的需求出现前所未有的增长。特别是公众宽带接入、移动宽带接入、中继通信及应急通信等对卫星通信容量和通信性能提出了新的高要求。由此，国际上发展起了高通量卫星通信技术。2005 年 8 月通信卫星 IPSTAR-1 成功发射，其单星通信容量达到 40 Gbit/s，开启了高通量卫星通信的时代。自 2010 年起，高通量卫星系统进入了快速发展期，2017 年发射的 Viasat-2 卫星通信容量高达 300 Gbit/s，在研中的 Viasat-3 卫星通信容量达 1Tbit/s。

高通量卫星通过采用多点波束和频率复用技术、数字载荷技术和灵活载荷技术，实现通信容量的跨越式提升，并具备在轨灵活工作的能力，可大幅降低每比特数据传输的成本，经济便利地实现各种新应用，满足用户动态变化的需求。目前，在 GEO 高通量卫星快速发展的同时，迅猛发展中的低轨互联网通信星座也成为高通量卫星系统的重要组成部分。在此大背景下，我国也加大了高通量卫星的研制和创新研发力度。

本书面向高通量卫星通信的快速发展，全面介绍了高通量卫星通信系统技术，包括高通量卫星平台技术和载荷技术、高效编码调制技术及卫星通信组网技术，此外还介绍了高通量卫星通信链路预算方法及国外主要高通量卫星通信系统。

本书由袁俊刚和韩慧鹏编著。具体分工如下：袁俊刚负责编写了第 1 章、第 2 章、第 3 章的 3.1 节～3.4 节、第 4 章和第 5 章；韩慧鹏负责编写了第 3 章的 3.5 节、3.6 节；韩慧鹏和袁俊刚共同编写了第 6 章和第 7 章。

本书邀请中国空间技术研究院的曹桂兴研究员、王敏研究员、李胜先研究员、陶滢研究员和杨显强研究员以及中国卫通集团股份有限公司的王立中研究员进行了审稿，他们提出了诸多宝贵意见。本书的编写得到了中国空间技术研究院通信与导航卫星总体部领导和专家的支持，在此对他们一并表达衷心的感谢！

・ 1 ・

本书层次清晰、内容丰富，力求理论方法结合工程实际。本书的读者对象主要为从事卫星通信工程研发和研制的技术人员，以及高校卫星通信专业的本科生及研究生。

本书编写过程中，参考了国内外大量文献，在此对这些参考文献的作者表示感谢！

限于作者水平，书中难免存在疏漏和错误之处，敬请读者批评指正！

作　者

目　录

第 1 章

绪　论

1.1　高通量卫星通信的特点及业务

1. 高通量卫星通信的特点

卫星通信是指利用卫星作为中继来转发无线电波,从而实现多个地面或空中用户间的通信。卫星通信利用星上天线接收地面站、地面或空中用户终端发射的信号,经卫星转发器进行变频放大,然后再通过星上天线发射到其他地面站、地面或空中用户终端,从而完成不同地面站、用户间的通信。卫星通信是在地面微波通信技术和空间技术基础上发展起来的,是现代通信技术与卫星技术交融发展的成果。

美国航天咨询公司北方天空研究所(NSR)于 2008 年提出了 High Throughput Satellite(HTS)的概念,国内称为高通量卫星或高吞吐量卫星。NSR 将 HTS 定义为:采用多点波束和频率复用技术,在同样频谱资源条件下,整星通信容量是传统通信卫星(FSS)数倍的卫星。HTS 概念由宽带卫星(Broadband Satellite)演化而来,但与之有所区别,宽带卫星以大容量和提供宽带互联网接入为特点。

HTS 最基本的特征是多点波束和频率复用,点波束数量多达几十甚至数百个,频率复用次数可达几十甚至上百次。带宽与复用次数相结合,使得卫星通信容量提升数十倍甚至百倍。HTS 卫星的通信容量一般大于 10 Gbit/s,高达数百 Gbps 甚至 Tbps 量级。高通量卫星通信可大幅降低每比特数据传输的成本,可经济、便利地实现各种新应用,正成为推动卫星通信领域跨域发展的重要支撑。

高通量卫星按轨道可划分为地球同步静止轨道(GEO)和非地球同步轨道(NGSO)两类卫星,当前在轨应用的高通量卫星以 GEO-HTS 为主,而 NGSO-HTS 星座正在迅猛发展,将提供低延迟、全球覆盖和大容量的通信服务,在卫星通信中将发挥越来越重要的作用。

2. 高通量卫星通信业务

为了便于进行频率分配、规划和管理,国际电信联盟(ITU)无线通信标准部门(ITU-

R)定义了典型的几种卫星业务,包括卫星固定业务(FSS)、卫星移动业务(MSS)和卫星广播业务(BSS)。

（1）卫星固定业务

卫星固定业务(FSS)是利用卫星给处于固定位置的用户地面站之间提供的无线电通信业务。地面站之间的通信可通过一颗卫星,或通过由星间链路连接的多颗卫星来实现。卫星固定业务支持电信和数据网络的所有业务类型,包括电话、数据、视频、电视、互联网和无线电通信业务等。

（2）卫星移动业务

卫星移动业务(MSS)是指飞机、船舶、高铁、汽车等高速移动载体利用卫星进行的无线电通信业务。由于移动性的特殊需求,移动地面终端通常尺寸较小,有些甚至是手持式终端。

（3）卫星广播业务

卫星广播业务(BSS)是指利用卫星发送或转发信号,供用户(包括个体和集体)直接接收的无线电广播业务,包括电视和广播等业务。直接接收系统包括直接到户(DTH)和公用天线电视系统(CATV)。支持卫星广播业务的卫星通常被称为直播卫星(DBS)。

高通量卫星通信主要面向以下领域提供服务:公众宽带、移动通信、中继通信、企业商用和公务通信、广播通信、应急通信和军用通信。

（1）公众宽带

主要为地面网络覆盖不到的地区提供宽带上网服务,重点解决偏远地区人口的宽带上网问题。用户通信位置相对固定,用户数量多,通信带宽需求大,希望服务商直接提供全套服务,系统操作使用越简单越好。

（2）移动通信

主要为飞机、船舶、高铁、汽车等高速移动载体提供广域宽带通信服务。用户移动速度快,服务区域广,对通信服务质量要求高,高通量通信可构建局部热点服务区。随着高通量卫星系统的快速发展,卫星数量越来越多,覆盖区域越来越广,正在逐渐满足移动用户终端跨区、跨波束大容量通信的问题。

（3）中继通信

中继通信业务分为如下两类:第一类为偏远地区地面移动基站提供固定的远端宽带数据接入,这类中继通信主要将远端数据接入骨干网络,大多处于发展中地区、偏远地区、海岛、沙漠、山区等区域,位置相对固定,对通信带宽和通信质量要求较高,其对接入点并不敏感;第二类为两个固定骨干节点间提供宽带数据通信,或为光纤、微波等骨干通信链路提供备份,这类业务对接入点有明确要求,用户中继节点位置固定,对通信速率和通信质量要求高。

（4）企业商用和公务通信

企业商用和公务通信业务分为如下三类:第一类为企业和政府构建卫星通信专网,提供专网内部用户间可靠保密通信服务,这类用户通信网络架构相对固定,对通信质量和安全性要求较高;第二类为商业人员、公务员和其他个人用户提供远程宽带接入服务,这类用户分布范围广、对应用的便利性较为关注;第三类为新闻采编等专用通信。

（5）应急通信

为自然或人为的突发性紧急情况及重要节假日和重要会议,提供广域宽带应急通信保障,具有突发性和暂时性。应急通信的用户分布范围广,局部地区通信量大,支持综合通信保障,终端便于携带,通信质量和互联互通要求高。高通量卫星通信特点在于终端体积小、重量轻、便于携带、使用方便、通信速率高。

（6）军用通信

国外发展起来的军用骨干卫星通信系统,如美国的 WGS 系统等,由于也采用多点波束及频率复用技术实现大容量骨干通信,因此也属于高通量卫星通信的范畴。此外,商用高通量卫星通信也为部队军事作战、训练、执勤、演习提供了重要的通信保障,例如美国商业卫星使用量占到整个军事卫星服务量的 80%,在伊拉克和阿富汗战场上高达 96%。

1.2 高通量卫星轨道及频率

1. 高通量通信卫星轨道

卫星通信系统设计与卫星运行轨道密切相关,不同的卫星通信覆盖及业务需求对应不同的运行轨道及轨道位置。同时,轨道也是卫星通信的重要资源,各国家和各机构都在积极储备卫星通信轨道资源。高通量卫星通信系统必须做好轨道的选择及设计。

高通量通信卫星轨道包括地球静止轨道（GEO）、中轨道（MEO）、低轨道（LEO）。

（1）GEO

GEO 高度为 35 786 km,轨道倾角为 0°,轨道周期与地球自转周期相同,且方向一致,理论星下点为一个点,使得卫星与地面的相对位置保持不变,卫星在空间就好像静止一样,因而成为众多卫星通信系统采用的轨道形式。目前,绝大多数高通量通信卫星都运行在 GEO。

实际上,GEO 受地球非球型等摄动因素的影响,会出现南北和东西漂移,需要定期进行卫星南北和东西位保控制,这会带来推进剂的消耗。卫星东西和南北位保的精度一般为:±0.05°。

（2）MEO

MEO 的轨道高度为 5 000 km 到 15 000 km,卫星运行周期为 4～12 小时。MEO 降低了轨道高度,大大减小了信号的空间损耗,又可取得较高的对地覆盖率。例如,一颗轨道高度 10 000 km 的 MEO 卫星可覆盖地球表面 26.7% 的面积。对于中轨道,需要构建星座,实现全球通信覆盖。

例如,第一代 O3B 通信卫星系统运行在轨道高度约 8 060 km、轨道倾角 0.03° 的 MEO 圆形轨道,由 12 颗卫星组成;第二代 O3B 通信卫星系统由 22 颗卫星组成,其中 12 颗卫星运行在轨道高度 8 062 km、轨道倾角为 0° 的赤道圆形轨道上;另外 10 颗卫星运行在轨道高度 8 062 km、轨道角度为 70° 的两个圆形轨道上。

（3）LEO

LEO 的轨道高度一般在 500～1 500 km,卫星运行周期为 1.5～2 小时。低轨道卫星通信系统需要以星座形式组网运行,星座参数包括轨道面设置、轨道高度、轨道倾角、每轨道上卫星数量等。低轨星座的主要优点是空间时延低于 20ms,克服了静止轨道卫星长时延信道对 IP 应用和 5G 融合的限制,低轨道高度便于实现卫星、关口站和用户终端的小型化设计。

例如,Starlink 星座计划包含 12 000 颗卫星,分两期建设。第一期的星座规划情况如表 1-1 所示。

表 1-1　Starlink 星座第一期规划

Starlink 计划修改的星座轨道配置方案(2020 年 4 月 18 日提交)					
轨道高度/km	550	540	570	560	560
轨道面数量	72	72	36	6	4
单轨道面卫星数量	22	22	20	58	43
倾角/(°)	53	53.2	70	97.6	97.6

OneWeb 低轨卫星通信系统计划包含 720 颗在轨卫星,分为 18 个轨道面,每个轨道面均布 40 颗星,轨道高度 1 200 km,轨道倾角 87.9°,轨道周期 110 min。

除 GEO、MEO 和 LEO 外,高纬度国家(如俄罗斯)的卫星通信也采用高椭圆轨道(HEO),将远地点设置在国土上空,远地点的轨道高度大于 20 000 km,实现较长时间的通信。另外,为实现高纬度地区的通信覆盖,有时还采用 IGSO(倾斜地球同步轨道),其星下点为"8"字。

2. 高通量通信卫星频率

（1）通信卫星频段

ITU 给出了表 1-2 所示的频段分配方案,表 1-3 给出了卫星通信常用的频段。

表 1-2　ITU 定义的卫星频段分配方案

频段名称	频率范围
VLF	3～30 kHz
LF	30～300 kHz
MF	0.3～3 MHz
HF	3～30 MHz
VHF	30～300 MHz
UHF	0.3～3 GHz
SHF	3～30 GHz
EHF	30～300 GHz
THF	300～3 000 GHz

表 1-3　卫星通信常用频段划分方案

频段名称	频率范围
L 频段	1～2 GHz
S 频段	2～4 GHz
C 频段	4～6 GHz
X 频段	7～9 GHz
Ku 频段	10～17 GHz
Ka 频段	17～36 GHz
Q 频段	36～46 GHz
V 频段	46～75 GHz

由于卫星通信的覆盖范围大,电波传播的距离广,为防止卫星通信系统之间及其与地面通信系统之间发生电波干扰,必须对卫星通信工作频段进行分配。国际上卫星业务

的频率分配是在 ITU 管理下进行的。在卫星频率分配计划中,将全世界划分为以下三个区域。

区域一:欧洲、非洲、原苏联和蒙古。

区域二:南北美洲和格陵兰岛。

区域三:亚洲(区域一以外的地区)、澳洲和西南太平洋。

在这些区域内,频带被分配给各种卫星业务,但同一业务在不同区域可能使用不同的频段。

(2) 高通量卫星通信业务的主要频段

为传输视频业务和高速互联网业务,卫星系统必须具有高达几兆甚至上百兆 bps 数量级的传输能力,这就要求系统具有很宽的频带。高通量卫星通信的用户上下行频率多采用 Ku 频段、Ka 频段,其频段范围为:

① Ku 频段上行为 $14.0 \sim 14.5 \, \text{GHz}$,下行为 $12.25 \sim 12.75 \, \text{GHz}$;

② Ka 频段上行为 $27.5 \sim 30 \, \text{GHz}$,下行为 $17.7 \sim 20.2 \, \text{GHz}$。

因此,如果考虑双极化应用,Ku 频段可用带宽为 $1.0 \, \text{GHz}$,Ka 频段可用带宽为 $5.0 \, \text{GHz}$。

目前,地面信关站的上下行频段开始采用 Q/V 频段,可用带宽为 $10 \, \text{GHz}$,其频段范围为:

① V 频段一般作为馈电上行频率,频段范围为:$47.2 \sim 50.2 \, \text{GHz}$ 和 $50.4 \sim 52.4 \, \text{GHz}$。

② Q 频段一般作为馈电下行频率,频段范围为:$37.5 \sim 42.5 \, \text{GHz}$。

采用 Q/V 频段作为信关站链路的上下行频率,可将 Ka 频段完全分配给用户链路使用,这样用户链路可得到更多的带宽资源;另外,由于 Q/V 频段带宽更宽,单个关口站可管理更多的用户波束,可有效减少地面关口站数量。

2013 年 7 月发射的 Alphasat 卫星是卫星通信领域开发 Q/V 频段的重要一步,该卫星搭载了首个 Q/V 频段通信载荷,包含 3 个点波束、2 个可切换的转发器通道,主要用于测试 Q/V 频段在大气条件下的宽带数据业务传输性能。随后,Eutelsat 65W-A 等多个通信卫星也进行了 Q/V 频段载荷的在轨验证。目前,多个在研的高通量通信卫星馈电链路采用了 Q/V 频段。

1.3 高通量卫星通信系统组成

1. 高通量卫星通信系统基本组成

高通量卫星通信系统由通信卫星系统和地面系统组成,多数以星状网方式进行通信组网,采用集中管理的方式,用户所有业务都要流经地面站,用户终端间通过双跳实现通信。这种情况下,地面站相对比较复杂,采用大口径天线和大功率功放,而用户终端结构相对简单,天线口径和功放都比较小,便于扩容。

高通量通信卫星系统包括 GEO 高通量通信卫星、MEO 或 LEO 高通量通信卫星星座,具体将在后续章节介绍。

高通量卫星通信地面系统从逻辑上一般划分为网络控制中心、信关站和用户终端。如图1-1所示,用户终端通过卫星用户波束接入到所属信关站,信关站通过网络控制中心完成业务的接入处理和运营管理。

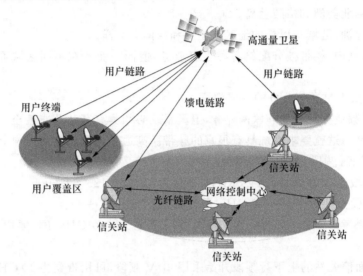

图1-1　高通量卫星通信系统组成框图

（1）网络控制中心

网络控制中心负责整个卫星通信网的网络管理,主要功能包括用户接入控制、资源分配与管理、用户信息管理、系统网络管理和系统业务统计等。

网络控制中心可分为数据交换中心和运营中心。数据交换中心负责所属区域信关站业务数据的处理、存储、分发、网络路由处理、卫星资源管理、用户服务质量保障以及专网和互联网接入管理等。运营中心负责对所属区域的信关站及数据交换节点进行网络管理、业务运营支撑和网络安全防护,实现终端站用户访问上线授权、带宽、流量、时长控制及查询、计费等功能。数据交换中心由基带分系统和交换路由分系统组成,运营中心由基带分系统网管部分、交换路由分系统和业务运营支撑分系统组成。

（2）信关站

信关站负责卫星与用户终端间信号的收发、基带调制解调处理、业务数据处理等,并提供与地面网络的接口,实现卫星通信网与国际互联网的接口,为地面网络运营商提供接入平台。高通量卫星信关站的主要特点是大规模的路由交换和大吞吐量。信关站由天线射频分系统、基带分系统和交换路由分系统组成。

为充分利用带宽资源,实现大容量传输,信关站需支持 Ka 频段、Ku 频段和 Q/V 频段等。信关站采用 Q/V 频段进行馈电时,每个站需具备 10 Gbit/s 的处理能力。信关站的数量与卫星通信容量相关,多则几十甚至上百个,例如,ViaSat-1 系统包含 15 个信关站,Oneweb 规划了 55~75 个信关站,Starlink 星座系统仅在美国大陆将部署约 200 个信关站。

（3）用户终端

用户终端的形式多样,包括固定站终端、便携站终端、车载静中通终端、车载动中通终端、船载动中通终端、机载动中通、无人机终端等,既有可单独进行通信的小型终端,也有和外部 Internet 等相连的大型站;既包括陆地公众宽带接入终端,也包括移动通信终端、中继通信终端、应急通信终端等。

用户终端由天线、收发器、调制解调器、网络服务设备、卫星通信标准等组成,不同类型的终端在天线形式、调制解调器状态和安装使用方式上不同。

用户终端的能力成为整个应用的核心,在终端产品设计上应突出互联网应用,并采用新材料和新工艺,有效提升系统性能,降低系统成本。例如,采用以氮化镓管芯为基础的高频段宽带功放模块,小尺寸、低功耗、快响应、宽角扫描的相控阵天线,以及集成高性能调制、解调等的多功能一体化芯片等。

高通量卫星通信地面系统从系统组成上,又分为天线射频分系统、基带分系统、交换路由分系统和业务运营支撑分系统。

天线射频分系统分为上行链路和下行链路,上行链路包括上变频器、高功率放大器等设备。上变频器将基带系统送来的中频信号进行变频放大,转换为上行射频信号后由高功率放大器进行电平放大,再经天线向卫星辐射出去,完成上行信号的发射;下行链路由低噪声放大器、下变频器、跟踪接收机、天线伺服控制系统等设备组成,主要完成下行信号的接收和放大。

基带分系统由安装在信关站的基带设备和安装在运营中心的数据交换节点设备组成。信关站的基带设备主要用于基带数据的处理、封装、调制、解调、纠错以及卫星接口的适配,包括 IP 调制器、多信道解调器、前向链路射频切换矩阵、返向链路射频切换矩阵、以太网交换机和控制器等设备。数据交换节点的基带设备主要由协议处理服务器、数据处理服务器、网络段控制器等组成。

为了支撑高通量卫星通信系统的高速率链路,基带设备需采用更先进的技术以提高频率利用率、极端特殊场景适应性和对大数量用户组网的支撑能力。要不断提升调制解调器的高阶调制能力,由现有的 32APSK 调制提升到至少 256APSK;同时支持超大带宽传输,提升至 500 Mbit/s;提升终端设备在极低信噪比(VLSNR)场景下通信能力,满足特殊极端场景需求。

交换路由分系统负责信关站、数据交换中心和运营中心的互联互通,由边界路由器、防火墙、站间互联路由器、汇聚交换机等组成,其主要用于传输内部和外部的网络业务以及管理数据,并提供外部 Internet 接口,使全系统网络环境最优化。信关站数据接入相应的数据交换节点及运营中心,并根据业务的不同接入相应的互联网出口。

业务运营支撑分系统是实现业务运营的核心信息化管理平台,是一个完整、统一的信息系统,实现对通信业务的全流程管控。业务运营支撑系统主要由客户关系管理和运营支撑、计费账务、综合网管、自服务系统等组成。

2. Viasat 卫星通信系统

Viasat 系列宽带卫星是美国 Viasat 公司发展的高通量卫星,Viasat-1 和 Viasat-2 分别于 2011 年 10 月和 2017 年 6 月发射部署,并相继打破全球在轨通信卫星容量记录。

Viasat-1 卫星网络主要由卫星系统、地面信关站、网络运行管理中心以及用户终端等组成,如图 1-2 所示。整个卫星通信网络采用星型物理拓扑结构,卫星通过 72 个用户波束及 21 个馈电波束实现终端与信关站的互联互通。在这种模式下,不同波束覆盖区域内的终端之间需通过对应馈电波束区域的信关站,以双跳方式实现通信。

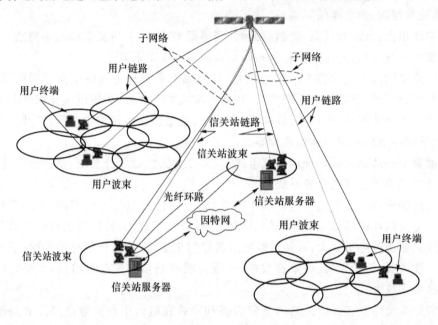

图 1-2　Viasat-1 卫星网络结构

从具体网络功能来看,Viasat-1 卫星较为简单,星上采用透明转发式通信体制,仅对信号做简单的收发、变频与放大,而不进行调制解调及编码译码等处理,因此信号处理与路由交换功能均由地面信关站完成,信关站还负责用户接入的鉴权、用户业务流的计价与管理以及 IP 地址管理等网络操作。部署于美国本土的信关站为 Viasat 卫星系统接入地面网络提供接口,是卫星和地面两个异构网络之间互联和信号转换传输的核心节点。由此,Viasat 卫星与信关站组成的网络设施可视作地面互联网的延伸,扮演"接入网"角色,使得用户终端通过"卫星＋信关站"链路,接入互联网服务提供商的光纤设施,享受网络服务。

此外,每个信关站都对应一个由多个用户波束所覆盖的地理区域(称为子网络),处理对应子网络的 IP 业务,信关站之间业务不重叠,所以一个站点出现问题,并不会导致整个网络瘫痪。

Viasat 信关站之间除通过互联网设施相连外,还选择性地在美国中部以及环美线路主要站点之间建设了速率为 1～10 Gbit/s 的光纤干线,组成了独立的信关站网络。信关站网络可以为不同子网、不同地理区域内的用户提供更加便捷的通信服务,避免通过透明转发式卫星产生的多跳延迟。

网络运行管理中心主要承载业务支持系统(OSS)以及网络管理系统(NMS),负责维护用户数据库、定义服务类别/内容/价格、监控网络运行状态,并为分销商提供接口等。Viasat-1 地面系统采用了 Surfbeam2 宽带系统,该系统也采用分层式体系架构。Surfbeam2 宽带系统基于有线电视数据接口标准(DOCSIS),采用商用的业务支撑系统(BSS)和运营支撑系统(OSS),构成了系统的前台和后台,为用户提供快速、经济高效的卫星宽带服务。Surfbeam2 可做到一键式服务,轻松实现对网络的管理和监控,根据不同的服务等级为不同的用户提供丰富的服务体验。Surfbeam2 地面系统的结构如图 1-3 所示。

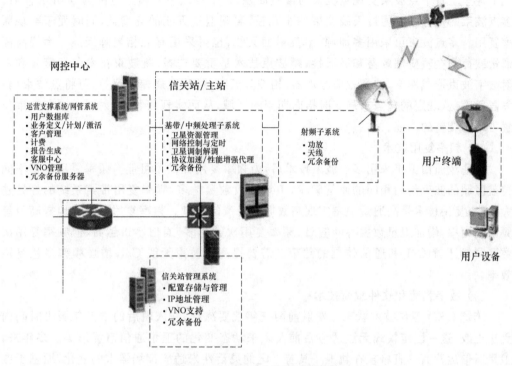

图 1-3　Surfbeam2 地面系统结构

1.4　高通量卫星通信技术

目前,个人上网、企业数据传输、基站回传、航空通信、航海通信、军事通信等都对高通量卫星提出了重大需求,应用场景越来越广泛。未来高通量卫星通信系统在技术上将向网络宽带化、覆盖全球化、通信高频化、卫星载荷灵活化、终端天线平板化、应用移动化、运营多元化、天地一体化等方向发展。"更宽频带、更高速率及更大容量"一直以来都是高通量卫星通信发展的目标。高通量卫星通信主要具有以下技术特点。

(1)更高通信频段应用技术

为实现高通量通信,卫星必须采用高频段。卫星可用的 Ku 频段带宽一般为 500 MHz,Ka 频段带宽一般为 2.5 GHz,Q/V 频段带宽一般为 5.0 GHz。目前高通量通信卫星以 Ka 频段为主,并越来越多地采用 Q/V 频段用于馈电链路,将来还可能向更高的 W 等频段发展。采用高频段可以获得更宽的通信带宽,而且高频段天线增益较高,终端天线口径可减小,有利于用户终端的小型化。

（2）多点波束技术

高通量卫星通信的最基本的特征就是采用多点波束和频率复用技术，实现卫星通信总容量的大幅提升。传统通信卫星的宽波束覆盖范围可达 5 000 km，多点波束系统通过几十甚至上百个点波束实现宽波束的覆盖面积，单个点波束的覆盖范围为 600km 左右。多点波束的优势在于通过天线波束的小孔径，实现卫星天线的高增益，同时便于实现频率复用。多点波束可采用多馈源、单反射面天线，也可采用有源相控阵天线。为提高高通量载荷的在轨应用效益和灵活性，跳波束技术是重要选择，跳波束技术包括接收和发射数字波束形成网络、波束权值处理器、相控阵天线、跳波束通信协议等，可将点波束（转发器通道）从既定的覆盖布局实时指向期望的区域，从而实现接收、发射覆盖区和波束位置可动态调整的功能。

（3）频率复用技术

高通量通信卫星采用多点波束技术后，为频率复用提供了可能。频率复用是指不同覆盖区域的波束使用相同的通信频率，卫星波束数量越多，频率复用带给系统的好处越大，频率复用技术是高通量卫星实现高数据吞吐量的关键。频率复用可极大地提高卫星频谱利用率，增加卫星数据吞吐容量；频率复用次数越多，通信容量越高，但频率复用次数受同频干扰 C/I 和通信体制的约束。需要提高多波束天线 C/I，增强频率多色复用效率。

（4）数字载荷和软件载荷技术

传统 GEO 卫星技术状态在发射前两三年就要冻结，在入轨后的十五年服役时间内无法更改，这一固定模式无法适应目前及未来动态变化的卫星通信市场形势。多年来，卫星通信运营商一直希望在轨卫星具有一定的灵活性来适应市场需求的变化，而基于数字载荷和软件定义技术的灵活通信卫星可根据应用需求的变化，对卫星的覆盖、带宽、频率、功率和路由等性能进行动态调整和功能重构。目前，全球一半左右的 HTS 卫星带有灵活性载荷。其中，覆盖灵活性占 35%，连接、带宽和频率灵活性各占 15%，功率灵活性占 9%。

（5）卫星平台高承载技术

为支持高通量通信载荷，GEO 卫星的发射重量多在 6 000 kg 左右，卫星平台需具备较高的载荷承载能力、功率输出能力和散热能力，为缩减在轨位保推进剂携带量，多采用高比冲的电推进系统完成在轨南北位保，如美国波音公司的 LM-A2100 平台、Lockheed Martin 公司的 BSS-702HP 平台、休斯公司的 SSL-1300 平台、空客公司的 Eurostar-3000 平台等。对于 MEO 和 LEO 高通量通信卫星，卫星平台具有高的载荷承载比，按照一箭多星发射方式进行平台结构设计及星上部组件设计。

（6）高效调制及编码技术

高通量卫星通信系统为实现尽量大的吞吐量，除拓展频率带宽外，还应采取有效方法提升频谱利用率，主要手段是采用高阶调制方式及高效编码方式。高通量卫星通信常用的调制方法有 MPSK 和 MAPSK，如 64PSK、128APSK 及 256APSK 等；高通量卫星通信常采用高性能的 LDPC 编译码方法。Ka、Q/V 等高频段易受降雨、降雪的影响，会引起通信链路状态的变化，因此高通量卫星通信编码调制方法还应具有一定的灵活性，上行功率控制利用地球站的功率余量在一定程度上克服上行雨衰的影响；在链路传输能力下降的情况下，采用 ACM 技术保证可靠传输，并维持尽可能高的带宽效率。

（7）与 IP 业务及 5G 业务的融合技术

高通量卫星通信系统的主要业务应用为宽带接入及航空和航海互联网接入，卫星通信网络承载了越来越多的互联网业务流，需进一步研究适合卫星高通量通信 IP 业务的分层协议结构，采用针对卫星高通量通信 IP 业务的加速技术以及 QS 保障技术等，全面提升对 IP 业务的支持能力。

近年来，快速发展的低轨全球通信星座具有低时延、全球覆盖等特点，为卫星通信网与 5G 的融合提供了条件。卫星通信在覆盖、可靠性及灵活性方面的优势能弥补地面移动通信的不足。将 5G 技术与低轨卫星移动通信进行接轨、融合，从一定程度上对 5G 技术进行完善，可提高 5G 技术的应用类型和实际服务效果。卫星通信网与 5G 的融合涉及传输体制框架、空口协议、频谱共享管理、波束覆盖及切换技术等诸多关键技术需要研究突破。

（8）移动性技术

由于高通量卫星通信系统的主要特征之一是采用多点波束进行覆盖，因此就存在用户终端在多个波束之间、甚至在多个系统之间进行移动的场景，既可以是用户终端在不断移动，也可以是用户终端从一个地点移动到另一个地点，如车载、机载、船载、新闻采集及其他非固定应用等。目前主要的 HTS 通信系统都提供了移动性服务。

1.5 高通量卫星通信发展

世界第一颗高通量通信卫星 IPSTAR-1 于 2005 年 8 月发射入轨，同年 10 月开通运营，用户链路采用 Ku 频段，包含 84 个用户点波束，整星通信容量可达 40 Gbit/s，这开启了高通量卫星通信的时代。随着市场对卫星通信容量需求的迅猛增长，高通量卫星系统从 2010 年起进入了快速发展通道。

目前，国际上主要的卫星通信运营商都开始了高通量卫星系统的建设任务，如 Intelsat（卢森堡国际通信卫星公司）、SES（卢森堡卫星公司）、Inmarsat（英国国际移动卫星公司）、ViaSat（美国卫讯公司）、Hughes（美国休斯公司）、Eutelsat（欧洲通信卫星公司）、Telesat（加拿大电信卫星公司）、Yahsat（阿联酋卫星通信公司）、Arabsat（阿拉伯卫星通信组织）、APSTAR（亚太通信卫星公司）、Spacecom（以色列通信卫星公司）、Hispasat（西班牙卫星公司）等。

按照通信容量的扩展，高通量卫星的发展可划分为 3 个阶段：

（1）起步阶段（2005—2010 年），单星通信容量为 10～100 Gbit/s；

（2）发展阶段（2011—2020 年），单星通信容量为 100～300 Gbit/s；

（3）跨越阶段（2021 年以后），单星通信容量将达到 1 Tbit/s。

高通量卫星系统目前仍以 GEO 卫星为主，而 MEO 轨道 O3B 卫星系统开始了升级，以 Starlink 和 Oneweb 为代表的低轨通信星座也开始了快速部署。表 1-4 给出部分已发射的高通量通信卫星。

表 1-4　高通量卫星发射情况

卫星名称	发射时间	运营商	工作频段及转发器或波束数量	容量/(Gbit·s⁻¹)	卫星平台	起飞质量/kg	功率/W	寿命/年	轨位/(°)
IPstar	2005.8	Thaicom	102 路 Ku	40	LS-1300	6 486	15	12	119.5E
Spaceway-3	2007.8	Hughes	Ka	10	BSS-702	6 075	12.8	12	95W
Echostar-17	2012.7	Hughes	60 路 Ka	100	LS-1300	6 100	—	15	107W
Echostar-19	2016.12	Hughes	138 个 Ka 用户波束	220	LS-1300	6 637	—	15	97W
Kasat-1	2010.12	Eutelsat	82 路 Ka	70	Eurostar-3000	6 150	—	15	9E
Viasat-1	2011.10	Viasat	56 路 Ka	140	LS-1300	6 740	—	15	115W
Viasat-2	2017.6	Viasat	Ka	300	BSS-702HP	6 418	—	14	69.9W
ALYahsat-1A	2011.4	Yahsat	25 路 Ku+21 路 Ka+14 路 C	5.1	Eurostar-3000	6 100	15	15	52.5E
ALYahsat-1B	2012.4	Yahsat	61 个 Ka 点波束	—	Eurostar-3000	6 100	14	15	47.6E
ALYahsat-3	2018.1	Yahsat	150 路 Ka	—	GEOStar 3	3 795	7.5	15	20W
Astra-2E	2012.9	SES	60 路 Ku+3 路 Ka	—	Eurostar-3000	6 020	13	15	28.2E
Astra-2F	2013.9	SES	60 路 Ku+3 路 Ka	—	Eurostar-3000	5 968	13	15	31.5E
O3B×4	2013.6								
O3B×4	2014.7								
O3B×4	2014.12	SES	10 个 Ka 用户波束+2 个 Ka 馈电波束	12	EliTe	700	1.6	10	MEO
O3B×4	2018.3								
O3B×4	2019.4								
SES-15	2017.5	SES	Ku 宽波束+Ka 多点波束(Ka 馈电)	—	BSS-702SP	2 302	8	15	129W
SES-14	2018.1	SES	20 路 Ku+28 路 C	—	Eurostar-3000EOR（全电推）	4 423	16	15	47.5W
SES-12	2018.6	SES	68 路 Ku+8 路 Ka	—	Eurostar-3000 EOR	5 384	19	18	95E
Inmarsat GX-1	2013.12	Inmarsat	89 个 Ka 点波束+6 个 Ka 可调波束	50	BSS-702HP	6 070	15	15	62.6E

续 表

卫星名称	发射时间	运营商	工作频段及转发器或波束数量	容量 /(Gbit·s⁻¹)	卫星平台	起飞质量 /kg	功率 /W	寿命 /年	轨位 /(°)
Inmarsat GX-2	2015.2	Inmarsat	89+6 路 Ka	50	BSS-702HP	6 070	15	15	55W
Inmarsat GX-3	2015.8	Inmarsat	89+6 路 Ka	50	BSS-702HP	6 070	15	15	179.6E
Inmarsat GX-4	2017.5	Inmarsat	89+6 路 Ka	50	BSS-702HP	6 086	15	15	62.6E
Inmarsat GX-5	2019.11	Inmarsat	72 路 Ka	>200	Spacebus-4000B2	4 007	6.8（载荷）	16	—
Intelsat-29e	2016.1	Intelsat	12 路 C+46 路 Ku+1 路 Ka	25~30	BSS-702MP	6 552	15.8	15	在轨失效
Intelsat-33e	2016.8	Intelsat	20 路 C+56 路 Ku+1 路 Ka	25~30	BSS-702MP	6 600	13	15	60E
Intelsat-32e	2017.2	Intelsat	60 路 Ku	—		5 902		15	43W
Intelsat-35e	2017.7	Intelsat	124 路 C+39 路 Ku	—	BSS-702MP	6 761	12	15	34.5W
Intelsat-37e	2017.9	Intelsat	90 路 C+275 路 Ku+1 路 Ka	45	BSS-702MP	6 438	14	15	18W
Horizons-3e	2018.9	Intelsat 和 日本 SKY Perfect JSAT	C+Ku	30	BSS-702MP	6 441	—	15	169E
Intelsat-39	2019.8	Intelsat	C+Ku	—	SSL-1300	6 600	—	15	62E
中星 16 号	2017.4	中国卫通公司	26 路 Ka	20	DFH-3B	4 600	7	15	110.5E
Telstar-12V	2015.12	Telesat	52 路 Ku	—	Eurostar-3000	4 900	11	15	
Telstar-19V	2018.7	Telesat	Ku+Ka	—	SSL-1300 平台	7 075	15	15	
Telstar-18V/ APstar-5C	2018.9	Telesat	C+Ku	—	SSL-1300 平台	7 060	14	15	
Hellassat-4	2019.2	Arabsat	Ku+Ka	—	LM-A2100	6 495	—	15	39E
Arabsat-6A	2019.4	Arabsat	Ka+Ku	—	LM-A2100	6 465	—	15	30.5E
Yamal-601	2019.5	俄罗斯 Gazprom 公司	18 路+19 路 Ku+26 路 Ka	—	Spacebus-4000C4	5 700	11	15	49E

续表

卫星名称	发射时间	运营商	工作频段及转发器或波束数量	容量/(Gbit·s⁻¹)	卫星平台	起飞质量/kg	功率/W	寿命/年	轨位/(°)
AMOS-17	2019.8	Spacecom	C＋Ka＋Ku	—	BSS-702MP	6 500	—	19	17E
JCSat-18/Kacific-1	2019.12	日本 SKY Perfect JSAT 公司和新加坡 Kacific 公司	56 个 Ka 多点波束＋Ku 区域波束	70(Ka)	BSS-702MP	6 956	—	15	150E
APSTAR-6D	2020.7	APSTAR	Ku	50	DFH-4E	5 550	11	15	134E
Starlink 1737 颗	2019.5~2021.9	SpaceX	Ka＋Ku	17-23	—	227	—	5-7	LEO 星座
Oneweb 322 颗	2019.5~2021.9	Oneweb	用户频段 Ku＋馈电频段 Ka	8	—	147.5	—	5	LEO 星座

1. Viasat 卫星通信系统

Viasat 公司于 2011 年发射其首颗高通量通信卫星 Viasat-1，卫星容量 140 Gbit/s；2017 年又发射了 Viasat-2 卫星，卫星容量达 300 Gbit/s，实现了重大跨越。

Viasat 公司 2015 年 11 月宣布建造由 3 颗卫星组成的 Viasat 卫星星座，实现对全球的覆盖，大幅提升用户链路速率，使得家庭用户互联网接入 100 Mbit/s 以上、机载接入数百 Mbit/s、海事和油气平台用户接入 1 Gbit/s。3 颗 Viasat 卫星组成的卫星星座采用 Ka 频段，每颗卫星容量都在 1 Tbit/s 左右。Viasat 卫星星座的容量使用成本更低，预计将降至每 Gbit/s 185 万美元。Viasat 卫星星座采用灵活有效的载荷设计，能够在轨灵活调整卫星的带宽分配。前 2 颗 Viasat 卫星星座覆盖美洲、欧洲、中东和非洲等地，第 3 颗卫星计划服务于亚太地区。Viasat 卫星星座采用波音公司的 BSS-702HP 平台研制，有效载荷由 Viasat 公司自行研制。

Viasat 卫星星座通信系统将采用"大卫星＋小关口站"的体系架构，在地面部署数百个配备小口径天线的关口站。

为了应对近几年多个中低轨高通量卫星星座的快速发展和竞争，Viasat 公司还于 2017 年向 FCC 提出申请，发展 1 个由 24 颗卫星组成的中地球轨道（MEO）星座，卫星运行在 3 个轨道面，工作在 Ka 和 V 频段，轨道倾角 87°，能够与 Viasat 星座互为补充服务，并实现对全球极地地区的无缝覆盖。

2. Inmarsat 卫星通信系统

在新兴航空和航海宽带卫星通信市场背景下和固定卫星通信运营商移动甚小孔径终端（VSAT）技术的冲击下，Inmarsat 公司已完成第五代星座"全球快讯"（Global Xpress）共 5 颗卫星的建设，成为首个 Ka 频段全球移动高通量卫星通信系统。利用 GX-1、GX-2、GX-3 这 3 颗 GEO 卫星构建全球卫星宽带通信网络，提供无缝全球覆盖和移动宽带服务；GX-4 卫星与 GX-1 卫星一同增强欧洲大陆的卫星信号覆盖；GX-5 卫星用以扩展 GX 系统的全球化市场运营，以满足欧洲、中东等地区日益增长的市场需求，特别是航空 WiFi 和海事卫星商业服务。

GX 系统将最新的卫星技术与市场需求相结合，提高了卫星通信容量的利用率，从而降低了通信服务成本。GX 系统主要面向海上船舶、空中飞机、陆地应急安全及陆地边远地区和无通信覆盖的盲区应用，具有高频段、高带宽、高移动性和高稳定性等特点，更能适应高清视频等应用的传输需要，上下行传输速率达到 5 Mbit/s 和 50 Mbit/s，与现有的第四代卫星的 L 波段网络组成双模混合型网络，结合 Ka 波段高速率和 L 波段抗雨衰的特性，为用户提供无缝服务，具有很强的移动性。

在第五代星座基础上，Inmarsat 公司 2015 年 12 月，与空客公司签订了 GX 系统第六代通信卫星 GX-6A 和 GX-6B 的订购合同，卫星基于空客公司 Eurostar 3000 EOR 平台建造，装载 L 频段和 Ka 频段有效载荷，将进一步增强 GX 系统全球覆盖能力，为用户需求密集区域提供更大的通信容量，并为通信 5G 时代建立全球安全通信提供保障。

2019 年 5 月，Inmarsat 公司宣布了第七代通信星座 3 颗同步轨道通信卫星 Inmarsat-7 F1/F2/F3（GX-7/8/9）的研制计划。其采用法国空客防务与空间公司（Airbus Defence & Space）新型 Onesat 平台建造，装载软件定义通信有效载荷，每颗卫星均可提供高于整个 GX 系统总容量 2 倍的通信容量,并可形成实时重新配置及全球重新定位的动态波束,用以同时创建数千个不同大小、带宽和功率的独立波束。届时 GX 系统的通信能力和灵活操作性能将进入一个新的发展阶段。

2019 年 7 月 3 日,Inmarsat 公司宣布将搭载挪威国防部军用高椭圆轨道(Highly Elliptical Orbit,HEO)卫星通信项目 ASBM 星座,部署两颗商业通信载荷 GX-10A 和 GX-10B,将其 Ka 频段卫星通信服务扩展到北极地区。

3. Intelsat EPIC 卫星通信系统

为应对全球 Ka 频段 HTS 卫星迅猛发展的形势,Intelsat 公司提出了 Intelsat EPIC (史诗)星座建设计划,旨在构建一个灵活的 C 频段、Ku 频段和 Ka 频段全球高通量通信网络,采用宽波束和点波束相结合方式及频率复用技术,为客户提供高度灵活的数据通信服务。其基于统一的高性能 EPIC 卫星架构,实现高容量、高性能、多频段、弹性与安全、平台开放、前后向兼容、灵活性、全区域覆盖和更低成本,主要面向集团级用户,提供海事、航空、企业网络和军用卫星通信业务,能为单个用户提供最高 200 Mbit/s 数据下载速率。

2018 年 9 月完成 Horizons-3e 发射,标志着包含 6 颗卫星的 Intelsat EPIC 高通量卫星通信星座的建成,6 颗卫星为 Intelsat-29e、Intelsat-33e、Intelsat-32e、Intelsat-35e、Intelsat-37e、Horizons-3e(与 Sky Perfect Jsat 合作开发)。

Intelsat EPIC 卫星采用透明的数字开关矩阵,来实现点波束间的灵活互连;采用数字柔性转发器完成子信道间的灵活转发,实现卫星资源的灵活分配;通过多端口放大器来优化卫星上的功率,实现点波束间的功率调整,以更好地满足客户的吞吐量需求变化。

4. Telstar 卫星通信系统

加拿大 Telstar 公司完成了由 Telstar-12V、Telstar-18V 和 Telstar-19V 卫星构成的高通量宽带通信星座建设,3 颗卫星分别于 2015 年 11 月、2018 年 7 月、2018 年 9 月发射,其中 Telstar-18V 和 Telstar-19V 卫星的发射重量都超过 7 000 kg。

Telstar-12V 是一颗全 Ku 频段高通量通信卫星,装载 52 路 Ku 频段等效于 36MHz 的转发器,实现覆盖航空、航海领域的广域波束和点波束信号相结合的灵活通信服务,主要为南美洲和东非地区提供各种商业通信服务。

Telstar-19V 装配高通量 Ku 和 Ka 频段转发器,卫星覆盖范围包括巴西、美国、南美洲南端、安第斯山脉和北大西洋地区,为用户提供移动通信、企业网络和固定卫星数据传输等服务。Telstar-19V 入轨后与 Telesat 公司的另一颗商业通信卫星 TelStar-14R 卫星共轨运行于西经 63°,联合为服务区域的各类用户提供优质宽带通信连接,为跨越北美洲和欧洲之间的飞机航班提供空中互联网服务;此外,Telstar-19V 卫星还为加勒比海地区的游轮和其他远洋船只提供海上移动通信服务。

Telstar-18V 装配 C 频段和 Ku 频段高通量转发器,实现在亚洲和大洋洲地区用户终端间的点到点连接,为客户提供更多、更灵活的选择,以满足带宽密集型应用市场的需求。

Telstar 公司也进行了低轨互联网星座的规划,其在 2018 年 9 月表示其低轨宽带星座的组网卫星数量将达到 292 颗,将在全球具备 5~6 Tbit/s 的总可用容量,并表示最终可能扩充到 512 颗。

5. EchoStar 卫星通信系统

Hughes 公司于 2016 年 12 月发射了其最新的 EchoStar-19 卫星,该卫星又称为丘比特-2(Jupiter-2),容量达到 220 Gbit/s,共配置 138 个用户波束、22 个馈电波束,覆盖美国本土、阿拉斯加、墨西哥、部分加拿大及中美洲。EchoStar-19 与 EchoStar-17 卫星共同构成了休斯公司的全球高通量卫星宽带通信网络,面向各类通信消费、商业、企业、飞机、移动通信等领域。

据报道,Hughes 公司正在进行 Jupiter-3/Echostar-24 的建造,可提供 100 Mbit/s 以上的通信速率,通信容量可达 500 Gbit/s,计划 2021 年发射。

6. SES 卫星通信系统

SES 公司着力打造新一代广域波束和全球高通量星座,包含 SES-15、SES-14、SES-12、SES-17 卫星。前 3 颗卫星分别于 2017 年 5 月、2018 年 1 月、2018 年 6 月发射。

SES-15 是 SES 公司建造的新一代广域波束和全球高通量星座的第一颗卫星,装配 Ku 宽波束转发器和 Ku 高通量转发器,采用 Ka 频段馈电链路,为北美洲、墨西哥、中美洲和加勒比海地区提供航班 IFEC、政府企业、海上航行等高品质通信传输服务。

SES-14 卫星配置 20 路 Ku 和 28 路 C 转发器,采用数字透明转发器增强载荷的灵活性。Ku 转发器包括 Ku 高通量波束和 4 个固定波束,C 转发器包括一个全球波束和一个欧美波束。

SES-12 卫星配置 76 路灵活转发器,包括 68 路 Ku 频段转发器和 8 路 Ka 频段转发器。卫星采用数字载荷和多波束天线等有效载荷新技术,可实现各波束信号的灵活交换。SES-12 将为各类用户提供更加多样化的服务,包括直接到户(DTH)广播、甚小孔径卫星通信 VSAT、移动通信和高吞吐量宽带通信等,可实现稳定的小区域信号覆盖,为客户提供更高速、更可靠和更灵活的通信数据传输服务。

SES-17 卫星是全 Ka 高通量卫星,采用 Thales 公司的全电推卫星平台,采用第五代数字载荷技术,配置 200 个点波束,覆盖美洲和跨大西洋区域,主要满足热点航线的高层次移动通信需求。

7. Eutelsat 卫星通信系统

欧洲通信卫星公司 Eutelsat 致力于打造灵活高通量卫星系统和甚高通量卫星通信系统。

Eutelsat 公司和 ESA 2015 年 7 月签署协议,合作发展新一代灵活通信卫星"欧洲通信卫星—量子"(Eutelsat Quantum,简称 Quantum),首颗卫星计划 2021 年发射。卫星载荷由主承包商空客防务与航天公司设计开发,采用萨瑞卫星公司(SSTL)的 GEO 卫星平台(GMP-T)。欧洲 Quantum 卫星的设计目标是,使卫星能灵活、动态地满足不同业务背景下用户需求的变化,避免传统技术设计好的频率与覆盖方案难以在轨调整,以及地面天线与发射速率也需高成本适应性改进的困境。

Quantum 卫星采用阵列天线及波束合成技术,具有灵活的波束覆盖调整能力;具备按照时隙进行波束跳变的能力,适用于用户需求变化;采用数字透明处理技术,实现上行信道与下行信道间的任意互联互通;采用频率可调滤波器,实现频率规划的灵活调整;采用多端口放大器技术,实现下行链路馈源阵列的灵活功率分配能力。综合来看,欧洲 Quantum 卫星将是所有在轨商业 GEO 卫星中灵活性最强的一颗,具备满足用户动态、时变、多样化需求的能力。

Eutelsat 公司 2018 年 4 月,宣布订购下一代 VHTS 卫星系统 KONNECT VHTS,以支持其欧洲固定带宽和机载通信业务的发展。卫星基于泰雷兹·阿莱尼亚宇航公司的 Spacebus-Neo 平台建造,质量 6 300 kg,安装 Ka 甚高通量灵活有效载荷,馈电链路采用 Q/V 频段,通信容量为 500 Gbit/s,具有灵活配置带宽容量、优化频谱使用和渐进地面网络部署的能力,卫星计划 2021 年发射。

2021 年 3 月,Eutelsat 公司订购了 Eutelsat 36D 卫星,计划 2024 年发射,用于替代 2026 年到期的 Eutelsat 36B 卫星。卫星采用欧洲空客公司的 EuroStar NEO 全电推进卫星平台,发射重量 5 000 kg,配置 70 路 Ku 转发器,功率 18 kW,寿命 15 年。

8. O3B 卫星通信系统

O3B 星座系统是目前成功运营的中轨道宽带星座卫星通信系统。O3B 系统并不直接向消费者个人提供服务,主要是面向地面网接入受限的各类运营商或集团客户提供宽带接入服务,包括骨干网、地面移动网干线、能源、海事和政府通信等领域。

O3B 系统的初始星座包括 12 颗卫星(9 颗主用、3 颗备用),卫星工作在 8 062 km 高的赤道轨道上,轨道周期 6h,轨道倾角小于 0.1°,每颗卫星质量 700 kg,设计寿命 10 年。12 颗卫星分别于 2013 年 6 月 25 日、2014 年 7 月 10 日和 12 月 18 日分 3 批发射,每批发射 4 颗卫星。2015 年,O3B 系统再次采购 8 颗卫星,将星座从 12 颗扩展至 20 颗,第 4 批、第 5 批卫星分别于 2018 年 3 月、2019 年 4 月发射。O3B 星座主要覆盖南、北纬 45°范围以内区域,在南、北纬 45°～62°范围内具有一定的覆盖,单星容量为 1.6 Gbit/s。

第二代 O3B 通信卫星系统由 22 颗卫星组成,实现全球覆盖。其中,12 颗卫星运行在轨道高度 8 062 km、轨道倾角为 0°的赤道圆形轨道上;另外 10 颗卫星运行在轨道高度 8 062 km、轨道角度为 70°的两个圆形轨道上。第二代 O3B 卫星采用更先进的全电推进卫星平台,卫星采用 Ka 和 V 频段,每颗卫星具有 4 000 多个波束的形成、调整、路由和切换能力,具有灵活的波束形成能力,支持海上、航空等移动回传、IP 干线和混合 IP 通信,提供高通量通信能力。卫星发射重量约 1 200 kg。

9. Starlink 卫星通信系统

近几年,多个国家开启了低轨卫星通信星座的建设,最具代表性的是美国 SpaceX 公司的 Starlink 星座。SpaceX 公司于 2015 年提出建设低轨宽带互联网星座的计划,旨在利用大规模低轨卫星提供全球高速宽带接入服务,并于 2017 年将该星座正式命名为 Starlink(星链)星座。

Starlink 星座系统包含约 12 000 颗卫星,分两期建设完成:第 1 期包括 4 425 颗卫星;第 2 期包括 7 518 颗卫星。卫星发射质量 386 kg,设计寿命 5～7 年,单星吞吐量可达到 17～23 Gbit/s。如果按照平均 20 Gbit/s 计算,首批 1 600 颗卫星的总通信容量可达到 32 Tbit/s,而整个星座的通信容量将达到 100 Tbit/s。Starlink 的测试网速为 50～150 Mbit/s,其目标是达到 1 Gbit/s,时延为 20～100 ms,也就是说 Starlink 可以提供与光纤相当的接入速率。

　　为确保用户接入能力，SpaceX 将在地面互联网接入节点附近配建关口站，在星座第一阶段部署完成后，仅美国大陆预计将部署约 200 个关口站为星座提供支持，后期将进一步根据用户需求扩充关口站数量。

　　为实现快速组网应用，Starlink 卫星采用猎鹰 9-1.2 型火箭，通过一箭 60 星的方式发射。自 2019 年 5 月启动 Starlink 卫星组网发射以来，截至 2021 年 9 月，SpaceX 公司已通过 31 次发射任务，将 1 737 颗卫星送入轨道。

　　低轨通信星座克服了 GEO 通信卫星长时延信道对 IP 应用的限制，使卫星转发器信关站和用户终端的小型化及低成本成为可能；卫星、火箭的批量研制及发射服务的规模化模式，改变了传统卫星行业的个性化定制模式。

参 考 文 献

[1] 李博. 国际移动卫星-5 F3 顺利入轨首个 Ka 频段全球移动高通量通信卫星系统建成[J]. 国际太空,2015(11):16-22.

[2] 严涛,王瑛,曲博,等. 高通量卫星 Epic 平台发展现状[J]. 空间电子技术,2018(1):60-64.

[3] 刘悦. 国外高通量卫星系统与技术发展[J]. 国际太空,2017(11):42-47.

[4] 张航. 国外高吞吐量卫星最新进展[J]. 卫星应用,2017(6):53-57.

[5] 国外高通量卫星发展概述[J]. 卫星与网络,2018(8):34-37.

[6] 沈永言. 全球高通量卫星发展概况及应用前景[J]. 国际太空,2017(11):19-23.

[7] 高鑫,门吉卓,刘晓. 高通量卫星通信发展现状与应用探索[J]. 卫星应用,2020(8):43-48.

[8] 李若可,李新华,李集林. Q/V 频段高通量卫星通信系统抗雨衰设计[J]. 数字通信世界,2020(2):10-15.

[9] 冯少栋,张小静,徐志平,等. 新型宽带卫星通信产品 SurfBeam[J]. 卫星电视与宽带多媒体,2009(5):42-44.

[10] 李博. 国外通信卫星系统灵活性发展研究[J]. 国际太空,2018(5):23-32.

[11] 吕智勇. 基于高通量卫星技术特点的应用分析[J]. 数字通信世界,2018(11):4-5.

[12] 沈永言. 改变卫星通信行业面貌的几个发展趋势[J]. 数字通信世界,2020(5):25-26.

[13] 庞立新,李杰,冯建元. 高通量通信卫星发展综述与思考[J]. 无线电通信技术,2020(4):371-376.

第 2 章

高通量卫星平台技术

卫星平台是由支持和保障有效载荷正常工作的所有服务系统构成的组合体。按服务功能不同,卫星平台可分为结构、热控、姿轨控、推进(含化学推进和电推进)、供配电、测控、综合电子等分系统。

卫星平台的主要技术指标包括:总承载能力(即发射重量)、有效载荷重量、有效载荷功率、有效载荷散热能力、姿态指向控制精度、位保精度、寿命、可靠性、卫星平台可扩展性等。表 2-1 给出了 LM-2100 平台的主要技术指标。

表 2-1 LM-2100 平台技术指标

指标参数	指标数值
发射重量	7 500 kg
有效载荷重量	1 000 kg
有效载荷功率	12 000 W
有效载荷散热能力	6 000 W
姿态指向控制精度(3σ)	0.03°滚动/俯仰/偏航
位保精度	0.05°
寿命	15 年

2.1 高通量卫星平台的发展

国际上主要卫星研制商均建造了相应的高通量卫星平台,如美国 Boeing 公司(波音公司)的 702 卫星平台、Space System Loral 公司(劳拉公司)的 LS-1300 平台、Lockheed Martin(洛克希德·马丁公司)公司的 A2100 平台,欧洲 Thales Alenia Space 公司(泰雷兹阿莱尼亚空间公司)的 Spacebus-4000 平台、Airbus Astrium 公司(空客阿斯特里姆公司)Eurostar-3000 平台,以及我国的 DFH-4E 平台和 DFH-5 平台,其主要指标及高通量卫星发射情况如表 2-2 所示。

表 2-2　主要高通量通信卫星平台

卫星平台名称	所属公司	发射质量/kg	功率/kW	寿命/年	发射卫星
BSS-702HP/ MP	Boeing	6 955	16	15	Viasat-2、Inmarsat GX1 ～ GX4、Intelsat-29e、Intelsat-33e、Intelsat-35e、AMOS-17、JCSat-18（Kacific-1）、Intelsat-37e、Horizons-3e
LS-1300E	Space Systems Loral	7 075	15	15	IPstar、 Viasat-1、 Echostar-17、Echostar-19、 Intelsat-39、 Telstar-19V、Telstar-18V（APstar-5C）等
LM-2100	Lockheed Martin	6 500	20	15	HellasSat-4、Arabsat-6A
Eurostar-3000	Airbus Astrium	6 150	19	15	Kasat-1、ALYahsat-1A、 ALYahsat-1B、Astra-2E、Astra-2F、SES-14、SES-12、Telstar-12V
Spacebus-4000B/ C	Thales	5 700/4 000	11	15	Inmarsat GX-5、Yamal-601
Eurostar NEO	Airbus Astrium	6 000	16	15	发射计划见表 2-3
Spacebus NEO	Thales	6 000	16	15	发射计划见表 2-3
Onesat	Airbus Astrium	—	—	15	发射计划见表 2-4
Alphabus	Airbus Astrium/Thales	8 000	—	16	AlphaSat
DFH-4E	CAST	6 000	12	15	APSTAR-6D
DFH-5	CAST	8 000	28	15	SJ-20

　　国内外主要通信卫星研制商都根据高通量通信卫星发展需求,开展了相应高通量卫星平台的开发,包括大型通信卫星平台的升级、超大型通信卫星平台的研制及在轨验证、全电推进卫星平台的广泛应用推广和软件定义卫星平台的开发。

1. 大型卫星平台升级

　　具有 5 500 kg 以上发射能力的大型高通量卫星平台主要有:Boeing 公司的 BSS-702HP/702MP,Space System Loral 公司的 LS-1300E 平台,Astrium 公司的 Eurostar E3000 平台,Thales 公司的 Spacebus-4000 C 平台,我国的 DFH-4E 卫星平台等。其整星功率均在 15 kW 以上,寿命在 15 年以上,均采用电推进系统进行在轨位保,采用大功率电源系统。

　　相关卫星平台均随着卫星技术发展进行了升级和优化。例如,美国 Lockheed Martin 公司对 LM-A2100 平台进行了 26 项技术改进,其目标是将研制成本缩减 35%,研制周期缩短 25%;欧洲 Airbus 公司与 Thales 公司为提升 Eurostar-E3000、Spacebus-4000 的能力,联合开发了大中型通信卫星平台 NEOSAT,包括 EurostarSAT 和 SpacebusSAT。

　　(1) LM-2100 卫星平台

　　升级改造后的 LM-A2100 平台称作 LM-2100,发射重量可达 6 500 kg,可提供整星功率 20 kW。按有效载荷功率,LM-2100 分为如图 2-1 所示 3 种配置:MP(中能力,Medium

Power);HP(高能力,High Power);SBS(一箭双星发射,Side-By-Side)。平台配置的选择主要取决于有效载荷重量和尺寸是否匹配,不需要考虑供电能力。

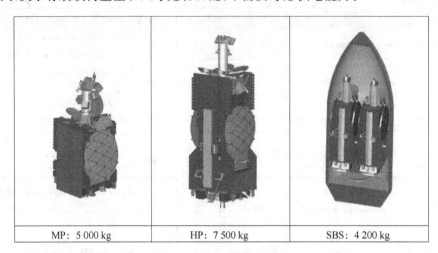

| MP: 5 000 kg | HP: 7 500 kg | SBS: 4 200 kg |

图 2-1 LM-2100 平台的 3 种配置

新一代 LM-2100 平台的主要技术改进内容包括:

① 电源分系统采用了 20 kW 可扩展的功率调节单元,创新性采用了柔性太阳翼,降低了质量和成本。

② 姿轨控分系统采用 1 套冗余的星敏感器、1 套粗太敏和 1 只低成本 MEMS 陀螺。星敏感器和 MEMS 陀螺组成恒星定姿和速率测量组件(Stellar Attitude and Rate Measurement Unit,STARMU),极大地缩减了传感器成本和复杂性,同时提高了卫星指向精度,简化了操作程序。

③ 推进分系统进行了重要改进,设置了全化学推进、混合推进和全电推进 3 种配置。全化学推进配置采用双组元化学推进系统(远地点发动机)完成转移轨道变轨,采用带有矢量调节的单组元化学推进和电弧推力器完成在轨位置保持操作、动量轮动量管理和姿态控制,利用单组元化学推进系统完成安全模式下的应急操作。混合推进配置采用双组元化学推进系统和霍尔电推进系统完成转移轨道变轨,采用带有矢量调节装置的霍尔电推力器完成在轨位置保持操作、动量轮动量管理和初期姿态控制,采用单组元化学推进系统完成安全模式下的应急操作。

④ 卫星主承力结构由原来的板架式构型改为中心承力筒式构型,便于有效载荷的布局优化,同时提升了卫星总装和测试的灵活性,缩短了研制周期;采用 3D 打印和先进复合材料技术减轻卫星重量。采用分体式卷轴释放装置(Split Spool Release Devices,SSRD)替代太阳翼和可展开天线的火工品切割器,消除火工冲击载荷影响,并降低火工风险。

⑤ 热控分系统采用柔性、高容量、固定热导率热管,在载荷集中区设置东西可展开热辐射器,提升局部区域的散热能力;采用自清洁光学太阳反射镜(AOSRs),在南北板的 OSR 外增加特殊的光催化涂层,自行分解 OSR 在轨积累的有机污染物,维持寿命期内的热辐射率,提高卫星的散热能力,相比传统的 OSR,寿命末期的热辐射能力提高 10%~15%。

⑥ 综合电子分系统采用了基于辐射加固 Power PC 的新一代星载计算机,升级了模块化有效载荷远置接口单元(Enhanced Remote Interface Units,ERIUs)。

⑦ 实施了集成化及通用化升级,针对卫星的核心部件,种类缩减 56%,交付周期缩短 28%。所有关键产品都有较大的适应性,包括推进、反作用轮、陀螺、功率调节、太阳帆板、蓄电池、热控、软件以及综合电子等。共开发了 280 多个通用化星上产品,可用于不同规模的卫星。星上软件可根据卫星任务快速更改。

⑧ 采用先进制造和并行制造技术,以及最新的数字设计和可扩展制造方法,优化制造流程,使得研制效率大幅提高,缩短 3 个月研制周期。

截至目前,共有 3 颗基于新一代 LM-2100 平台的卫星成功发射:

① 2019 年 2 月,基于 LM-2100 平台研制的首发星 Hellassat-4(Saudigeosat-1)发射,采用混合推进系统,卫星起飞重量 6 495 kg,干重 3 950 kg,寿命 15 年;

② 2019 年 4 月,Arabsat-6A 发射,采用化学推进系统,卫星起飞重量 6 465 kg,干重 3 520 kg,寿命 15 年。

③ 2020 年 2 月,JCSat-17 卫星发射,卫星起飞重量 5 857 kg,寿命 15 年。

(2) NEOSAT 卫星平台

欧洲 Astrium 公司与 Thales 公司联合开发了大中型通信卫星平台 NEOSAT,旨在将卫星平台竞争力提高 30%,NEOSAT 平台将接替现有 Eurostar 和 Spacebus 系列平台,与 Alphabus 和 Small GEO 平台共同组成欧洲的新一代通信卫星平台产品线。

NEOSAT 平台项目包括 Eurostar NEO 平台和 Spacebus NEO 平台,分别由 Astrium 公司与 Thales 公司承担开发。两类平台均具有以下 3 种配置:

① 全电推进配置;

② 全化学推进配置;

③ 化学推进+电推进混合配置。

图 2-2 给出了 Eurostar NEO 平台的 3 种推进系统配置示意图。可根据用户的载荷需求和入轨时间要求来确定平台配置。

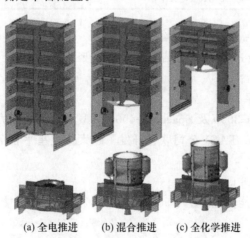

(a) 全电推进　　(b) 混合推进　　(c) 全化学推进

图 2-2　Eurostar NEO 平台的三种推进系统配置

Eurostar NEO 平台与 Spacebus NEO 平台的能力水平接近,其主要技术指标为:

① 发射重量 6 000 kg;

② 载荷重量承载能力(重量 1 400 kg,功率 16 kW)。

Astrium 公司与 Thales 公司后续承担的高通量通信卫星任务,基本全面采用 Eurostar NEO 平台和 Spacebus NEO 平台分别替代了 Eurosta-3000 系列平台和 Spacebus-4000 系列平台。目前已确定的基于 NEO 平台的卫星研制项目如表 2-3 所示,可见多数采用了其全电推进平台配置状态。

表 2-3 基于 NEO 平台的卫星研制项目

卫星平台	卫星名称	发射质量/kg	发射时间
Eurostar NEO 平台	Arabsat-7B(全电推配置)	4 500	2023 年
	Hotbird-13F(全电推配置)	4 500	2022 年
	Hotbird -3G(全电推配置)	4 500	2022 年
	Skynet 6A Thuraya 4(全电推配置)	—	2025 年
	Spainsat-NG1	—	2023 年
	Spainsat-NG2	—	—
	Thuraya-4(全电推配置)	—	2023 年
	Thuraya-5(全电推配置)	—	—
	Eutelsat-36D(全电推配置)	5 000	2024 年
Spacebus NEO 平台	Eutelsat Konnect(全电推配置)	3 619	2020 年
	Eutelsat Konnect VHTS	6 300	2022 年
	Amazonas Nexus(全电推配置)	4 500	2022 年
	Eutelsat-10B(全电推配置)	—	2022 年
	SES 17	6 000	2021 年
	Satria	—	2023 年
	Syracuse-4A(全电推平台)	3 500	2022 年

2. 超大型卫星平台开发及飞行验证

重量超过 8 000 kg 的超大型通信卫星平台主要有 Alphabus 平台、LS-1300E 20.20 以及我国的 DFH-5 平台。

(1) Alphabus 卫星平台

为了弥补 Eurostar-3000 及 Spacebus-4000 两型卫星平台能力的不足,Astrium 公司和 Thales Alenia Space(TAS) 公司联合开发了超大型卫星平台 Alphabus。卫星主要指标如下。

① 卫星发射重量:8 t。

② 有效载荷承载能力:重量 1 500 kg,功率 18 kW,散热能力 11.5 kW,190 路转发器。

③ 寿命:15 年。

④ 有效载荷承载能力:重量 2 000 kg,功率 22 kW,散热能力 19 kW,230 路转发器。

　　Alphabus 卫星构型分为服务舱、转发器舱和天线舱,采用承力筒式主承力结构;采用三维热管网络和可展开热辐射器,提高散热能力;采用 100V 母线,采用二维二次展开太阳翼,采用第 5 代锂离子电池;采用双组元化学推进系统和霍尔电推进系统。

　　采用 Alphabus 平台的 Alphasat 卫星于 2013 年 7 月发射,卫星的发射质量为 6 500 kg,整星功率为 12 kW,设计寿命 15 年。该卫星由 Inmarsat 公司运营,除搭载国际移动卫星公司的商业通信有效载荷外,还验证了激光通信试验和 Q/V 频段通信试验有效载荷。

　　(2) DFH-5 卫星平台

　　为填补我国 12 kW 以上通信卫星平台型谱空缺,实现平台技术国际一流,我国开发了超大型通信卫星平台 DFH-5。其整星发射质量 8 000 kg,寿命末期功率 28 kW 以上,有效载荷承载质量 1 500 kg,有效载荷功率 18 kW,有效载荷散热能力 9 kW 以上,寿命 16 年。卫星平台可扩展到:整星发射质量 9 000 kg,有效载荷质量 1 800 kg,载荷功率 22 kW。

　　卫星平台采用高承载、多适应桁架式结构,采用体分布、万瓦级高效热控系统,采用二维二次展开半刚性太阳翼、锂离子蓄电池技术,采用先进综合电子系统,采用双组元化学推进系统和大推力、多模式 LIPS-300 离子电推进系统。

　　基于 DFH-5 平台的实践二十号卫星于 2019 年 12 月发射,对卫星平台技术进行了全面验证,同时还搭载了 Q/V 频段载荷、宽带柔性转发器、激光通信载荷等。

　　(3) LS-20.20 卫星平台

　　劳拉公司在 LS-1300E 卫星平台基础上,提出了 LS-20.20 平台的开发计划。LS-20.20 平台采用新型轻型材料结构、高效的蓄电池和太阳电池阵技术,采用霍尔电推进系统。卫星平台指标为:

　　① 卫星发射重量:8 500 kg。

　　② 整星功率:17~30 kW。

　　③ 有效载荷承载能力:功率 15 kW,150 路转发器。

3. 全电推卫星平台广泛应用

　　2015 年 3 月,波音公司基于全电推进卫星平台 702SP 研制的两颗卫星 Eutelsat-172B、SES-12 成功发射,正式开启了全电推进卫星的应用进程。702SP 平台采用 4 台 25-cm XIPS 离子电推力器完成转移轨道变轨和在轨位保任务。

　　全电推进卫星采用高比冲的电推进系统进行变轨,可使卫星发射重量降低 40%,大幅降低卫星发射成本。卫星从星箭分离 GTO 转移轨道到变轨到 GEO 轨道,需要耗费较长时间,具体转移轨道变轨时间受星箭分离点轨道参数和电推力器推力值的影响,一般在 4~8 个月之间。

　　在波音公司的 702SP 卫星平台之后,推出了以下全电推进卫星平台。

　　(1) Astrium 公司基于 Eurostar-3000 卫星平台推出了全电推进平台 Eurostar-3000e,其采用 4 台 SPT-140 电推力器。

　　(2) Space Systems Loral 公司基于 LS-1300E 卫星平台推出了全电推进平台 LS-1300(all electric),采用 4 台 SPT-140 离子电推力器。

　　(3) Lockheed Martin 公司升级后的 LM-2100 卫星平台包含了全电推进平台,采用

4 台 BPT-4000(XR-5)霍尔电推力器。

（4）2015 年 2 月，美国 Orbital Science 公司（轨道科学公司）推出了 Star-3 全电推平台，其采用 4 台 BPT-4000(XR-5)霍尔电推力器。

（5）EuroStar NEO 和 Space NEO 卫星平台系列包含了全电推进卫星配置，其配置 4 台 PPS-5000 霍尔电推力器。

（6）Airbus 公司开发了全电推进卫星平台 Onesat，其采用 4 台 PPS-5000 霍尔电推力器。

可见，各主流卫星平台都开发了全电推进的配置，特别是 BSS-702SP 平台、Eurostar-3000 EOR 平台已发射多颗全电推进卫星。而且后续，702SP 平台、Eurostar NEO 平台、Spacebus NEO 平台、Onesat 平台已签署多颗卫星研制合同，如表 2-4 所示。表 2-5 给出了全电推进平台主用电推力器。

表 2-4　全电推卫星项目

卫星平台名称	卫星名称	发射时间	发射质量/kg
Eurostar-3000 EOR 平台	Eutelsat-172B	2017 年 6 月	3 551
	Inmarsat-6 F1	2021 年	—
	Inmarsat-6 F2	2022 年	—
	SES-12	2018 年 6 月	5 300
	SES-14	2018 年 1 月	4 423
	Syracuse-4B	2022 年	3 500
	Turksat-5A	2021 年 1 月	3 500
	Turksat-5B	2021 年	4 500
BSS-702SP 平台	ABS-2A	2016 年 6 月	2000
	ABS-3A	2015 年 3 月	1 954
	Eutelsat 115 West B	2015 年 3 月	2 205
	Eutelsat 117 West B	2016 年 6 月	1 963
	SES-15	2017 年 5 月	2 302
	SES-20	2022 年	—
	SES-21	2022 年	—
SSL-1300 平台	Eutelsat-7C	2019 年 6 月	3 400
Eurostar NEO 平台	Arabsat-7B	2023 年	4 500
	Hotbird-13F	2022 年	4 500
	Hotbird-13G	2022 年	4 500
	Skynet 6A Thuraya 4	2025 年	—
	Thuraya-4	2023 年	—
	Thuraya-5	—	—
	Eutelsat-36D	2024 年	5 000

续 表

卫星平台名称	卫星名称	发射时间	发射质量/kg
Spacebus NEO 平台	Eutelsat Konnect	2020 年 1 月	3 619
	Amazonas Nexus	2022 年	4 500
	Eutelsat-10B	2022 年	—
	Syracuse-4A	2022 年	3 500
OneSat 平台	Inmarsat-GX7/8/9	2023 年	—
	Optus-11	2023 年	—
	Intelsat 两颗卫星	2023 年	—

表 2-5 全电推进平台主用电推力器

类型	型号	功率/kW	推力/mN	比冲/s	国家
离子电推力器	25-cm XIPS	2～4.3	80～166	3 420～3 550	美国
霍尔电推力器	BPT-4000(XR-5)	3～4.5	168～294	1 769～2 076	美国
	PPS-5000	3～6	140～380	1 600～2 700	法国
	SPT-140	1.2～6.0	80～280	1 500～2 600	俄罗斯

4. 软件定义卫星平台开发

近几年,支持在轨功能完全重构、软件定义、标准化的通信卫星平台得到了快速发展,包括 Airbus Astrium 公司的 Onesat 卫星平台、Thales 公司的 Space Inspire 卫星平台、Lockheed Martin 公司的 Smartsat 卫星平台以及 Boeing 公司 BSS-702X 卫星平台。

(1) Onesat 卫星平台

Onesat 是欧洲 Airbus Astrium 公司开发的软件定义通信卫星平台,可在轨全面实施功能重构,能调整其覆盖范围、容量和频率,以适应用户任务需求的变化。Onesat 卫星平台的目标是在卫星性能、灵活性以及单位比特通信容量成本间取得平衡,同时保持卫星平台的高可靠性。其基于标准化、模块化以及全面考虑制造工艺性的设计方法,可明显缩短研制周期,降低研制成本。

欧洲 Quantum(量子)卫星是基于 Onesat 卫星平台的首发星,也是全球首颗采用软件定义载荷的实用型通信卫星,由 ESA 和 Eutelsat 公司联合投资,Airbus Astrium 公司为主承包商。量子卫星质量 3.5 t,功率为 7 kW,设计寿命 15 年,采用全 Ku 频段通信,通信容量可达 6～7 Gbit/s。量子卫星的研制,将推动天基软件定义无线电技术进入应用阶段,也是软件定义卫星发展的重要一步。

目前,在首发星 Quantum 还未发射的情况下,Airbus 公司已获得基于 Onesat 平台的 6 颗卫星研制合同,具体包括:

① 2019 年 5 月确定的下一代 Ka 频段 Inmarsat-GX7/8/9 卫星;

② 2020 年 7 月确定的 Optus-11 高通量卫星;

③ 2020 年 12 月确定的两颗 Intelsat 高通量通信卫星。

（2）Space Inspire 卫星平台

Thales 公司在 ESA 的支持下，2019 年 9 月公布了 Space Inspire（太空灵感）卫星平台的研制计划。Space Inspire 旨在为用户提供随时灵活重新配置卫星在轨业务的能力。采用软件定义载荷技术实现在轨通信功能重构以及柔性覆盖能力，适应了当前通信业务不断变化的市场形势，实现卫星在轨资源的效能最大化。

Space Inspire 基于先进的载荷技术和平台技术，形成了卫星性能、在轨灵活性、研制成本及研制周期等方面的突出优势。

（3）Smartsat 卫星平台

2019 年，美国 Lockheed Martin 公司宣布正在研制 Smartsat 卫星（智能卫星）。该卫星采用 Lockheed Martin 公司研发多年的软件定义技术架构，可通过软件推送来改变或增加卫星功能。

Smartsat 平台具有以下特点。

① 带宽可调：可动态调整卫星工作频率和通信速率。

② 波束可变：可改变卫星的覆盖区域。

③ 多核处理：首次在卫星上采用多核处理器，增强星上数据处理能力。

④ 弹性架构：Smartsat 系统和技术可适应于多类卫星平台，从 LM-50 微小卫星平台到 LM-2100 平台。

⑤ 研制周期短：采用标准的平台架构，缩减了卫星 AIT（总装、集成、测试和试验）时间。

Smartsat 平台的星载计算机具有高功率、抗辐照等特点，采用虚拟机技术，充分利用星载多核处理器，最大限度提高内存利用率、星上处理能力和网络带宽。Smartsat 平台将为卫星提供优越的弹性和灵活性来改变任务需求和技术，并极大提升了卫星的在轨处理能力。

Lockheed Martin 公司也指出，星载软件的在轨重构，带来了网络安全问题。Smartsat 卫星一方面具备在轨问题的及时识别和快速重构能力，另一方面采用自主检测和网络威胁防御技术，定期更新星载网络防御软件。

Smartsat 本质上是一个软件操作环境，可以看作一个卫星 IOS 系统，提供了全新的强健星载软件定义架构，融合了人工智能、数据分析、云计算网络和先进通信技术等，可用于 Lockheed Martin 公司各规模的卫星平台，既可基于 LM-50 微小型平台，也可基于 LM-2100 等大型卫星平台。

2019 年 12 月发射的 Pony Express 1 卫星对 Smartsat 系统的进行了在轨测试验证，验证内容如下。

① Hivestar 软件：包括星间的高级自适应网格通信、分布式信息处理技术，并利用其他智能卫星上的传感器来定制空间任务。

② 软件定义载荷技术：包括多个射频应用的高宽带集成、存储转发、射频采集、数据压缩、数字信号处理和传输等。

（4）波音公司 BSS-702X 卫星平台

2019 年 9 月，美国波音公司发布了软件定义卫星平台 BSS-702X，可使运营商较好地适应市场变化,动态调配带宽资源。

BSS-702X 平台一方面基于波音公司的小 GEO 平台,融合了数字载荷技术,采用固态放大器替换了原来的行波管放大器,实现了软件定义特性;另一方面应用了 3D 打印技术,同时极大地减少了卫星组件和射频线缆数量,将原来的 4 500 个组件和 1 300 条电缆减少至 348 个组件和 64 条电缆,进而大幅缩减了卫星重量,将 3 750 kg 的卫星重量缩减为 1 900 kg。

BSS-702 系列平台采用相控阵天线支持数字可编程有效载荷,可以生成 5 000 个波束,并根据需要进行功率、位置和灵敏度等的定制。

2.2　高通量卫星平台设计

高通量卫星平台一般分为结构、热控、姿轨控、推进、供配电、测控、综合电子等分系统。以下简要介绍高通量卫星平台各分系统的设计,包括主要设计任务、基本方案和主要设计方法等。

2.2.1　结构分系统设计

卫星结构分系统主要用于支撑、固定星上各种设备和部件,传递和承受载荷,并保持卫星完整性和完成各种规定动作功能。卫星结构主要提供以下功能:

① 承受和传递星上静动力载荷,包括地面操作、发射和在轨运行过程所产生的各种载荷,确保结构本身不破坏,同时保证作用在仪器设备上的载荷不超过规定的范围;

② 为卫星与运载火箭和地面工装提供机械连接界面;

③ 为星上设备提供安装空间、安装固定界面和所需的刚性支承条件;

④ 为星上设备提供有效的环境保护(如外热流、空间辐照等)和所需的物理特性。

卫星结构由主承力结构、结构壁板和连接支撑隔板等组成,高通量通信卫星平台的主承力结构主要有承力筒结构和桁架结构等。按承受载荷的功能,卫星结构可分为主结构和次结构。主结构指主承力结构,次结构包括结构板、仪器设备安装结构等。

卫星结构分系统的设计任务主要包括主承力结构设计、结构板设计、结构连接设计、大部件(天线、贮箱、太阳翼等)接口设计、力学分析和试验验证等。

1. 卫星构型设计

高通量通信卫星平台多采用承力筒式卫星构型,少数卫星平台采用桁架式卫星构型。例如,我国的 DHF-4 平台和 Spacebus-4000 平台、LS-3000 平台、Eurostar-3000 平台、LM-2100 平台、Alphabus 平台等均采用承力筒式构型;702HP 平台、DFH-5 号平台等采用桁架式构型。

图 2-3~图 2-6 分别给出了 DFH-4 平台、Spacebus NEO 平台、Spacebus-4000 平台及 Alphabus 平台的构型图。

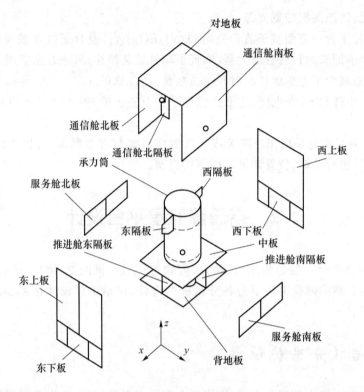

图 2-3　DFH-4 卫星平台构型

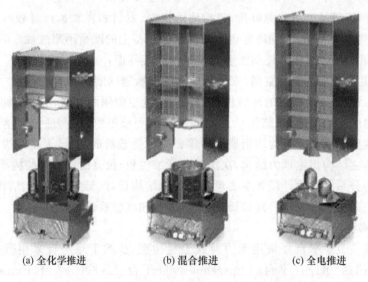

(a) 全化学推进　　　　(b) 混合推进　　　　(c) 全电推进

图 2-4　Spacebus NEO 平台的 3 种配置构型

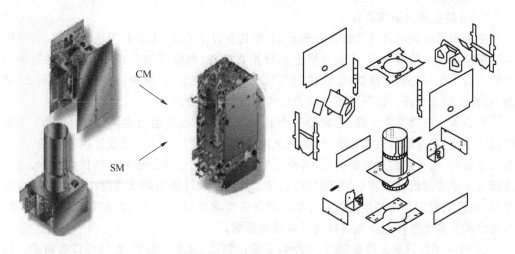

图 2-5　Spacebus-4000 卫星平台构型

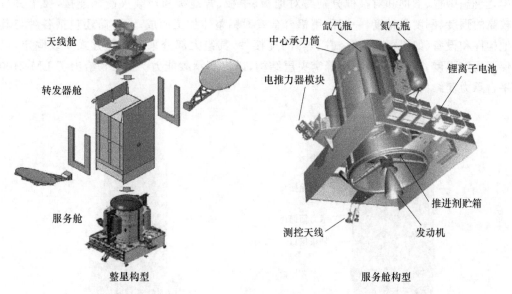

图 2-6　Alphabus 卫星平台构型

　　卫星构型一般由主承力结构、外侧板、底板、顶板和相关隔板组成。构型设计主要考虑分舱要求、特殊设备(贮箱、气瓶、相关天线等)安装需求、结构强度和刚度要求等因素。卫星构型尺寸需综合考虑以下因素进行设计:运载火箭整流罩的许用直径,卫星有效载荷容量和平台服务系统能力,天线数量和尺寸,太阳翼基板数量和尺寸,总体相关布局要求等。

　　为实现并行研制、并行总装和测试,通信卫星构型按功能划分为通信舱(载荷舱)和平台舱,平台舱有时又分为推进舱和服务舱。其中,通信舱由对地板、通信舱南/北板等组成,用于安装卫星有效载荷设备和跟踪子系统设备;推进舱由主承力结构(中心承力筒等)、背地板、中板及隔板组成,用于安装贮箱、变轨发动机、推力器和推进管路等,还提供与运载火箭的机械接口;服务舱由服务舱南、北板等组成,主要安装平台电子设备。

2．卫星主承力结构设计

主承力结构是卫星结构的核心部分，主要具备以下功能：①承载卫星主要载荷；②作为卫星结构组装的核心；③安装卫星上部分重要设备（如推进剂贮箱等）；④提供卫星与运载火箭连接与分离的接口；⑤提供卫星设计和工艺的基准；⑥提供地面组装、测试、试验、运输时的支承面。以下主要对承力筒式主结构进行介绍。

中心承力筒简称承力筒，通常是一个圆柱或圆柱与圆锥组合的筒形结构，位于卫星结构的中央，并与运载火箭相连接，是星上主要承载结构件。承力筒设计内容包括：外形及尺寸设计、与火箭的对接框设计、与推进剂贮箱和相关结构板等的连接接口设计、材料选择等。承力筒设计需满足以下要求：卫星总体构型设计提出的承力筒构型尺寸和精度要求；火箭发射主动段产生的过载力学环境条件要求和对卫星提出的基频要求；与运载、卫星结构板和大部件的机械接口尺寸和精度要求。

DFH-4 平台的承力筒如图 2-7 所示，主要由筒体、多个连接框、贮箱接口等组成。其中，上框、中框、下框和对接框分别与对地板、中板、背地板和运载火箭相连接，要求具有较高的强度、刚度和精度，一般采用铝合金或锻铝整体加工而成；承力筒还包括各种与其他构件和设备（如隔板、贮箱、气瓶等）的连接件，其绝大部分采用埋置方式安装固定，以保证连接强度。筒体一般采用蜂窝夹层结构，以提高承载能力。图 2-8 给出了 LM-2100 平台承力筒结构图。

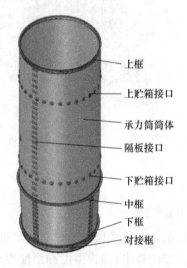
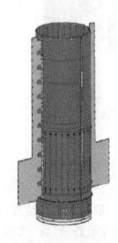

上框
上贮箱接口
承力筒筒体
隔板接口
下贮箱接口
中框
下框
对接框

图 2-7　DFH-4 平台承力筒结构　　　图 2-8　LM-2100 平台承力筒结构

3．卫星结构板设计

卫星多采用蜂窝夹层结构板，它由面板、蜂窝芯子和胶粘剂组成，如图 2-9 所示。

为避免拉弯耦合效应和固化后引起翘曲变形，上、下面板一般采取相同材料和厚度。常用的面板材料主要有铝合金和碳纤维复合材料两种。对于粘贴热辐射器（OSR 片）或喷热控涂层的结构板选用铝合金面板；为减轻结构重量，其他结构板一般选用碳纤维面板，目前常用 M40 或 M55 环氧复合材料等的层合面板。面板厚度主要根据强度要求进行设计，通常选用 0.3 mm、0.4 mm、0.5 mm 等。

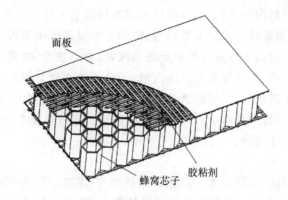

面板

胶粘剂

蜂窝芯子

图 2-9 典型蜂窝夹层结构

蜂窝芯子有正六边形、长方形等形状,铝蜂窝正六边形芯子较为常用。蜂窝芯子高度主要根据结构板刚度要求进行设计,通常选用 16 mm、21 mm、25 mm 等。

蜂窝夹层结构板内采用胶粘连接,包括板芯间拼接、芯子间拼接、芯子和埋件间连接等。

2.2.2 热控分系统设计

热控分系统的任务是保证星上仪器设备从卫星发射到在轨飞行的整个寿命期内都工作在规定的温度范围内,满足其贮存、启动及工作温度要求。热控分系统由硬件和软件组成,其中硬件又分被动和主动热控产品。被动热控产品主要包括热控涂层、多层隔热组件、热管、导热填料、隔热垫片、扩热板等;主动热控产品主要包括电加热器、制冷器、流体回路等。

1. 热设计工况分析

开展热设计时,首先要进行典型热工况分析,明确热控设计、分析与验证需要考虑的主要状态。GEO 卫星的热设计一般主要考虑以下工况。

① 从卫星发射到太阳翼展开过程:发射起飞后,整流罩内表面任一点的辐射热流密度小于 500 W/m² ;抛整流罩后,卫星迎风面会受到最大热流为 1 135 W/m² 的自由分子流加热,热流随高度的增加而迅速减小。

② 转移轨道段的太阳翼展开后巡航阶段和发动机点火机动阶段:转移轨道阶段,卫星载荷设备不开机;太阳翼展开后,卫星南北板散热面完全暴露于空间;巡航状态下,一般使卫星-Z 轴指向太阳;发动机点火时,太阳光照射南北面,外热流输入增加。

③ 在轨正常运行阶段:在春秋分点,卫星南北面不受太阳照射;在夏至点,北板受太阳照射;在冬至点,南板受太阳照射。卫星将经历高低温工况考验,低温工况出现在寿命初期的春秋分,高温工况出现在寿命末期的冬夏至。

2. 卫星热控设计

(1) 散热区域设计

通信卫星的运行轨道和姿态控制方式决定了其南北表面阳光照射少,因此常选卫星南北面作为散热面。卫星的散热能力取决于仪器设备的最高允许工作温度、寿命末期散热面最大外热流以及星内的热耗分布（即分布在散热面上还是内部隔板上）。

一般情况下，主要考虑卫星设备布局、热耗和工作温度范围等因素，对散热面进行分区设计。对于热耗较大或工作温度要求严格的区域（如行波管、电源控制器等安装区域）可以适当增大散热面积；对于温度较低的区域，可适当缩小散热面积。当通信舱南/北散热面积不能满足散热需求时，在运载火箭整流罩允许的尺寸范围内，通信舱南/北板可沿±X向外扩，扩展板两面均可粘贴 OSR 片，以提高通信舱散热能力。图 2-10 给出了某通信卫星的散热区域设计结果。

（2）热管网络设计

热管是一种在密闭容器（管壳）内，依靠工质的气-液两相循环完成热量传递的装置，其工作原理如图 2-10 所示。在蒸发段液体受热蒸发，蒸汽流到冷凝段凝结放热，完成热量从蒸发段到冷凝段的传递。液体在管芯毛细力的作用下流回蒸发段，完成工质循环。由于蒸发和凝结的热阻很小，热管可在小温差下传递大热流，堪称具有超级导热性能的传热元件。通信卫星常用的热管为轴向槽道热管，其毛细结构是在管内壁顺热管轴线开出的细槽，图 2-11 给出了几种常见的轴向槽道热管截面图。热管外形可以根据需要做成圆形、矩形、工字形、T 字形或 Ω 形，以增大接触面积，减小传热阻值。通信卫星结构板内热管一般采用铝-氨热管，管壳材料为铝合金，管内工质为高纯氨。

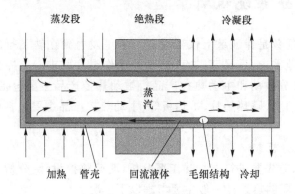

图 2-10　热管原理图

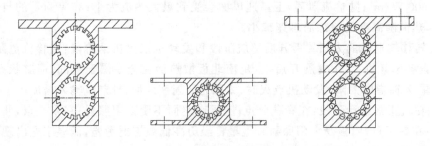

图 2-11　常用轴向槽道热管截面图

高通量通信卫星热管一般设计成正交热管网络，即在蜂窝板内，除平行热管外，在垂直方向也布置一些热管，用来拉平平行热管之间的温度，提高整体温度均匀性。所增加的垂直方向热管可预埋或外贴安装，预埋方式有利于设备布局，而外贴方式工艺简单。

为充分利用南北面散热面积,减少冬至、夏至南北面辐射器及星内设备的温差,GEO卫星发展了南北热耦合技术,即增加垂直于南北面的横向热管将南北两个散热面耦合起来,以提升散热能力。缺点是热管传热过程对重力场十分敏感,地面热试验存在困难。该技术已在国内外先进通信卫星平台上得到大量应用,如 Eurostar-3000 平台、LM-A2100 平台等。

（3）热控涂层

热控涂层是用于调节固体表面热辐射特性以控制其温度的表面材料,主要有 4 种基本形式:太阳反射面,具有小的 α_s/ε 值;太阳吸收表面,具有大的 α_s/ε 值;全反射表面,反射各个波段的能量;全吸收表面,吸收各个波段的能量。在此基础上,可研制出具有不同 α_s 和 ε 的涂层。卫星外表面通常选用辐照稳定性高且防静电的涂层,如带 ITO 膜的 OSR、F46 镀银(铝)二次表面镜、单面镀铝聚酰亚胺膜、渗碳黑聚酰亚胺膜,ACR-1 防静电白漆等;而卫星内表面通常选用高发射率涂层以强化辐射换热,如 E51-M 黑漆、铝黑色阳极氧化和 SR107 白漆等。

Lockheed Martin 公司的新一代 LM-2100 平台采用自清洁光学太阳反射镜(AOSRs),在卫星南北板的 OSR 片上增加特殊的光催化涂层,自行分解 OSR 在轨积累的有机污染物,维持寿命期内的热辐射率,提高卫星的散热能力,寿命末期的热辐射能力提高 10%～15%。

（4）多层隔热组件设计

通常由高反射率的反射屏和低热导率的间隔物交替叠合而成,在真空条件下具有极好的隔热性能,可分为低温、中温和高温多层隔热组件三类。除 OSR 散热面及一些部件开口外,卫星外表面均使用低温多层隔热组件包覆,以减少星体与空间环境的辐射换热。星内贮箱、管路等部件也使用低温多层隔热组件包覆,以减少这些部件与周围部件的热交换。在发动机、推力器表面及其周围则根据温度范围选用高温或中温多层隔热组件。

（5）导热填料设计

导热填料是在接触面间使用的易变形材料。按使用形态分为导热脂(填充后具有流动性)、硅橡胶(使用前具有流动性,填充后变为固体)、导热垫片(使用前后均为固体)3种。导热填料广泛用于星上发热仪器与安装板之间,以降低接触热阻。我国卫星常用的导热填料为导热脂,国外主要为硅橡胶。

（6）加热器配置及自主控温

加热器多用在环境温度变化较大、工作温度范围要求严苛或有较长时间处于关机状态的设备或部件上,如通信舱结构板上的替代加热器或补偿加热器、蓄电池和推力器等设备上的加热器。卫星常用加热元件有:①康铜箔加热片,用于大多数仪器设备的加热;②康铜丝加热带,主要用于推进系统管路的加热;③铠装加热丝,用于推力器和发动机的加热;④金属壳线绕电阻,用于加热器安装面积很小的部位,如天线展开机构、锁紧释放机构等。

加热器自主控温是控制卫星设备、部件温度的重要手段之一。加热器通过热控软件实现自动控制,控制方式分遥控和自控两种。图 2-12 给出了加热器自主控温原理:在被控仪器或部件上安装加热器和控温热敏电阻,控温热敏电阻通过测控单元向热控软件提供温度数据,热控软件根据控温热敏电阻所提供温度和所贮存控温阈值的比较结果,向加热回路发出相应的开/关指令,完成设备的自动控温。为防止继电器发生常通故障,在大部分自控加热回路中串联由地面指令控制的安全开关,其一般处于接通状态,只有出现指令开关无法断开的故障时,才会发遥控指令使其断开。

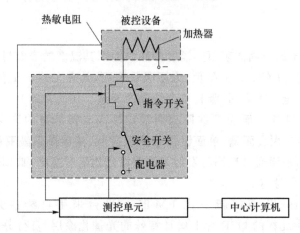

图 2-12 自控加热器控制原理图

（7）可展开式热辐射器设计

通信舱板的散热能力是高通量通信卫星设计的重要约束,对于大规模高通量通信卫星,只通过通信舱南北板及部分固定扩热板已难以满足所有转发器的热耗排散要求,必须采用可展开热辐射器辅助完成散热。

根据散热能力需求,可以设置大面积可展开热辐射器,例如,图 2-13 为 Inmarsat-4 卫星的可展开热辐射器;也可以在某些大热耗载荷设备集中区设置东西可展开热辐射器,提升局部区域的散热能力,例如,图 2-14 为 LM-2100 卫星平台的局部可展开热辐射器。

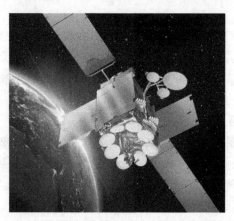

图 2-13 Inmarsat-4 卫星可展开热辐射器

可展开热辐射器以"环路热管+传输管路"作为传热工具,将热量从高热耗的通信舱南北板转移至展开的热辐射器,通过热辐射器向空间散热。在不增加卫星平台尺寸、不影响卫星基本构型的基础上显著增加散热面积,提高卫星散热能力和控温水平。发射时，热辐射器处于收拢状态，压紧于太阳翼下部；入轨后，一次性展开锁定，并平行于卫星南北面。

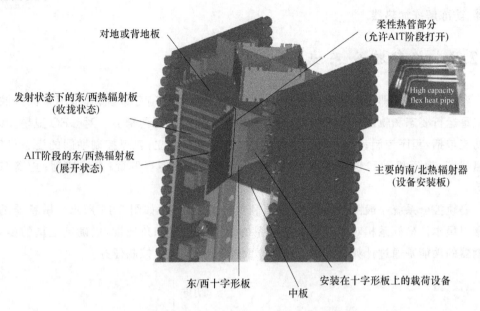

图 2-14　LM-2100 平台的东西可展开热辐射器

可展开式热辐射器主要由以下部件组成：环路热管毛细泵（含半导体制冷器），传输管道（蒸汽管、液体管），柔性热关节，一体化冷凝器，辐射器板，展开、压紧/释放机构，防冻加热器等。

环路热管毛细泵为展开式热辐射器的关键部件，主要提供环路热管运行的毛细力，其由蒸发器、储液器、热管及半导体制冷器等组成，工作原理如图 2-15 所示。环路热管一般与半导体制冷器配套使用，制冷器对环路热管储液器制冷，辅助环路热管启动。

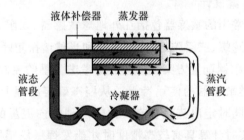

图 2-15　环路热管工作原理

环路热管蒸发器一般采用镍粉毛细芯、不锈钢管壳。蒸气管线和冷凝器管线一般选用不锈钢管。

柔性热关节是能够弯曲或旋转的管路，用于辐射器上热管和卫星结构板上热管的过渡连接，一般采用外包一层编制网的高压不锈钢软管。

可展开式热辐射器包括展开铰链和压紧释放装置，一般采用带簧驱动滚动式铰链进行可展开热辐射器与卫星结构板的连接及展开锁定，压紧释放装置可选用记忆合金式压紧释放装置，采用 NiTi 合金丝作为驱动元件，采用分瓣螺母进行紧固。

辐射器板一般选用蜂窝夹层结构板，采用铝面板，外贴 OSR 片。储液器设置控温加热器、防冻解冻加热器。

2.2.3 姿轨控分系统设计

姿轨控分系统即姿态轨道控制分系统，有时简称为控制分系统，其是用来保持或改变卫星运行姿态和轨道的分系统，包括姿态控制和轨道控制两部分。对 GEO 卫星，其主要功能包括：程序控制；太阳捕获；地球捕获；正常姿态建立；轨道控制期间的姿态稳定；轨道捕获、轨道机动和轨道保持；故障安全；姿态机动；姿态偏置；多体控制；全姿态捕获等。

姿轨控分系统一般由敏感器、控制器和执行机构组成，如图 2-16 所示。敏感器用来测量卫星本体坐标系相对于其基准坐标系的相对角位置和角速度，以确定卫星的姿态；控制器的功能是通过计算机实现控制规律或控制对策，完成控制任务。

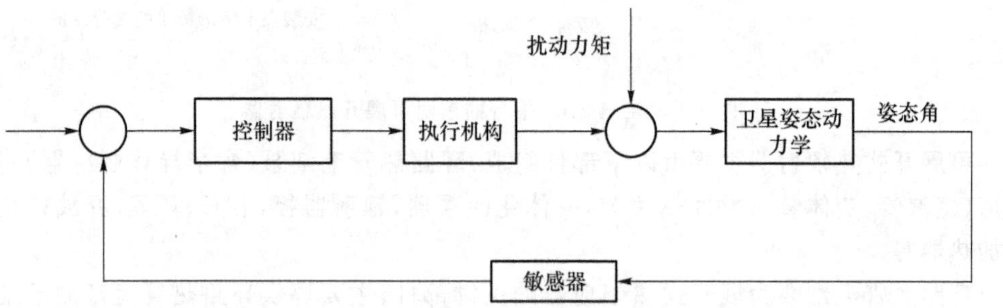

图 2-16　姿轨控分系统组成示意图

1. 姿态测量系统方案设计

通信卫星姿态测量常用的敏感器包括红外地球敏感器、太阳敏感器、星敏感器、陀螺等。常用陀螺包括二浮陀螺、三浮陀螺、光纤陀螺和半球谐振陀螺等。

对于 GEO 卫星，敏感器配置方案设计除需要考虑卫星的控制特点、任务需求和技术指标外，还需要考虑各类敏感器的使用特点。从姿态确定原理上讲，星敏感器测量精度最高，可达角秒级，且能同时定出三轴姿态。由于对地定向卫星的姿态基准为当地轨道系，因此只有当轨道的实时计算具有较高精度时才能发挥星敏感器高精度优势。地球敏感器可获得滚动和俯仰姿态的直接测量值，须将地球敏感器与太阳敏感器联合使用才能得到三轴姿态。太阳敏感器可分别确定三轴姿态，但其定姿精度差，且在阴影区及视场以外无法应用。陀螺可以直接测量获得角速度，通过角速度积分可以获得姿态角。陀螺由于长寿命高可靠工程实现难度大，常采用多套异构组合。

单独使用任一种姿态敏感器均不能很好地完成姿态测量任务，常利用光学敏感器与惯性敏感器的互补特性，进行组合使用。通信卫星的姿态测量系统通常备有两套或三套测量方案。例如，对于 GEO 通信卫星，可设置 2 台星敏感器，1 台地球敏感器、1 台太阳敏感器、2 套异构的陀螺,陀螺组合可以是 1 套 3+1S 二浮陀螺(或三浮陀螺)、1 套 3 轴(或 3S)光纤陀螺(或半球谐振陀螺)。正常情况下,采用 2 台星敏感器和 1 套陀螺通过组合滤波方法完成姿态测量。

2. 姿控执行机构方案设计

为确定姿态控制执行机构的性能指标,首先需要估算出所需的控制力矩大小,为此需分析计算作用于卫星本体上的内外干扰力矩。作用于星体的外力矩主要为环境因素力矩:气动力矩、重力梯度力矩、磁力矩、太阳辐射压力矩等。卫星本身产生的内干扰力矩有:变轨机动时安装误差及卫星质心偏斜造成的干扰力矩,星上可动部件与星体之间相对运动产生的作用/反作用力矩。进行姿轨控分系统方案设计时,需考虑各种可能的飞行状态对总的干扰力矩估计出一个上限,并结合在轨运行规律开展执行机构设计。

(1) 动量交换装置系统设计

根据角动量守恒原理,改变安装在卫星上的高速旋转部件的角动量,从而产生与其角动量变化率成正比的控制力矩,并作用于卫星上使其角动量相应改变,这个过程称为动量交换。实现这种动量交换的装置称为飞轮执行机构。通信卫星的轮控系统主要分为基于反作用轮的零动量控制和基于动量轮的偏置动量控制。零动量控制在滚动-偏航通道引入解耦律后三通道可独立设计,要求三通道完整的姿态信息,系统配置要求完整,可实现高精度控制。偏置动量控制正是利用滚动-偏航通道的耦合效应,原则上可以省去偏航姿态敏感器,系统配置比较简单;轨道角速度方向的偏置动量有很强的陀螺稳定效应,因此偏置角动量控制在抗干扰方面具有较强的鲁棒性,不易丢失姿态基准。

通信卫星采用的动量轮/反作用轮安装方式主要有:①三个反作用轮正交安装或三轮正交安装和第四轮与其他三轮等倾角斜装形成的零动量系统;②固定安装或 V 型斜装的偏置动量系统以及金字塔型偏置动量系统等。动量轮和反作用轮的容量选取与外扰力矩性质和大小以及动量管理(如卸载)方式等有关。

目前主流通信卫星采用由 4 个动量轮组成的金字塔型安装方式。在这种构型下,4 个动量轮的标称角动量方向与 $-Y$ 轴的夹角均取 45°且均匀分布,其中 W1 和 W3 位于 XOY 平面内,W2 和 W4 位于 YOZ 平面内,如图 2-17 所示。飞轮系统的构型和安装角确定后即可进一步确定其安装矩阵和分配矩阵,用于姿轨控分系统设计和仿真。

(2) 推力器配置设计

推力器功能是为卫星姿态调整提供力矩,为轨道机动和在轨位保提供推力。卫星推力器配置应充分考虑正常功能实现和故障情况下的冗余配置。其设计原则为:

① 兼顾转移轨道和同步轨道段卫星质量特性的变化开展推力器布局;

② 尽可能使安装位置和角度达到最佳控制效率;

③ 考虑羽流对附近部件的影响;

④ 配置 A、B 两个分支既互为备份,又可交叉组合,选用其中部分推力器就可以完成姿态和轨道控制;

⑤ 能实现东西南北 4 个方向的位置保持;

⑥ 在 490N 发动机故障时,10N 发动机可作为备份进行小推力变轨。

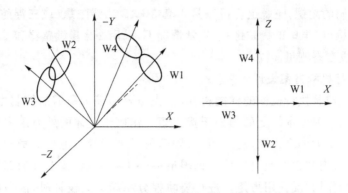

图 2-17 金字塔型动量轮构型

图 2-18 给出了某通信卫星配置的 14 只 10N 推力器和 1 台 490N 发动机位置图。490N 推力器安装在星体的－Z 面,其标称推力方向沿＋Z 轴,为卫星远地点变轨提供推力。14 个 10N 推力器分成 A、B 两个分支,其中 2A、3A、2B、3B 分别与 4A、5A、4B、5B 配对组合控制俯仰或偏航姿态,6A、7A、6B、7B 单独工作控制滚动;8A、8B 用于实施推进剂沉底,并作为滚动姿态控制的备份。

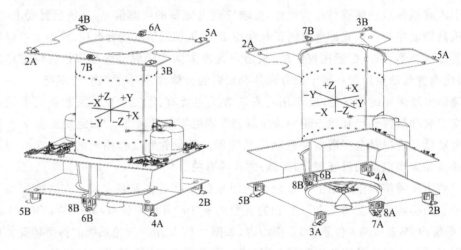

图 2-18 某 DFH-4 卫星推力器布局图

3. 控制器设计

对 GEO 通信卫星来说,姿轨控分系统的工作模式可分为转移轨道和同步轨道工作模式。转移轨道工作模式主要有:捕获模式(太阳捕获模式、地球捕获模式、地球指向模式)和远地点模式。同步轨道工作模式主要有:正常工作模式和位置保持模式。不同模式下,姿轨控分系统所采用的敏感器和执行机构不同,相应的控制器结构也不同。控制器一般采用传统的 PID 控制算法。

控制器软件实现姿轨控功能,分为系统管理软件和应用软件两部分。系统管理软件为应用软件提供稳定可靠的运行平台以及多任务管理机制,实现应用软件与底层硬件的接口。系统软件按功能分为板级支持包、实时操作系统内核和系统服务 3 部分,其中实时操作系统内核是系统软件的核心。应用软件实现具体的姿轨控分系统功能,主要包括控制律的具体实现、程序注入功能、分系统故障的诊断与处理等。

2.2.4　推进分系统设计

推进分系统主要是为卫星的轨道转移和位置保持提供推力,为姿态控制提供力矩。其一般由发动机、推力器、贮箱、气瓶、各类阀门、管路、驱动控制电子设备、充压气体和推进剂组成。

推进分系统的性能参数直接影响卫星在轨运行寿命和姿态控制精度,主要包括总冲、推力、比冲、最小冲量和推进剂装填量等。总冲衡量系统能够提供的飞行总能力,直接影响卫星的轨道机动能力和卫星工作寿命;推力大小直接影响卫星飞行任务时间和姿态控制精度;比冲表征系统的推进剂利用效率,直接影响卫星推进剂装填量和整星的起飞重量;最小冲量直接影响卫星控制精度;推进剂装填量直接影响卫星在轨运行寿命。

1. 推进系统类型

目前,应用广泛的典型推进系统有:冷气推进系统、单组元推进系统、双组元推进系统、双模式推进系统、电推进系统和混合推进系统,其性能各不相同,适用于不同任务类型的卫星。通信卫星绝大部分采用双组元推进系统和电推进系统。

(1) 双组元推进系统

双组元化学推进系统利用燃料剂和氧化剂两种推进剂,在发动机或推力器的推力室中雾化混合,发生化学反应产生高温燃气,通过大膨胀比的喷管加速喷出产生推力。该系统稳态比冲高,且能产生大推力。目前设计的双组元统一推进系统将轨道控制和姿态控制统一到一个推进系统中,具有系统相对简单、功能全面的优点。

(2) 电推进系统

电推力器的比冲较普通化学推力器高出一个量级,因此电推进系统的应用可有效降低卫星推进剂携带量,从而增加载荷承载能力。目前已发展了多种电推进形式,大致可分为电热式、静电式和电磁式三类。电热式推进利用电能对推进剂进行加热,经过喷管喷出产生推力。静电式推进选用氙气等电离势较低的推进剂,利用电能电离推进剂,产生高密度等离子体,其中带正电的离子经由电场加速喷出,从而产生推力。电磁式推进是通过电磁场的耦合作用使高能电子在工质气体内部激发放电,产生的等离子体在外加电磁力的作用下加速喷出,产生推力。

高通量通信卫星广泛应用的电推力器有离子电推力器和霍尔电推力器两种,属于静电式电推进。国内外主流通信卫星平台上均配置了电推进系统。电推进系统的应用已从南北位保、变轨备份(如 BSS702 HP 平台)发展到部分过程变轨(如 LM-A2100 平台)和全过程变轨(如 BSS702 SP 平台)。

2. 化学推进系统

双组元统一推进系统技术成熟,广泛应用于 GEO 通信卫星平台。双组元统一推进系统由气路部分和液路部分组成。气路部分一般包括气瓶、高压压力传感器、电爆阀、高压自锁阀、气体过滤器、减压器、单向阀、加排阀及管路等;液路部分一般包括推进剂贮箱、低压电爆阀、压力传感器、液路加排阀、液体过滤器、自锁阀、推力器、远地点发动机以及管路等。在转移轨道段，气路部分工作，采用远地点发动机完成变轨；卫星定点后，切断气路和远地点发动机的液路，采用推力器，在落压工作模式下，完成卫星寿命期内的位置保持和离轨任务。

图 2-19 给出了某通信卫星平台的双组元统一推进系统的组成及原理图，其变轨发动机和姿控推力器共用一套推进剂供应系统。

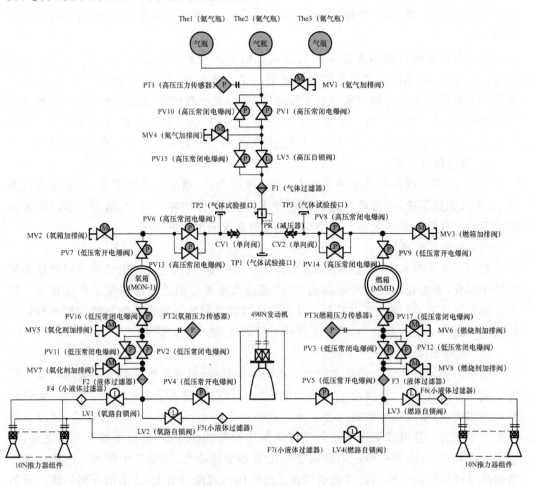

图 2-19　某通信卫星双组元统一推进系统组成图

3. 电推进系统设计

对于以化学推进系统为主的 GEO 通信卫星来说，电推进系统主要用于南北位置保持，同时可作为转移轨道部分变轨任务的应急备份；对于全电推进 GEO 通信卫星，电推进系统用于转移轨道变轨、工作轨道位置保持及动量轮角动量卸载。近些年发展的低轨通信卫星也采用电推进系统完成星箭分离后的变轨任务，以提升星箭综合效能。高通量通信卫星广泛应用的电推力器有离子推力器和霍尔推力器两种，主要采用氙气作为推进剂。国外高通量卫星平台常用的电推力器类型如表 2-5 所示。

电推进系统一般由离子电推力器/霍尔电推力器、推力器矢量调节机构（TPAM）、贮供子系统、电源处理单元(PPU)、电推进控制单元等组成。图 2-20 为某电推进系统的组成示意图。

离子电推力器由空心阴极、放电室、聚焦磁场、加速栅网等组成,如图 2-21 所示。其工作原理为:氙气流入空心阴极,受到阴极内部发射电子的轰击而电离;接通阳极电源,使放电过程扩展到整个放电室,在磁场和电场的作用下,电子、离子和氙气做螺旋运动,提高了氙原子的电离概率,在放电室形成等离子体;电子基本被阳极吸收,氙离子在栅极作用下加速喷出产生推力。

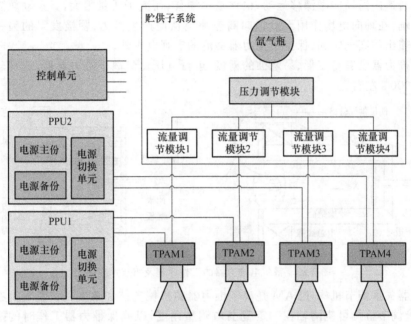

图 2-20　某通信卫星电推进系统组成示意图

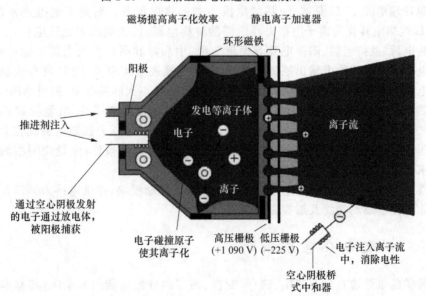

图 2-21　离子电推力器组成及工作原理

霍尔电推力器的工作原理及组成如图 2-22 所示。霍尔电推力器主要由空心阴极、陶瓷腔体、内极靴、内线圈、外极靴、外线圈、内外磁屏、阳极、阳极高压绝缘器(气路绝缘器)等组成。霍尔电推力器由内外陶瓷套筒组成具有环形结构的等离子体放电通道,通过内外电磁线圈形成径向分布的磁场,阳极和阴极之间的电势降产生轴向电场。空心阴极作为霍尔电推力器的电子发射源,其发射的电子一部分进入放电室,在正交的径向磁场与轴向电场的共同作用下向阳极漂移,在漂移过程中与从阳极(工质气体分配器)输入的中性推进剂原子(通常采用氙气)碰撞,使得氙原子电离;由于存在强的径向磁场,电子被限定在放电通道内沿周向做漂移运动,也称霍尔漂移;而离子质量很大,其运动轨迹基本不受磁场影响,在轴向电场作用下沿轴向高速喷出从而产生推力;阴极发射的另一部分电子与轴向喷出的离子中和,保持了推力器羽流的宏观电中性。

霍尔推力器没有易变形、易烧蚀的栅极,运行电压比氙离子推力器低,比冲较离子推力器低 1 000 s 左右。

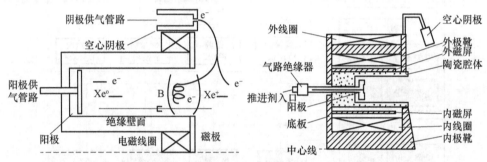

图 2-22 霍尔电推力器的工作原理及组成示意图

推力器矢量调节机构 TPAM 是离子推力器的机械支持和角度调节装置。在轨工作期间,矢量调节机构可绕两轴在一定范围内调整角度,以确保推力器工作时的推力指向满足要求。

电源处理单元 PPU 是离子/霍尔电推力器的供电设备。对离子电推进系统来说,PPU 将母线供电转化为离子电推力器所需的屏栅电源、加速电源等稳压电源,中和器和阴极加热电源、触持电源、阳极电源等恒流电源,中和器和阴极点火电源等脉冲电源,并具备供电输入及各路供电输出控制功能;对霍尔电推进系统来说,PPU 将母线供电转化为霍尔电推力器所需的阴极加热和触持恒流电源、阴极点火脉冲电源、阳极稳压电源。

贮供子系统是电推力器的供气设备,由氙气瓶、压力调节模块、流量控制模块等组成。氙气瓶用于贮存超临界状态的氙气;压力调节模块利用压力控制电磁阀将上游高压氙气减压,并为下游流量控制模块提供相对稳定的压力输入条件;流量控制模块根据推力器需求,为推力器提供稳定的氙气供应。

电推进控制单元(模块)是电推进系统的驱动及控制模块,提供电推力器以及贮供子系统阀体的控制驱动功能及遥控遥测接口。

2.2.5　供配电分系统设计

卫星供配电系统是星上产生、储存、变换、调节和分配电能的分系统,其基本功能是通过某种物理变化或化学变化将光能、化学能等转换成电能,根据需要进行贮存、调节和变换,然后向卫星各系统供电,直至卫星寿命终止。供配电系统由一次电源子系统和总体电路子系统组成,一次电源子系统包括发电装置、电能储存装置和电源控制装置,总体电路子系统包括电源变换器、电源配电装置、火工品管理器以及电缆网等。某通信卫星供配电系统组成如图 2-23 所示。

1. 供配电体制及电源调节方案

(1) 供配电体制

大中型通信卫星平台多采用单母线全调节体制,太阳阵采用 S3R 开关分流调节方式,蓄电池多采用升压调节方式,实现母线电压全调节控制。大多数卫星采用分散配电体制,分散配电体制对提高供配电系统可靠性和电磁兼容性较为有利。

(2) 母线电压

欧洲航天局的电源系统研制规范给出了母线电压的选择方法:

$$V_{bus} > \sqrt{0.5 \times P_{load}} \tag{2-1}$$

其中,V_{bus} 为母线电压,P_{load} 为整星负载功率。母线电压不可过高,否则会减少分流调节模块冗余数目而降低可靠性;同时,在卫星功率需求一定的情况下,高的母线电压要求蓄电池单体串联节数多,从而增大电池组重量。一般来说,整星功率需求在 2 000 W 以下的卫星选用 28 V 母线;功率需求在 2 000 W 至 4 000 W 之间的卫星选用 42 V 母线;功率需求超过 5 000 W 的卫星选用 100 V 母线。大中型高通量通信卫星一般选择 100 V 母线。

(3) 电源调节方案

电源控制的功能主要有:当太阳电池阵输出功率超过母线负载和电池充电组的需要时,分流调节器处于分流状态;随着太阳电池阵输出功率的减小或负载功率的增大,分流调节器逐渐退出分流状态;当太阳电池阵的输出功率不能满足母线负载和蓄电池充电的需要时,充电电流自动减少,直至完全停止充电;当太阳电池阵的输出功率连负载的需要都不能满足时,蓄电池自动通过放电调节器开始放电。

GEO 通信卫星多采用全调节、单母线供电体制,采用 PCU 对太阳阵分流调节和蓄电池充放电调节等功能进行集成。

2. 蓄电池组

蓄电池组是卫星的储能装置,地影期将化学能转换为电能,为星上负载供电。目前主要采用 NCA 体系的锂离子蓄电池组。

蓄电池组由多个电池单体组件串联而成,电池单体组件由多个单体并联而成,并联数目由总电流要求决定。蓄电池组串联后经过升压调节形成一次母线的电压。

锂离子电池单体的正极采用镍钴锂材料,负极采用碳材料,隔膜采用具有微孔封闭功能的复合隔膜材料,当电池内部温度达到 130℃ 以上时,隔膜封闭微孔,切断电流,起到安全防护的作用;电解液采用 $LiPF_6$ 作为电解质,以三元有机聚合物作为溶剂。电池正极、隔膜、负极卷绕形成圆柱型极组。单体电池的壳体一般采用铝合金管。电池极组置于电池壳体内,电池壳体与电池上盖、底盖通过电子束焊接,经注液、封口、化成后制备成单体电池。

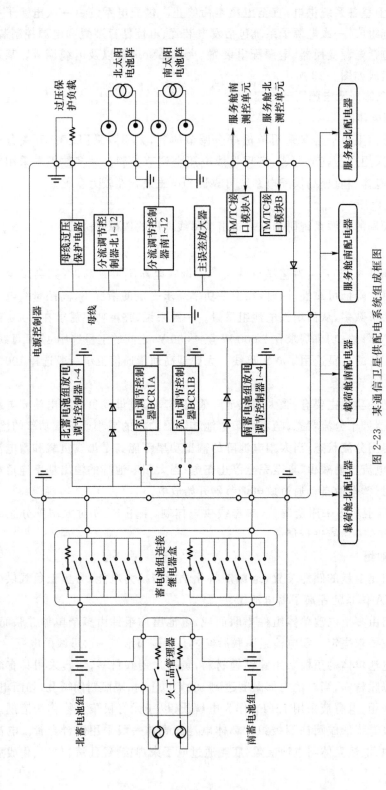

图 2-23 某通信卫星供配电系统组成框图

锂离子电池的充放电反应机理是 Li⁺ 在正负极材料之间的嵌入和脱嵌,如图 2-24
所示。

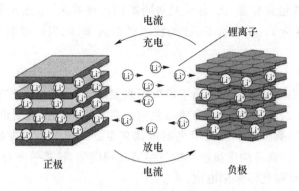

图 2-24　锂离子电池的反应机理

多个蓄电池单体先并联形成组件,再串联形成蓄电池组。例如,图 2-25 给出了某 3
并 10 串的锂离子蓄电池结构。

图 2-25　某 3 并 10 串的锂离子蓄电池组

为保证锂离子蓄电池组的在轨工作寿命,一般要设计均衡功能,将蓄电池组中电池
电压高的电池,通过与它并联的分流电路分流,使电池的荷电状态趋于一致。

为避免蓄电池组断路,还设计有旁路开关,一旦电池发生开路失效,启动旁路开关将
失效电池从电池组中切换出去,电流从旁路开关中通过,防止整个电池组失效。

蓄电池组的串联只数按下式进行计算:

$$N_{\text{ns}} = (V_{\text{BDR,MIN}} + V_{\text{IR,Ex}} + V_{\text{IR,In}})/V_{\text{Cell,MIN}} \tag{2-2}$$

其中,N_{ns} 为串联只数,$V_{\text{BDR,MIN}}$ 为 BDR 最低工作电压,$V_{\text{IR,Ex}}$ 为蓄电池组输出端至 PCU 间
线路压降,$V_{\text{IR,In}}$ 为蓄电池组内部线路压降,$V_{\text{Cell,MIN}}$ 为寿命末期单体允许的最低放电终止
电压。

蓄电池组的并联只数按下式进行计算:

$$N_{\text{bs}} = C_{\text{t}}/C_{\text{s}} \tag{2-3}$$

其中,N_{bs} 为蓄电池并联只数,C_{t} 为蓄电池组总容量,C_{s} 为蓄电池单体容量。其中,蓄电
池组总容量可参照下式进行确定:

$$C_t > \frac{P_s}{r_b \times \eta_{bdr} \times V_s \times N_{ns}} \tag{2-4}$$

其中,C_t 表示蓄电池组总容量,P_s 表示卫星阴影期功率需求,r_b 表示蓄电池功率利用率(由最大放电深度决定),η_{bdr} 表示 PCU 的放电调节效率,V_s 表示蓄电池单体电压,N_{ns} 表示蓄电池串联只数。

3. 太阳电池阵

太阳电池阵是卫星的主电源。当卫星处于光照期时,太阳电池阵利用太阳电池的光生伏特效应,把太阳能转变为电能,为整星供电。在满足整星光照期负载需求的同时,太阳电池阵通过光照期剩余的电能为卫星蓄电池充电。太阳电池的发展经历了从硅电池到单结砷化镓电池,再到目前主流应用的三结砷化镓电池,转换效率可达 32%,目前正在研发效率更高的多结砷化镓太阳电池。

太阳翼按照基板状态,分为刚性太阳翼、半刚性太阳翼和柔性太阳翼 3 种。半刚性太阳翼多采用二维二次展开方式,一般包含 5 块以上的基板,可提供更高的功率,图 2-26 为某卫星的半刚性太阳翼。目前,有高通量通信卫星开始采用柔性太阳翼,例如 Lockheed Martin 公司的 LM-2100 平台和 Airbus Astrium 公司的 Onesat 平台卫星。

图 2-26　某卫星的半刚性太阳翼构型

太阳电池阵由机械部分和太阳电池电路组成。刚性和半刚性太阳翼的机械部分由基板、连接架、压紧释放机构、展开机构、闭索环联动机构等组成。

刚性太阳翼的基板一般为碳纤维蒙皮铝蜂窝结构,太阳电池片粘贴到基板上;对于半刚性太阳翼,基板结构采用碳纤维管件搭成框架,然后在上面安装高强度纤维绳,用于安装太阳电池片。展开锁定机构一般采用铰链机构,压紧释放机构一般采用火工切割器机构。电路部分由太阳电池片、电池互联片、隔离二极管等组成。

柔性太阳翼多采用展收套筒＋柔性太阳毯方案。机械部分主要由太阳毯(基板)、收藏箱板、套筒组件、展开机构、压紧释放机构、展开引导装置等部件组成。电池电路部分主要由太阳电池片、电池互联片、隔离二极管、电缆等组成。太阳电池目前多采用薄膜三结砷化镓太阳电池片。图 2-27 及图 2-28 给出了某卫星的柔性太阳翼及其展开过程。

电池片串联数量的确定需考虑整星功率需求、母线电压、线路压降和相关电压损失因子等因素;电池片并联数量的确定需考虑母线供电电流、相关电流损失因子和一定的冗余度。太阳电池电路串联片数可按以下公式计算:

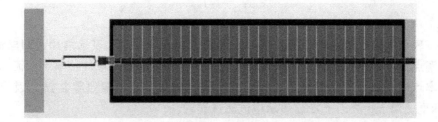

图 2-27　某卫星的柔性太阳翼构型

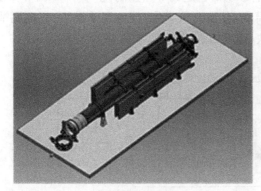

(a) 太阳翼收拢状态

(b) 整翼一次展开

(c) 箱板组件展开

(d) 套筒驱动太阳毯展开

图 2-28　某卫星柔性太阳翼地面展开过程

$$N_s = (V_B + V_D)/V_{mp} \tag{2-5}$$

$$V_{mp} = V_{mp0} K_E^v K_A^v K_M^v + \beta(T-25) \tag{2-6}$$

其中，N_s 表示串联片数，V_B 表示母线电压，V_D 表示线路压降，V_{mp} 表示太阳电池最佳功率点输出电压，V_{mp0} 表示寿命初期在标准测试条件下的单片太阳电池最佳功率点电压，K_E^v 表示最佳功率点电压辐照等各损失因子之积，K_A^v 表示电压组合损失因子，K_M^v 表示电压测试误差，β 表示寿命末期最佳功率点电压的温度系数，T 表示寿命末期在春秋分点的太阳电池工作温度。

太阳电池电路的并联数量可按下式计算：

$$N_p = I/I_{mp} \tag{2-7}$$

$$I_{mp} = [I_{mp0} + \beta_i(T-25)]K_E^i K_A^i K_M^i \tag{2-8}$$

其中,N_p 表示太阳电池并联片数,I 表示卫星负载电流要求,I_{mp} 表示单片太阳电池寿命末期功率点电流,I_{mp0} 表示寿命初期标准测试条件下太阳电池片最佳功率点电流,β_i 表示最佳功率点电流寿命末期温度系数,K_E^i 表示最佳功率点电流辐照等各损失因子之积,K_A^i 表示电流组合损失因子,K_M^i 表示电流测试误差。

4. 电源控制装置

电源控制装置 PCU 实现对供电母线的稳定调节和控制,基于 S3R 调节体制的 PCU 主要由母线误差放大信号(MEA)模块、分流调节模块、放电调节模块、充电调节模块、母线过压保护组件、TM/TC 接口模块、滤波电路等组成,如图 2-29 所示。

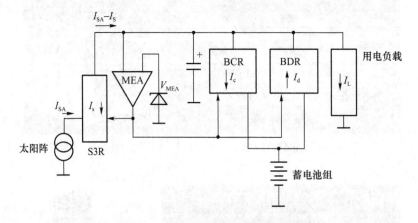

图 2-29 电源控制装置控制原理简图

S3R 电源控制装置采用三域调节工作模式,光照期太阳电池阵所产生的能量将通过顺序开关分流调节模块(S3R)调节后送到母线,而蓄电池组充电调节模块(BCR)则将母线上的部分能量储存在蓄电池组中,地影期间通过蓄电池组放电调节模块(BDR)释放到母线上。

例如,某 GEO 通信卫星的分流调节模块采用顺序开关分流调节(S3R)工作方式,设有 24 个分流级;每组蓄电池组通过 4 个升压式放电调节模块(其中一个备份)在阴影区或太阳电池阵功率输出不足时给母线供电,每个放电调节模块(BDR)由两个子模块组成,每个子模块最大输出功率为 1 600 W;有两个充电调节模块(BCR),冷备份工作,BCR 模块有对两个蓄电池组的轮流充电和连续充电工作模式。

5. 总体电路

总体电路子系统主要由电源变换器、电源配电装置(模块)、火工品管理装置(模块)以及电缆网等组成。随综合电子系统的发展,一般将火工品管理模块和平台配电模块集成到平台综合业务单元,将载荷配电模块集成到载荷综合业务单元。

总体电路子系统主要功能包括:

① 利用配电器或配电模块,对星上设备的电源分配;

② 在配电器里增加加热器控制开关,实现对星上加热器的控制;

③ 利用火工品管理器或模块,实现对星上火工品的驱动和可靠性保证;

④ 提供分离开关信号,并传递给控制器与火工品管理器;

⑤ 完成卫星各分系统和设备间的信号传递与交换;

⑥ 提供有线通道实现卫星与地面支持设备之间的连接。

2.2.6　测控分系统设计

测控分系统(Tracking Telemetry and Command,TTC 或 TT&C)是卫星跟踪测轨、遥测和遥控的简称,主要功能为:①与地面测控系统一起完成对卫星的测距和测速;②采集卫星内部的相关参数,并经调制后通过射频信道发送至地面站,用于卫星状态监视和分析;③接收地面站发来的指令和数据,经解调、译码后分别送至相应设备执行。根据系统应用需求,卫星测控分系统可增加遥控解密和遥测加密功能。

测控分系统的一般组成如图 2-30 所示,包括接收天线,应答机(接收、载波解调、静噪门限控制),遥控解调终端(副载波解调、译码、指令分配),测距解调转发;遥测终端(副载波调制),测距侧音转发,应答机载波调制、功放与发射天线。

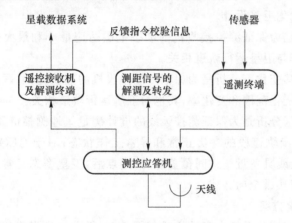

图 2-30　测试分系统基本组成示意图

1. 卫星测控体制

所谓测控体制是指测控站与卫星间的上/下行信道传送测距、遥测、遥控和通信等基带信号所采用的载波、副载波和调制/解调体制。测控系统按载波应用情况可分为独立载波和统一载波测控体制;此外,还发展了扩频体制。

(1)统一载波测控体制

地面测控站和卫星测控设备都采用一个载波和一个公用射频信道来实现测控,形成统一载波测控体制。其通过多个副载波对一个公共载波调频或调相,实现频分复用的多路信号传输,主要有 S 频段和 C 频段统一测控体制,分别称为 USB 和 UCB 体制。

(2)扩频测控体制

扩频测控体制是指用来传输信息的信号带宽远远大于信息本身基带带宽的一种通信方式,具有以下优点:可实现码分多址测控;抗干扰能力强;信号功率谱密度低,具有低的检测概率。扩频调制的基本类型有直接序列(DS)扩频、跳频(FH)、线性跳频(Chrip)、跳时(TH),在此基础上还有 DS/FH 混合扩频。扩频测控体制主要用于军用卫星。DS 是用一高速数字编码序列直接调制发射载波,由于编码序列的带宽远大于原始信号带宽,可有效扩展频谱;FH 是在一组预先指定的频率上按照编码序列所规定的顺序离散地跳变,从而扩展发射频谱;DS/FH 混合扩频是在直接序列扩频的基础上增加载波频率跳变的功能,综合了 DS 和 FH 两种扩频方式的优点,可有效提高抗干扰能力,目前该技术还处于进一步发展中。典型扩频测控体制的上下行信号一般设计为:上下行均采用 PCM-CDMA-BPSK 调制方式,上行遥控与测距信号相互独立,下行遥测与测距信号相互独立,均采用码分多址区分各路信号。

2. 测控方案设计

(1)测控任务需求分析

其内容包括测控频段、测控体制、作用距离、多普勒频移及其变化率、测控天线覆盖区等。

测控频段和测控体制根据卫星用户需求、地面测控网状态和卫星有效载荷状态进行确定;我国地面测控网以 S 频段为主,针对配置有 C 频段有效载荷的通信卫星,采用 UCB 可共享载荷资源、优化卫星设计。

作用距离分析是为保证测控接收机的动态范围适应最小和最大作用距离所引起的接收电平的变化,其与卫星运行轨道相关。

多普勒频移及其变化率分析是为保证测控接收机的捕获范围、跟踪范围和跟踪速率适应多普勒频移的变化范围和变化率,其也与卫星运行轨道相关。

测控天线覆盖区分析是为保证测控天线的设计满足星地测控链路的要求,需要充分考虑转移轨道和同步轨道段的各类正常和异常工作状态;对于 GEO 卫星,在转移轨道段,一般要求测控天线具备近全空间覆盖能力;定点后,卫星姿态正常时,采用定向方式,如发生异常现象,切换成全向方式。

(2)测控分系统方案

某通信卫星的测控分系统方案的组成如图 2-31 所示。该测控分系统提供两路异频的全时全向遥控信号接收信道;在发射主动段、转移轨道及卫星定点后的异常姿态情况下,提供两路异频的全时全向遥测发射信道,借用有效载荷行波管放大器(TWTA)提供 50W 的输出功率;在定点后的正常情况下,提供两路异频的全时定向遥测发射信道,借用有效载荷 C 通信天线覆盖境内测控站。

测控分系统具有全向和定向两种工作模式。卫星主动段、转移轨道以及定点后的紧急情况下测控分系统工作在全向模式,在定点后的正常情况下工作在定向模式。全向工作模式下,上行信号通过全向遥控天线接收,下行信号借道转发器 TWTA 后由遥测全向天线发射;定向工作模式下,上行信号通过全向遥控天线接收,下行信号通过测控放大器放大后经由 C 通信天线发射;定点后,全向工作模式作为定向工作模式的备份方式。

采用遥控单元从测控接收机接收副载波信号或 PCM 数据,完成上行指令的解调、解扩频、译码、指令分配等;采用遥测单元完成下行遥测数据的组帧、副载波调制等,发送测控发射机进行信号调制。

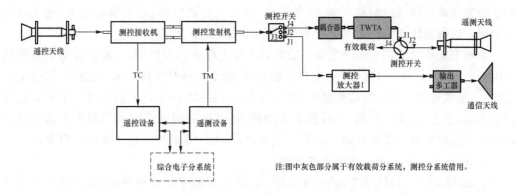

注:图中灰色部分属于有效载荷分系统,测控分系统借用。

图 2-31 某 DFH-4 通信卫星测控分系统组成框图

2.2.7 综合电子分系统设计

早期的卫星由多个相互独立的分系统完成测控、姿轨控、热控和电源管理等功能。随着计算机和电子技术的发展,卫星的分系统出现了集中整合的趋势,形成了一体化的综合电子系统。综合电子系统采用计算机网络技术将星载电子设备互连,实现卫星内部信息共享和综合利用的信息处理和传输系统。

综合电子系统以中心管理单元为核心,以分级分布式网络体系为架构,提供标准的电气接口形式和总线网络通信模式;对卫星平台的配电、遥测遥控、热控管理、数据管理、姿轨控计算处理等功能分别进行整合,形成不同功能模块,并统一各类模块的电气接口和机械接口,进行集成化设计。

综合电子系统通过合理的系统构架和信息流设计、模块化和标准化设计以及软硬件的集成化设计,实现了系统的灵活性、高可靠性和高功能密度比。综合电子系统缩减了卫星平台的设备数量,降低了卫星重量;并通过模块化设计改变了电子设备的研制流程,将单机设备的研制转化为功能模块的研制和设备集成两个过程,便于实现平台的产品化。

综合电子系统强调将所有组成部分置于统一的体系结构下,采用自顶向下的系统工程方法完成系统设计。综合电子系统设计的关键环节包括需求分析、系统体系结构定义(含系统业务定义、分层模型的建立、协议和信息流设计)、标准化接口设计、设备规范制定、设计验证、系统集成和测试。

1. 综合电子分系统方案设计

国外主流通信卫星平台和我国新研卫星平台均采用了综合电子系统,如 Alcatel 公司的 Spacebus-4000 平台、Astrium 公司的 Eurostar-3000 平台、Lockheed Martin 公司的 A2100 平台等。综合电子系统一般采用 1 台卫星管理单元＋数台数据接口单元＋数据总线网络的拓扑结构。卫星管理单元集中实现卫星平台数据管理、自主热控、自主能源管理、姿轨控、遥测遥控以及载荷数据管理功能。数据接口单元分为平台数据接口单元和载荷数据接口单元,平台数据接口单元主要完成平台的火工品管理、遥测采集、指令输出、加热器控制、平台设备配电、相关姿态控制执行机构的驱动控制等;载荷数据接口单元主要完成载荷设备的遥测采集、指令输出、热控加热器控制、载荷设备配电、天线控制等功能。数据总线网络包含 1553B 总线、同步串口、异步串口等。

不同卫星平台的综合电子系统在功能和组成上存在一定差别：一是综合电子系统的范畴不同，如 Spacebus-4000 平台将电源控制器、姿态敏感器和执行机构也纳入综合电子系统；二是数据接口单元的功能组成不同，如 Eurostar-3000 平台的数据接口单元不包含设备配电、热控、火工品管理、天线控制等功能，通过电源调节分配单元和火工品单元实现整星母线调节和火工品管理。以下对 Spacebus-4000 平台综合电子系统做简要介绍。

2. Spacebus-4000 平台综合电子系统

Spacebus-4000 是法国 Thales Alenia Space 公司的主要卫星平台，其采用了先进的 Avionics-4000 综合电子系统，采用一个功能强大的中心计算单元通过总线网络连接和控制标准的平台和载荷接口单元，实现姿轨控、数管、供配电等管理功能的一体化。

Avionics-4000 系统主要由卫星管理单元、电源调节器（PCU）、平台配电和接口单元、北有效载荷配电接口单元、南有效载荷配电接口单元 5 台设备和外围的敏感器、执行机构组成，如图 2-32 所示。卫星管理单元（SMU）是卫星的数据处理和控制中心，完成遥控、程控、姿态和轨道控制、热控、遥测、卫星时间管理、电源管理等功能；电源调节器对卫星电源母线进行管理和调节，同时进行蓄电池组充放电控制；平台配电和接口单元（PFDIU）具有平台配电、火工品管理、推进驱动和控制、平台加热器控制、SADA 控制、反作用轮控制和地敏、太敏、星敏数据处理等功能；北有效载荷配电接口单元（PLDIU N）为载荷舱北板设备提供配电、指令执行、遥测采集、加热器控制等功能，并完成太阳翼展开控制；南有效载荷配电接口单元（PLDIU S）为载荷舱南板设备提供配电、指令执行、遥测采集、加热器控制等功能，并完成天线指向机构控制。

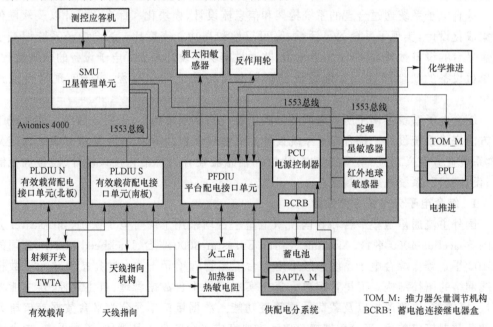

图 2-32　Spacebus-4000 平台综合电子系统组成框图

　　Avionics4000 系统的特点包括:配置统一的星载计算机(SMU)完成姿轨控、能源、有效载荷、热控、遥控、遥测、天线展开机构、太阳翼驱动机构等的管理,对外采用标准总线接口;大量应用 FPGA、ASIC 等高集成电子线路实现了电子设备的高度集成,从而实现了设备的小型化和减重;采用数据总线构成整星信息体系;设备机箱结构采用统一机械接口,通过数据隔离和转换板实现对外的信息传输,通过底板上的总线实现内部信息传输。

参 考 文 献

[1] 周志成,曲广吉. 通信卫星总体设计与动力学分析[M]. 北京:中国科学技术出版社,2012.

[2] 杨巧龙,闫泽红,任守志,等. 套筒驱动的大型可展收柔性太阳翼地面展开重力卸载研究[J]. 载人航天,2017(4):536-540.

[3] 郭林峰. 基于单片机的可展开式热辐射器综合控制单元[D]. 哈尔滨:哈尔滨工业大学,2017.

[4] 丁汀,任校志,张红星,等. 基于环路热管的可展开式热辐射器设计与试验验证[C]. 第十二届全国热管会议论文集,2010:281-286.

[5] 实践二十号卫星:跨代之作 引领未来[J]. 中国航天,2020(1):20-24.

[6] 李峰. 中国新一代大型地球同步轨道卫星公用平台东方红五号卫星平台[J]. 国际太空,20(4):27-31.

[7] 刘悦. 2013 年将发射首颗采用"阿尔法平台"的卫星[J]. 国际太空,2012(11):20-23.

[8] Eutelsat 美洲的全电卫星结束七个月的旅程开始服务[J]. 数字通信世界,2017(2):21.

[9] 空客集团 2017 年航天发展研究[J]. 卫星与网络,2018(1):54-61.

第3章

高通量卫星有效载荷技术

高通量通信卫星有效载荷实现用户数据的接收、处理、放大及转发，一般分为转发器和天线两个部分（或称两个分系统），其是实现卫星高通量通信的关键。高通量通信卫星有效载荷的特点主要体现在以下两方面：

（1）采用多点波束及频率复用技术，实现通量容量提升。例如，Inmarsat-5 卫星设计 89 个 Ka 点波束实现 50 Gbit/s 的通信容量，Viasat-3 卫星设计 92 个点波束实现 1 Tbit/s 的通信容量。

（2）采用柔性转发器、灵活频率调节、灵活功率调节、软件定义、有源相控阵天线等数字载荷及灵活载荷技术，实现卫星带宽、频率、波束覆盖等资源的灵活调整及优化分配。例如，Intelat-29e 卫星采用数字有效载荷，支持波束间信号交换，实现卫星资源的灵活分配；Eutelsat Quantum 卫星采用有源相控阵天线、灵活频率调节载荷实现波束覆盖的灵活调节及通信频率的灵活规划；美国的宽带全球卫星通信卫星 WGS 采用柔性转发器和相控阵天线实现灵活的信道交换与波束覆盖。

通信卫星转发器可以分为透明式和再生式两类。透明转发器又称弯管式转发器，其只进行信号的变频和放大，不进行信号处理。再生式转发器采用再生式星上处理技术，通过下变频、解调译码，将接收信号转换为基带信号，对基带信号经过交换处理后，再编码、调制、上变频发射出去。这种方式提高了系统的功率资源利用率和系统容量，且能减少传输差错率，消除干扰，降低传输时延，改善交换性能；但其对物理层有很强的依赖性，相比于透明转发器，灵活性不高。

考虑到以上两种转发器的优缺点，为提高卫星资源的有效利用和灵活可靠传输，发展了柔性转发器，其为基于非均匀滤波器组的星载数字化处理转发器，利用灵活的星上信道化滤波技术实现星上信号的分析和综合，支持星上任意频段、任意带宽之间信息交互及灵活的跨波束交互，从而很好地解决了弯管式和再生式转发器存在的问题，规避了卫星通信体制的约束，可灵活选择通信体制、划分最佳信道，提高了通信的灵活性与可靠性。

高通量通信卫星采用的天线除包括通信卫星常用的区域大波束天线、可动点波束天线外，为实现大容量通信，兴起了多点波束天线和相控阵天线等。

本章先简要介绍透明转发器,然后重点介绍柔性转发器载荷、灵活载荷、IP 路由转发器载荷、多波束系统、相控阵系统等。

3.1　透明转发器载荷

透明转发器又称弯管式转发器,其只进行信号的变频和放大,不进行信号处理。因此,透明转发器不受通信物理层、链路层和网络层及应用层等各层体制的影响,具有较强的适应性和灵活性。

透明转发器主要由接收滤波器(或预选器)、宽带接收机、输入多工器、通道控制开关矩阵、功率放大器、输出多工器等组成,如图 3-1 所示。其信号转发过程为:转发器接收到的各种上行信号,经过频率预选器后进入接收机中的低噪声放大器进行宽带放大,并转换为下行频率,这些上行信号的总带宽一般可达数百 MHz 甚至更宽;宽带信号由接收机输出后,进入输入多工器进行通道化,分解为多个带宽较窄的信号;然后分别经功率放大器放大后再通过输出多工器重新合成为宽带信号。为使功率放大器具有合适的驱动电平,在每个窄带通道中的功率放大器前面接有电平控制衰减器或自动电平控制放大器,目前一般与功率放大器进行一体化设计。为实现功率放大器的备份切换或不同通道间的交链切换,需要在输入多工器之后(上行切换)和输出多工器之前(下行切换)接入开关矩阵;如需整个波束切换,则需在接收机前或输出多工器后接入切换开关。

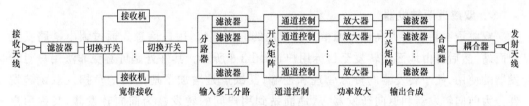

图 3-1　转发器简化原理框图

通道化后形成的单个转发器为窄带通道,其带内的增益起伏、群时延以及通道频带之外对相邻通道的抑制特性等性能指标,主要由通道化滤波器以及输出合成前的滤波器予以保证。在功率放大器之前的所有部件均工作于线性的低功率状态,一般情况下对转发器的非线性影响不大;而功率放大器常工作在饱和或近饱和状态,是转发器非线性特性的主要影响因素。

从应用方式上,透明转发器分为单跳通信转发器和双跳通信转发器,其示意图如图 3-2 所示。

1. 单跳透明转发器

单跳透明转发器实现了用户直接到用户间的通信,通信过程不需要地面站进行中转。其好处是提升通信效率,缺点是作为完全透明的转发器,易遭到非法用户使用和恶意干扰。为实现对用户使用的资源管理,在单跳透明转发器外,还应设置地面站与用户波束间的信令通道。Intelat-29e 卫星及 WGS 卫星等采用单跳通信有效载荷。

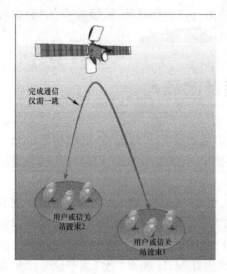
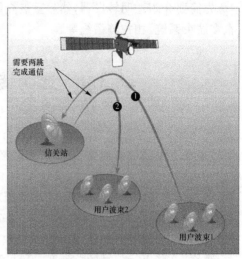

图 3-2　单跳和双跳通信方式比较

单跳转发器的上行和下行频率一般采用同频段：

（1）对于 Ku 频段，上行频率一般选用 14.0～14.5 GHz，下行频率一般选用 12.25～12.75 GHz。

（2）对于 Ka 频段，上行频率一般选用 27.5～30.0 GHz，下行频率一般选用 17.7～20.5 GHz。

2. 双跳透明转发器

双跳透明转发器为高通量通信卫星常用的通信模式，用户信息先通过馈电链路发至地面站，然后再由地面站转发至目标用户，如图 3-3 所示。其好处是可避免非法用户对转发器的使用，便于转发器的资源管理和控制；其缺点是增加了地面站的负担。双跳转发器分为前向转发器和返向转发器，从地面站到用户间的转发器为前向转发器，又称用户链路转发器；由用户到地面站间的转发器为返向转发器，又称馈电链路转发器。

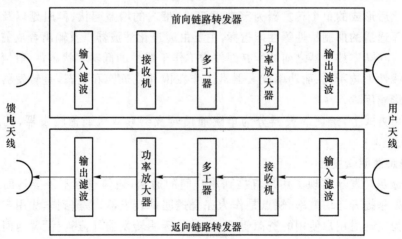

图 3-3　双跳转发器示意图

目前,高通量通信卫星的常用频率规划为:

(1) 用户上下行频率选用 Ku 频段,馈电上下行频率选用 Ka 频段。用户上行频率选用 Ku 频段 14.0～14.5 GHz,下行频率选用 Ku 频段 12.25～12.75 GHz;馈电上行频率选用 Ka 频段 27.5～30 GHz,下行频率选用 Ka 频段 17.7～20.2 GHz。

(2) 用户上下行频率选用 Ka 频段,馈电上下行频率一般选用 Q/V 频段。用户上行频率选用 Ka 频段 27.5～30 GHz,下行频率选用 Ka 频段 17.7～20.2 GHz;馈电上行频率选用 V 频段 47.2～50.2 GHz 和 50.4～52.4 GHz,下行频率采用 Q 频段 37.5～42.5 GHz。

3. 透明转发器主要技术指标

透明转发器技术指标主要包括链路增益、输入输出特性、增益响应特性、群时延特性和频率特性等。

(1) 链路增益

链路增益定义为转发器输出功率 P_o 与输入功率 P_i 的比值,应合理分配到接收机、变频器、放大器、馈线等转发器的各环节。对输入电平和转发器增益的要求往往有一定的变化范围。

(2) 输入输出特性

输入输出特性为转发器输出功率 P_o 随输入功率 P_i 变化的函数关系,是转发器的重要特性及其工作点的选取依据,也是转发器功率放大器是否正常工作的判据。典型的输入输出曲线如图 3-4 所示。其中,P_{ikp} 为起弯点,P_{ith} 到 P_{ikp} 间为线性工作区;P_{isat} 为饱和输入点,当输入信号功率达到 P_{isat} 后,系统输出功率不再增加,P_{ikp} 到 P_{isat} 间为非线性工作区,工作在饱和状态的转发器中常串联电平自动控制放大器,以保持转发器始终工作在饱和状态;P_{iovr} 为最大过推值,P_{isat} 到 P_{iovr} 间为饱和工作区;再继续增大到 P_{isur} 时,转发器已不能正常工作;P_{isur} 以上为破坏区,转发器会遭受无法恢复的性能下降。

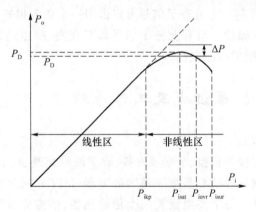

图 3-4　转发器典型输入输出特性

(3) 增益响应特性

通常指在使用频率范围之内与传递函数幅度有关的量值随频率变化的特性(带内增益),以及在使用频率范围之外的响应特性(带外抑制)。带内增益特性包括增益平坦度(或称幅频响应)、增益斜率等,主要反映转发器通带内的幅度频率响应特性。带外抑制特性包括转发器通道间带外抑制和转发器使用频带之外的远、近带外抑制,分别反映转发器各通道间的兼容工作能力、转发器收发兼容特性以及与其他通信系统的兼容特性。

（4）群时延特性

群时延特性指转发器在使用频率范围内,其传递函数相位相对变化的特性。一般不用相位本身表示,而用群时延 τ 来表征,其包含群时延变化和群时延斜率等。

（5）频率特性

为保证高增益转发器系统收发兼容性,所有转发器均采用频率变换,并使其输出与输入频率之间有足够的隔离。频率变换采用本地振荡器,而振荡器的频率稳定性将直接转移到系统的输出信号中,因此必须对其频率特性提出严格要求。转发器的频率特性包括变频频率、频率转换准确度、频率转换稳定度等指标。对于多次变频转发器,应做好频率特性的分解和复核。

3.2 柔性转发器载荷

宽带柔性转发器是一种具有星上处理能力的透明处理转发器。宽带柔性转发器运用数字化处理方式,采用非均匀滤波器组对星上信号进行分析和综合,结合电路交换,在星上进行分路、交换和合路,支持星上不同端口间以及端口内不同频段之间的信号交互及灵活跨波束交换。宽带柔性转发器兼具传统透明转发器和再生式转发器的优点,既具有灵活可靠的特点,又可支持较小颗粒度信息的交换,还规避了物理层信号体制的约束,增加了系统容量,满足可变带宽业务的需求。

美军的 WGS(Wideband Global SATCOM)系统采用柔性转发器载荷,共有 39 个信道,每个上下行信道的带宽为 125 MHz,每个信道又划分为 48 个带宽 2.6 MHz 的子带,形成 1 872 个子信道,任何一个业务子信号可以占用一个或者相邻几个基本子带,不同业务子信号之间具有保护频带。所有业务子信号具有交换、路由选择功能,可以实现用户信号任意跨波束、跨频段的电路交换。

3.2.1 柔性转发器组成及工作原理

1. 柔性转发器组成

柔性转发器由上行接收设备、下变频设备、数字透明处理器、上变频设备和放大发射设备等组成。柔性转发器的核心是数字透明处理器(DTP),其从功能上分为信道化器、交换器和控制器三部分。每个波束设置一个信道化器,信道化器接收信号,对信号进行分路和合路,交换控制器根据来自地面网络控制中心的指令,对交换器进行设置,实现多波束信号之间的自由交换。柔性转发器的基本组成如图 3-5 所示。

信道化器主要完成以下功能:对输入的中频模拟信号进行模数采样;对采样后的数字信号进行数字信道化和数字信道合成处理;根据子带映射控制指令,进行映射处理;完成高速数据传输。交换器主要功能包括:接收控制器发送的遥控指令,完成子带交换及

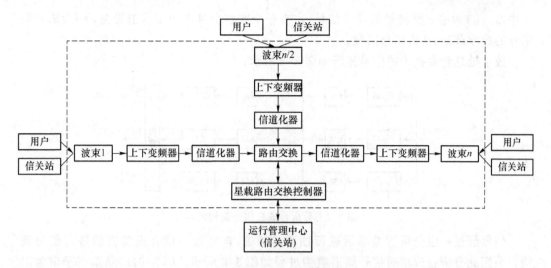

图 3-5　星载柔性转发器基本组成图

高速数据传输。控制器是数字透明处理器的主控设备,主要完成以下功能:通过上行链路,接收和解析地面发送的子带映射、子带交换和子带增益控制等指令,并将对应指令输出至相应的信道化器和交换器等;向信道化器和交换器发送同步控制信号和配置切换控制信号,实现整机的同步控制及信道化映射表和交换表的同步切换;周期性收集信道化器和交换器等的状态信息,并进行组帧、编码和调制后,通过下行链路发到地面。数字透明处理器的基本组成如图 3-6 所示。

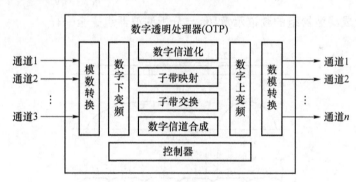

图 3-6　数字透明处理器基本组成图

2. 柔性转发器工作原理

柔性转发器适用于星上多路信号的可变带宽群交换,采用非均匀滤波器组实现信号的非均匀滤波,使用一组分析滤波器和一组合成滤波器组完成信号的分析、交换和合成。其本质是先把信道划分为多个均匀带宽的子带,这些子带能够完全表示各路信号,再根据先验条件进行合成。

卫星信道接收的信号经过低噪放、下变频到中频、带通滤波、带通采样,得到基带信号频谱,其可表示为:

$$y(n) = \sum_{r=0}^{P-1} \{x_r(n) e^{j \cdot 2\pi f_r n}\}$$

其中，$x_r(n)$ 为第 r 路信号的基带信号，占有一个或多个基本子带信道带宽，f_r 为第 r 路信号的数字载频，P 为信号路数。

数字处理转发技术的信号流程如图 3-7 所示。

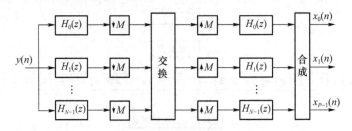

图 3-7　分析合成法信号重构图

信号经过一组分析滤波器后进行抽取和插值，再经过一组合成滤波器进行信号重构。采用此分析合成法的信号频谱重构过程如图 3-8 所示。图 3-8(a) 是基本子带信道分布示意图，这里假设共有 Q 个基本子带信道，则每个基本子带信道带宽为 $\dfrac{2\pi}{Q}$，中心载频为 $\dfrac{2\pi}{Q}k+\dfrac{\pi}{Q}(k=0,1,\cdots Q-1)$，$\Delta$ 是各基本子带信道的间隔。图 3-8(b) 是各路信号的频谱示意图，分别占有一个或几个基本子带信道带宽。图 3-8(c) 是分析滤波器组的频谱示意图，分析滤波器能完全表示各路信号，此处的基本子带信道用两个最小子带信道来表示，则最小子带信道带宽为 $\dfrac{2\pi}{N}$，各子带信道的中心频率为 $\dfrac{2\pi}{N}k+\dfrac{\pi}{N}(k=0,1,\cdots N-1)$。图 3-8(d) 是合成滤波器组的频谱示意图，与分析滤波器组完全一样。

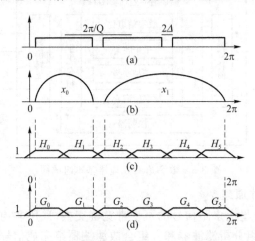

图 3-8　基于分析合成法的信号频谱重构过程示意图

以图 3-8(b) 中的信号 x_0 为例，来说明其重构的过程。首先，信号 x_0 可由分析滤波器 H_0 和 H_1 表示为 $x_0H_0+x_0H_1$，再经过抽取 M 和插值 M，实现信号 x_0H_0 和信号 x_0H_1 以 $\dfrac{2\pi}{M}m(m=0,1,\cdots M-1)$ 进行频谱搬移；然后，经过合成滤波器组重构信号 x_0，其可以表示为：

$$\frac{1}{M}\sum_{k=0}^{M-1}x_0 H_0\left(\mathrm{e}^{\mathrm{j}\left(w-\frac{2\pi k}{M}\right)}\right)G_{c_{kr}}+\frac{1}{M}\sum_{k=0}^{M-1}x_0 H_1\left(\mathrm{e}^{\mathrm{j}\left(w-\frac{2\pi k}{M}\right)}\right)G_{c_{kr}+1} \tag{3-1}$$

其中，c_{kr} 表示信号 x_0 重构后频谱的起始最小子带信道位置。

为实现信号带宽的灵活重分配，即信号实现基本带宽 $\frac{2\pi}{Q}$ 的频谱搬移，就需要抽取和插值 $M=BQ$，其中 $B\geqslant 1$ 且为整数。

在实际的群交换过程中，可以把分析滤波器组和抽取过程用一个高效的多相 DFT（离散傅里叶变换）结构来代替。同样地，插值与合成滤波器组也可以用一个高效的多相 DFT 结构来代替。这种结构具有信号带宽分配灵活、信号重构精确、实现简单的优点。

3.2.2　非均匀数字滤波器

柔性转发器的性能取决于数字信道化的性能，低损伤信道化器的设计是柔性转发器的关键技术之一。数字信道化方法取决于数字滤波器组及原型滤波器的设计。均匀滤波器组难以满足可变带宽信号的分析和重构，多采用非均匀滤波器组。

由于未来的宽带卫星通信系统具有多频段、多速率和多业务的特点，而且业务的实时性要求高，这就要求卫星转发器可以对信号进行近似精确的分析与综合，即需要近似精确地分析综合滤波器组，进而要求滤波器的参数应尽可能优化。为此需要研究具有线性相位特性、高阻带衰减以及频带非均匀划分的非均匀滤波器组，对信号进行准完全重构。

非均匀数字滤波器技术主要涉及信号多抽样率抽取和内插、多相分解、精确重构及原型滤波器设计等。

1. 多抽样率抽取和内插

数字信道化处理的信号多为非均匀带宽、多速率信号，必须进行采样和内插。信号抽取又称为降采样。实际中，常采用倍抽取方法，倍抽取是指从输入序列 $x(n)$ 中每隔 $M-1$ 点提取一点的处理过程，信号速率降为原来的 M 倍。在实际应用中，为防止频谱混叠，在对数字信号进行抽取之前，通常用一个带通滤波器对信号进行滤波处理，如图 3-9(a) 所示。

信号内插的处理过程与信号抽取相反。L 倍内插是指在输入数据 $x(n)$ 的各个相邻点间插入 $L-1$ 个零值，使信号速率提升为原来的 L 倍。在实际应用中，为抑制镜像频谱，在对数字信号进行内插之后，通常用一个带通滤波器对信号进行滤波处理，如图 3-9(b) 所示。

　(a) 滤波器与抽取的级联结构　　　　　　(b) 滤波器与内插的级联结构

图 3-9　滤波器级联结构

多抽样率系统可以更好地提高系统的计算效率。通过对原有结构进行恒等变换来实现高效结构，保证在提高运算效率的同时不会导致系统传递函数的改变。抽取/内插与乘常数之间可以进行等效交换,不改变系统性能。两个信号相加后进行抽样/内插等效于两个信号分别进行抽样/内插后再相加。

同等速率的两个信号分别用同样的因子进行下采样后相加,等效于先相加再下采样;抽样率相同的两个信号分别用相同因子上采样后相加,同样等效于先相加后上采样;上采样/下采样均可与滤波器进行等效变换。

将采样信号频率 2 倍于被采信号带宽的采样称为整带采样。被采信号只在被采样的频带上存在有效信息时可以适用带通采样定理;否则根据采样后频谱的扩展变化可知,采样结果会产生频谱上的信息混叠。针对非采样频带上出现信号的情况,可利用抗混叠滤波器先滤出所需要的频带信号,然后利用带通采样定理对其进行采样。

2. 多相分解

多相分解又称多相表示,是将数字滤波器的转移函数 $H(z)$ 分解成若干个不同相位的组合的一种方法。其是多抽样率信号处理、实现通道滤波器组的一种基本方法。

假设 FIR 滤波器冲激函数为 $h(n)$,系统函数为 $h(z) = \sum_{n=0}^{N-1} h(n) z^{-n}$,其中 N 代表滤波器的长度,且 N 的值须为 M 的整数倍。则滤波器传递函数可表示为:

$$H(z) = \sum_{k=0}^{M-1} z^{-k} E_k(z^M) \tag{3-2}$$

其中,$E_k(z^M)$ 称为 $H(z)$ 的多相分量,表示为:

$$E_k(z^M) = \sum_{n=0}^{L-1} h(nM + k)(z^M)^{-n}, \quad k = 0, 1, \cdots, M-1 \tag{3-3}$$

因此,第 k 个通道滤波器系数为:

$$h_k^{(E)}(n) = h(nM + k) \tag{3-4}$$

此分解结构称为 $H(z)$ 的 I 型多相结构,如图 3-10 所示。

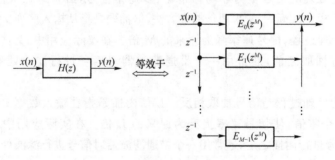

图 3-10　滤波器组多相结构 I 型

如果把上式 $\sum_{n=0}^{L-1} h(nM + k)(z^M)^{-n}$ 定义为 $R_{M-k-1}(z^M)$,则滤波器传递函数可以表示为:

$$H(z) = \sum_{k=0}^{M-1} z^{-(M-1-k)} R_k(z^M) \tag{3-5}$$

则 $H(z)$ 的 II 型多相分解结构可表示为图 3-11。

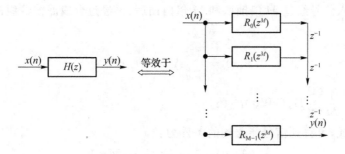

图 3-11　滤波器组多相结构 II 型

此模型下的第 k 个通道滤波器系数为：

$$h_k^{(R)}(n) = h(nM+M-1-k) \tag{3-6}$$

假设 $M=8$，则该结构下 8 个通道滤波器系数分别为：

$$
\begin{aligned}
&h_0^{(R)}(n)=\{h_7,h_{15},h_{23},h_{31},\cdots\}, h_1^{(R)}(n)=\{h_6,h_{14},h_{22},h_{30},\cdots\}\\
&h_2^{(R)}(n)=\{h_5,h_{13},h_{21},h_{29},\cdots\}, h_3^{(R)}(n)=\{h_4,h_{12},h_{20},h_{28},\cdots\}\\
&h_4^{(R)}(n)=\{h_3,h_{11},h_{19},h_{27},\cdots\}, h_5^{(R)}(n)=\{h_2,h_{10},h_{18},h_{26},\cdots\}\\
&h_6^{(R)}(n)=\{h_1,h_9,h_{17},h_{25},\cdots\}, h_7^{(R)}(n)=\{h_0,h_8,h_{16},h_{24},\cdots\}
\end{aligned}
\tag{3-7}
$$

3. 精确重构

精确重构是指输入信号 $x(n)$ 经过分路、电路交换及综合处理后，输出端能够精确重构接收信号，使得输出信号 $x(n)$ 相比接收信号 $x(n)$ 只存在时延和幅度线性变化的区别。如果信号精确重构后，不出现幅度失真、混叠失真和相位失真，则系统中的调制滤波器组称为精确重构调制滤波器组。

假如原型滤波器为理想低通滤波器，数字信道化器对均匀或非均匀带宽信号均可准确提取和完全重构，不会出现上述三种失真现象。实际中，滤波器性能的不理想会导致每个子带信号在子带边缘处产生信号失真。

精确重构的输出和输入信号需要满足下式：

$$\hat{X} = cX(n-n_d) \tag{3-8}$$

其中，c 为常数，n_d 是正整数。

最大抽取完全重构滤波器组的结构如图 3-12 所示。其中，$H_k(z)$ 和 $F_k(z)$ 分别代表分析滤波器组与合成滤波器组。

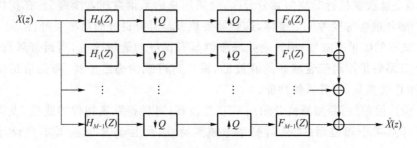

图 3-12　最大抽取完全重构滤波器组结构图

各子带输入信号经过 M 倍抽取和 M 倍内插后,再经过合成滤波器组的合成,输出的信号可表示为:

$$\hat{x}(z) = \sum_{l=0}^{M-1} A_l(z) x(zW_M^l) \qquad (3-9)$$

其中,$A_l(z) = \dfrac{1}{M} \sum_{k=0}^{M-1} H_k(zW_M^l) F_k(z)$。

为满足上式,可得到信号能重构的条件为:

$$\begin{cases} A_l(z) = 0, & l = 1, \cdots, M-1 \\ A_0(z) = cz^{-n_0} \end{cases} \qquad (3-10)$$

目前常用两类方法对精确重构原型滤波器进行设计与实现。第一类方法,首先设计一个具有线性相位特性的低通滤波器,保证其具有高阻带衰减性能的同时优化调整其过渡带特征,使该滤波器无限逼近精确重构条件;第二类方法与第一类方法的设计过程相反,首先保证该滤波器具有良好的过渡带性能,然后再优化调整阻带衰减指标,同样使滤波器无限逼近精确重构条件。这两种方法本质上都是求解一个非凸规划二次约束二次规划问题的全局最优解。因此,一般情况下,调制滤波器组分路重构方法可以实现无限逼近精确重构。

分析、合成滤波器组的各子带滤波器是通过对某一个或两个原型滤波器调制得到,其中心频率和带宽可以动态改变,降低了滤波器组的设计难度,而且通过多相分解技术和多速率数字信号处理技术提高了系统运算效率。

目前在数字信道化器设计过程中,常用的调制滤波器组主要包括余弦调制滤波器组(Cosine-Modulated Filter Banks)和复指数调制滤波器组(Exponential Modulate Filter Bank)。余弦调制滤波器组是指,分析滤波器组和综合滤波器组的系数均是由原型滤波器系数乘以余弦函数得到。复指数调制滤波器组是指,分析滤波器组和综合滤波器组的系数是通过对原型滤波器系统函数进行等间隔频移后得到。

4. 原型滤波器设计

原型滤波器的设计对星上非均匀分路的性能和地面非均匀重构的性能起到重要作用。一般选用 FIR 根升余弦滤波器作为原型滤波器,主要是由于其有以下三方面优点。

(1)良好的过渡带功率互补性:可保证通带的平坦度,减小柔性转发器对信号处理时产生的失真。各用户上行信号所占子频带个数不同,例如某用户上行信号占用 k 个子频带,通过原型滤波器进行非均匀频分分路,会将用户的频谱截成 k 个部分,在重构时需要将这 k 个部分重新拼接为一个整体,这就需要滤波器具有良好的功率互补性。

(2)良好的阻带衰减性:根升余弦滤波器具有良好的远端效应,离通带越远,阻带衰减越好。分路时采用阻带衰减好的滤波器,重构时可减少临道干扰,降低信道间的相互泄露,减少混叠失真,提升系统性能。

(3)设计简单性:原型滤波器采用 FIR 滤波器,可保持系统相位的线性,使得分路和重构过程不必考虑相位问题,只需要考虑幅频特性,而且 FIR 滤波器本身设计也相对简单。

假设某上行波束带宽为 160 MHz,划分为 48 个有效子带,子带带宽为 2.5 MHz,子带间的保护间隔为 327 kHz。设计根升余弦原型滤波器的幅频特性 $H(w)$ 为：

$$H(w)=\begin{cases}\sqrt{T_z}, & 0\leqslant|\omega|<\dfrac{(1-\alpha)\pi}{T_s}\\[2mm]\sqrt{\dfrac{T_s}{2}\left[1+\sin\dfrac{T_s}{2\alpha}\left(\dfrac{\pi}{T_s}-\omega\right)\right]}, & \dfrac{(1-\alpha)\pi}{T_s}\leqslant|\omega|\leqslant\dfrac{(1+\alpha)\pi}{T_s}\\[2mm]0 & |\omega|>\dfrac{(1+\alpha)\pi}{T_s}\end{cases} \quad (3\text{-}11)$$

其中：$T_s=1/(2.5\times10^6)$（单位为 s），T_s 为符号周期；$\alpha=\dfrac{W_2}{W_1}=\dfrac{0.327}{2.5}=0.130\,8$，$\alpha$ 为滚降系数，其中 W_2 为子带间的保护间隔，W_1 为子带带宽。

由于原型滤波器要转换成多相分量的形式，而多相分量需与 FFT 模块点数 M 对应，因此长度应取 M 的整数倍，同时应尽量减小滤波器的阶数，综合可选 1 600 阶数。

从式(3-11)出发，在频域上设计根升余弦线性低通滤波器，然后通过逆傅里叶变换将其映射到时域，最后可用余弦镶边的窗函数截取滤波器的低通部分，从而得到原型滤波器。图 3-13 给出了上述原型滤波器的频域幅度和相位响应特性。

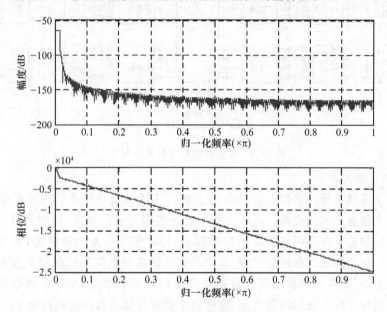

图 3-13　原型滤波器的频域特性

3.2.3　柔性转发器路由交换器

宽带柔性转发器中的分析滤波器组将宽带信号子带划分以后，需要路由交换系统依据路由表对子带信号进行透传式的交换处理，然后将交换后的信号输出到合成滤波器组，得到宽带信号。

高速交换系统作为宽带柔性转发器的核心部件，与重构滤波器组一起完成多波束的高速数据处理，实现子带到子带的任意转发，实现多个用户不同数据之间的高速通信。

图 3-14 给出了柔性转发示意图。其中,交换网络的功能是实现信号在不同信道间的交换,将接收到的信号按照控制信息的要求交换至目的波束的相应子带,实现信息的透明转发。高速接口模块的功能是正确接收多路高速的波束信号,并完成组帧,以配合下一级的交换。路由表存储模块能够正确接受与解析地面站发送的交换控制指令,并将交换指令提供给交换网络以控制交换完成。

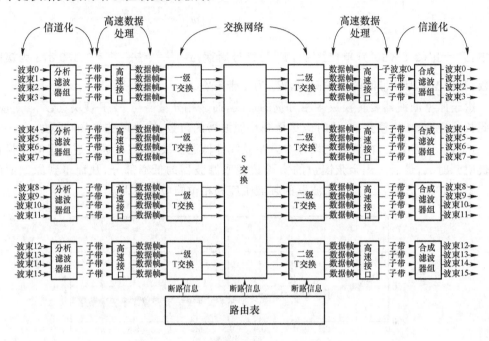

图 3-14　宽带柔性转发器结构框图

1. 数据交换方式

数据的交换技术分为电路交换和分组交换。这两种交换技术实现的都是物理层或数据链路层上信息之间的交换。电路交换以电路连接为通信方式,是最早应用的交换方式。电路交换的特点在于用户建立通信链路后,始终使用一条物理链路,不会被其他用户所共享。分组交换是以分组为单位、采用存储-转发机制实现数据的交互通信。分组交换又称包交换,其将通信数据划分成多个更小的等长数据段,在每个数据段的前面加上必要的控制信息作为数据段的首部,这样每个带有首部的数据段就构成了一个分组。

宽带柔性转发器中的交换网络采用电路交换方式,每一个交换通道上的带宽都是固定的,且每个通道上的每一个时隙分配给特定的用户。换而言之,一个通道中的同一个时隙上不同时间传输的是同一个波束信道化后的同一个子带的数据,该子带承载着同一个用户的信息,自始至终不会改变。针对持续时间长、信息量大、时延要求高的宽带高速卫星通信业务,电路交换相比其他交换方式具有以下优点:电路交换的时延小,且在每一次的通信过程建立中,时延固定不变;电路交换中,信息不会被存储和分析处理,会"透明"传输,由此减少设备开销;信息在信道中传输,不需控制信息,可得到高传输效率。

在交换网络的设计中,最重要的是交换单元的设计。若干个交换单元按照一定的拓扑结构,并加上合理的控制方式就可以构成一个交换网络。交换单元最基本的功能就是实现数据在不同通道之间的交换,它能够在任意输入线与输出线之间建立数据连接通道,将输入线上的输入信息发送到输出线上。对于大容量通信转发,多采用 TS 交换方式,电路交换单元分为时间(T 型)交换器和空分(S 型)交换器。

（1）T 型交换器

T 型交换器的功能是实现同一个波束内不同时隙子带数据间的交换。T 型交换器由数据存储器(SM)和控制信息存储器(CM)两部分组成,其原理如图 3-15 所示。数据存储器的功能是存储用户的业务信息,输入/输出复用线上的时隙数等于数据存储器的单元数。控制存储器用来存储用户所在的地址,从而实现对用户交换信息的控制。控制存储器的单元数等于数据存储器的单元数,单元数决定了每个单元的位宽。如果控制存储器有 n 个单元,每个单元占据 c 比特,则 n 和 c 满足如下关系:$2^c \geqslant n$。

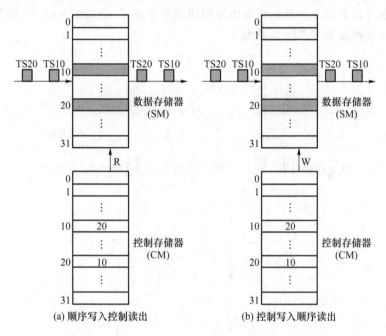

(a) 顺序写入控制读出　　　　(b) 控制写入顺序读出

图 3-15　T 型交换器构成原理图

数据存储器的控制方式主要有两种:一种是顺序写入,控制读出,简称输出控制方式;另一种是控制写入,顺序读出,简称输入控制方式。对于顺序读出或顺序写入方式,控制存储器的读、写地址由系统时钟电路提供,可保证控制存储器的单元号与输入/输出复用线上的时隙号一一对应,按照控制存储器中写好的内容控制数据存储器的读或写,进而完成时隙交换功能。控制存储器的控制方式只有一种,由交换控制系统控制写入,顺序读出。交换控制系统根据收到的用户呼叫请求,得到要对控制存储器写入操作的地址和数据,由此来完成通道的连接。

（2）S 型交换器

S 型交换器的功能是完成不同波束之间的数据交换,即不同空间上的数据交换,用于同一个时隙位置、不同复用线之间的数据交换。空间交换器的组成部分包括 $m \times n$ 个交叉接点矩阵和控制信息存储器部分。

空间交换器包括两种控制方式:一种是输入控制方式,控制存储器是按输入复用线配置,控制存储器的个数与输入复用线的条数相同,控制存储器的单元个数与时隙个数相同,控制存储器的单元内容为输入复用线编号,其原理如图 3-16 所示;另一种是输出控制方式,控制存储器按输出复用线配置,控制存储器的个数与输出复用线的条数相同,控制存储器的单元个数与时隙个数相同,控制存储器的单元内容为输出复用线编号。

如图 3-16 所示,8 条输入复用线和 8 条输出复用线构成了一个 8×8 的矩阵,该矩阵称为交叉接点矩阵,控制交叉接点工作的是 CM0~CM7 这 8 个控制存储器。复用线的条数决定了控制存储器的个数,例如图 3-16 中有 8 条输入复用线,所以有 8 个控制存储器。每条复用线上的时隙数决定了控制存储器的单元数,例如图 3-16 中每条复用线上有 32 个时隙,则每个控制存储器有 32 个单元。由于控制存储器中的存储内容是复用线编号,因此控制存储器每个单元的位宽由复用线的条数决定,例如图 3-16 中,复用线编号为 0~7,所以控制存储器的单元位宽为 3。

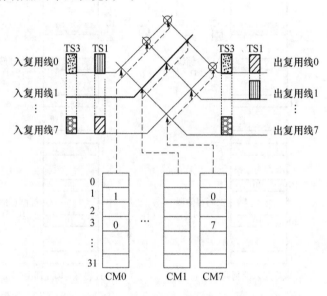

图 3-16 S 型交换器构成原理图(输入控制方式)

2. 交换网络结构

例如,对于 16 个端口、每个端口 48 个子带的交换网络,可以把 16 个端口看作 16 个波束,每个端口的 48 个子带可以看作是 FDMA 多址接入方式的 48 个子频带,子带之间的交换可以类比为频带交换。所以问题转换为基于 FDMA 的多波束信道化路由交换。

柔性转发器只进行采样和量化处理,不进行编码,所以进入交换模块的是一系列样点。考虑数据存储器容量及时钟频率要求,可采用电路单样点交换方式,其中可选用 T-S-T 程控电路交换网络。T-S-T 三级交换网络包括两级时分交换和一级空分交换,第一个时间交换器称为初级 T 交换器,用来进行同一条输入链路上的时隙间交换;第二个时间交换器称为次级 T 交换器,用来进行同一条输出链路上的时隙间交换;S 交换器完成不同波速间空分交换。其中,每个交换器的工作方式可任意选择,实际应用中,为方便控制,两个 T 交换器工作方式一般不同。图 3-17 给出了 T-S-T 交换网络的组成及工作原理。

如图 3-17 所示,假设一个业务数据 a 占用第 255 个时隙进行数据传输。在第一级交换中,业务数据会以顺序输入的方式将数据 a 写入数据存储器 SM 的第 255 个存储空间。随后根据控制信息存储器 CM 读出的控制信息,在读出过程中的第 127 个时隙将数据 a 取出,于是业务 a 在第一级交换中,被安置在第 127 个时隙上输出到第二级交换中。同时,第二级 S 交换器中,输出地址控制存储器中已经写好控制信息。当第一级的第 127 个时隙到来时,控制信息使第一路与第四路接续,业务 a 进入第四个波束通道中。第三级交换与第一级交换的工作过程相同,业务 a 最后由第一个波束的第 255 个信道交换到第四个波束的第 1 024 个信道。

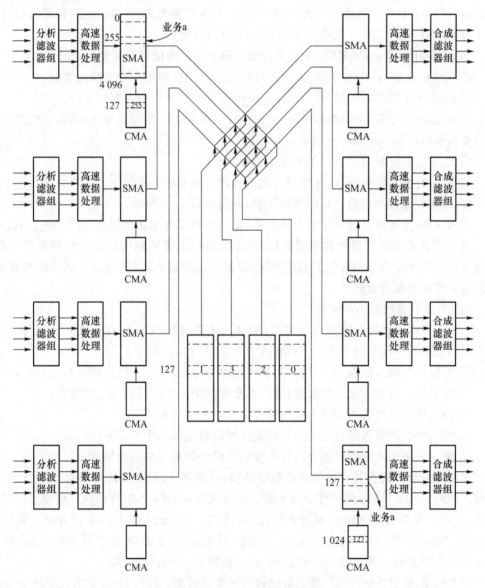

图 3-17　宽带柔性转发器简化模型

3. 交换调度算法

（1）T-S-T 交换网络数学模型

根据 T-S-T 交换网络的原理，可对其进行如下的数学抽象。

将 T-S-T 交换网络的输入数据流抽象为 $n \times m$ 矩阵，称为 in_port 矩阵，n 表示矩阵的行数，m 表示矩阵的列数。那么，T-S-T 交换网络中的通道数可以用矩阵的行数来表示，每一个通道中的时隙数可以用矩阵的列数来表示。T 交换是同一个通道中不同时隙之间的交换，所以 T 交换可以抽象为矩阵的行内变换。S 交换是不同通道间同一时隙之间的交换，所以 S 交换可以抽象为矩阵的列内变换。数据流进入三级 T-S-T 交换网络中，先经过初级 T 交换器进行一次 T 交换，再经过 S 交换器进行一次 S 交换，最后经过次级 T 交换器进行第二次 T 交换。于是，定义以下 4 个矩阵。

① in_port 矩阵：输入矩阵，表示上行链路每个用户的信道带宽使用情况。

② out_port 矩阵：输出矩阵，表示下行链路每个用户的信道带宽使用情况。

③ middle_1 矩阵：中间矩阵 1，由 in_port 矩阵经过一次行内变换所得。

④ middle_2 矩阵：中间矩阵 2，由 middle_1 矩阵经过一次列内变换所得，它经过一次行内变换可以得到 out_port 矩阵。

因此，T-S-T 交换过程可归纳为如下三个过程。

① 给定的输入矩阵 in_port 经过一定的行内变换，获得 middle_1 矩阵。

② middle_1 矩阵经过一定的列内变换，获得 middle_2 矩阵。

③ middle_2 矩阵经过一定的行内变换，最终获得符合要求的输出矩阵 out_port。

建立 T-S-T 交换网络的数学模型后，具体的路径选择问题即转化为矩阵置换问题。于是可利用数学方法寻找有效的调度算法，根据给定的输入矩阵，通过合理的矩阵置换，得到符合要求的输出矩阵。

（2）T-S-T 交换网络调度算法

T-S-T 交换网络的矩阵变换模型中，从输入矩阵变换到输出矩阵过程中，一共经历两次时间变化和一次空间变换。交换调度算法的设计原理如下。

① 给定一个输入矩阵，根据用户的交换路由表，都会有一个输出矩阵与之对应。

② 对于每一对输入矩阵和输出矩阵，都存在两个中间矩阵满足上述要求。

③ 输入矩阵经过适当的行内变换可得到第一个中间矩阵。

④ 第一个中间矩阵经过适当的列内变换可以得到第二个中间矩阵。

⑤ 第二个中间矩阵经过适当的行内变换可以得到最后的输出矩阵。

根据矩阵行内变换和列内变换的数学性质，可得出 middle_2 矩阵具有如下特征：位于输入矩阵 in_port 上的同一行中的元素不能出现在 middle_2 矩阵的同一列中。这是因为从 in_port 矩阵到 middle_1 矩阵是经过行内变换，in_port 矩阵同一行的元素只能位于 middle_1 矩阵中的不同列，从 middle_1 矩阵到 middle_2 矩阵是经过列内变换，所以 middle_2 矩阵的每一列元素不会存在 in_port 矩阵同一行中的元素。

如上所述，根据系统的用户接入情况和用户到达情况，可得到对应的输入矩阵 in_port 和输出矩阵 out_port。所以 T-S-T 交换网络的调度问题转换为：已知输入矩阵 in_port 和输出矩阵 out_port，求中间矩阵 middle_1 和 middle_2。

　　由 middle_1 和 middle_2 矩阵的特点可以发现,从输入矩阵 in_port 变换到输出矩阵 out_port 的过程和从输出矩阵 out_port 变换到输入矩阵 in_port 的过程是对称的,所以从输出矩阵 out_port 变换到输入矩阵 in_port 所得的中间矩阵也是问题的解。容易发现,从 middle_2 矩阵变换到 middle_1 矩阵只需通过简单的排序就可完成,所以 T-S-T 交换网络调度算法的关键是如何从输出矩阵 out_port 经过适当的行内变换得到 middle_2 矩阵,保证 middle_2 矩阵中同一列上不存在输入矩阵 in_port 中的同一行的数据。

　　常用的 T-S-T 网络调度算法有两种:高冲突值行优先排列算法和列优先排列算法。其中,高冲突值行优先排列算法是从行出发,把 out_port 矩阵的每一行元素放到 middle_2 矩阵对应行的适当位置上,保证 in_port 矩阵同一行的元素不会出现在 middle_2 矩阵的同一列;列优先排列算法是从列出发,调整 out_port 矩阵每一列的元素,使得每一列元素符合 middle_2 矩阵的特点。

　　中间矩阵随着输出矩阵的变换而变化。考虑到电路交换特点,中间矩阵一般采用周期性变化,其易于控制,方便操作。

3.3　灵活载荷

　　传统通信卫星的技术状态在发射前两三年就要冻结,在入轨后的十五年服役时间内无法更改,这一固定模式无法适应目前及未来动态变化的通信市场需求。多年来,卫星通信运营商一直希望在轨卫星具有相对的灵活性来适应市场需求的变化,由此发展了"灵活卫星"的概念。

　　2010 年 12 月发射的 Hylas-1 卫星最早采用了灵活载荷。Hylas-1 卫星设计时没有固定的频率规划,通过星上安装的可配置带通滤波器、增益控制单元、在轨可调整微波功率单元(IOA-MPM),可根据业务需求在轨动态调整卫星各波束的频率和功率。

　　高通量通信卫星灵活载荷基于数字载荷和软件定义技术赋予卫星灵活性,具体体现如下。

　　① 波束覆盖的灵活性:采用电子调节、波束成形、跳变波束等技术,根据需求变化,实现天线波束的数量、形状和覆盖区的重新配置。

　　② 频率规划的灵活性:指信道中心频率及带宽等灵活可调。以欧洲 Quantum(量子)卫星为例,通过采用灵活滤波器、可编程信道等技术,可在上/下行频段(12.7~14.8 GHz 和 10.7~12.75 GHz)内动态调整工作频段,大幅提升频谱使用率达到 98% 以上,带宽调整范围可以达到 54~250 MHz。

　　③ 发射功率的灵活性:指根据业务传输需要,通过多端口放大器等技术,改变各信道或波束的发射功率。

　　④ 路由灵活性:包括路由的颗粒度和路由定义的灵活可调,其与卫星覆盖范围和频率规划的灵活性密切相关。

　　⑤ 软件定义电子设备功能。

　　高通量通信卫星灵活载荷,又称为软件定义载荷。软件定义载荷是软件定义无线电技术在航天领域的应用,与软件定义无线电类似,即相同的载荷硬件设备通过"软件定义"实现不同的功能。其本质是将射频部分数字化,以实现可编程或者软件定义,在较大范围内灵活控制卫星无线电信号的调制方式、带宽、波形和频率等,实现对相同卫星硬件的"软件定义",达到有效载荷功能或性能参数的重新配置,进而实现在轨任务的灵活配置。

通过对有效载荷硬件的"软件定义",使得卫星具备以下能力:一是使卫星通过功能更新来适应用户不断发展的需求;二是通过加载不同的软件,实现卫星不同的技术体制;三是改变目前以有效载荷为核心的卫星设计理念,使卫星具备在轨可重构能力和灵活性。

Airbus Astrium、Boeing、Thales-Alenia 公司是全球主要的灵活卫星提供商,这三家公司 2019 年分别推出了各自的灵活载荷(软件定义载荷)卫星:基于 OneSat 平台的 Quantum 卫星、702X 卫星和 Inspire 卫星。

根据 Euroconsult 公司的统计,目前全球一半左右的 HTS 卫星带有灵活性载荷,其中覆盖灵活性占 35%,连接、带宽和频率灵活性各占 15%,功率灵活性占 9%。覆盖灵活性的重要应用形式是移动波束,它已在 O3B、Inmarsat、Intelsat 等公司的 HTS 普遍应用。连接灵活性的重要应用形式是 DTP(数字透明处理器),它可在不同波束之间建立连接,从而解决 HTS 卫星星状网络结构带来的双跳通信影响。这一技术在 Intelsat EPIC 系统得到充分运用,用户无须更换终端就可以直接接入 HTS 网络。带宽灵活性的重要应用形式是跳波束,它通过时分技术,将有限的带宽资源在不同波束之间动态分配,从而有效解决多波束带来的 HTS 资源碎片化和不同波束之间的业务忙闲不均问题,提高 HTS 带宽资源的利用率。

3.3.1 频率灵活调节载荷

随在轨业务和应用形势的变化,有时需要对转发器频率进行调整,适应新的在轨需求。转发器频率调整主要靠改变接收机/变频器的输出频率和输入滤波器的滤波带宽等来实现。上行信号进入可变本振的变频器或接收机,变换至下行频率后进入可变信道滤波,然后进入放大器进行功率放大。

1. 灵活变频器

灵活变频器用于实现转发器发生信号频率的灵活可调。变频器主要由本地晶振、混频器等组成。灵活变频器的主要设计方法为:①采用灵活可控的本地晶振,使得工作本振频率在多个本振源之间实现快速切换;②采用性能优化的混频器,以改善宽频带工作时的杂波性能;③采用宽带的接收机和低噪放大器(LNA),使得信号可以兼容更宽的带宽。

欧洲 TAS 公司研制出了敏捷/灵活频率变换器、频率生成单元等产品,其采用两次变换的策略,输入频率为 Ku 频段(13~14 GHz),输出频率为 Ka 频段(19~21.2GHz),输入输出的频率均灵活可选,通过对中频的信道滤波器进行设置也可以灵活地改变信道的带宽。频率生成单元能够产生多个参考频率,且能实现较好的相位噪声性能,支持有效载荷在较宽的频率范围内完成复杂的频率变换。

2. 灵活滤波器

灵活滤波器是指在不做硬件变动条件下,通过外加条件的改变来配置工作模式,实现中心频率、带宽等特性的实时调控,从而适应不同的应用需求。各主流通信卫星研制商都开发了灵活滤波器,以下介绍 Tesat 公司和 Thales Alenia Space 公司所采用的主要方案。

（1）Tesat 公司频率可调滤波器/多工器

Tesat 公司 2016 年联合相关大学和机构开展了基于液晶材料的频率可调微波谐振器与滤波器研究,其技术方案是在谐振器中插入液晶材料,并在液晶材料周围设置电极,通过电极驱动液晶材料中场方向变化以改变其电导率,进而实现对滤波器谐振频率的调谐。

鉴于液晶材料在严苛空间环境中体积会膨胀和收缩,可能导致容纳液晶材料的介质棒内压力过大,Tesat 公司在 2017 年进行了改进,其采用一种热膨胀系数低于液晶材料和介质腔的补偿单元,可避免介质腔内部压力过大而造成破坏性影响的风险,调谐单元由第一腔室、第二腔室和连接通道组成,液晶材料和气体分别位于第一腔室和第二腔室,在温度变化的情况下可以用气体的体积变化来补偿液晶材料的体积变化。

Tesat 公司在 2017 年又提出了通过调谐谐振腔体积来实现滤波器频率可调的技术途径。其鉴于目前采用高精度驱动机构导致成本较高的问题,在每个谐振器的侧壁上设置两个调整单元,每个调整单元上具有两个不同尺寸的切口,通过驱动调整单元转动,可以调谐谐振器的体积从而改变滤波器的工作频率。其调谐谐振腔体积滤波器的结构如图 3-18 所示。

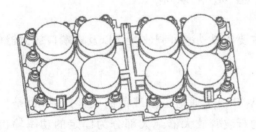

图 3-18　调谐谐振腔体积的滤波器

（2）Tesat 公司带宽可调滤波器/多工器

Tesat 公司 2012 年研制了 Ka 频段大功率输出多工器,其针对铝合金热膨胀系数高而其在轨温度变化会导致输出多工器电气性能恶化的问题,提出了在每两个输入端口间增加并行谐振器的方案,通过热机械驱动机构改变并行谐振器的体积,从而调整相邻输入端口之间的相位关系。此方法在实现多工器温度变化补偿的同时,又达到了调谐多工器带宽等电性能的效果。

在此基础上,Tesat 公司提出了采用多相电机控制机电作动器以调整相邻谐振器之间可调谐振器体积的方案,从而调谐滤波器的工作带宽;后又提出可调波导母线的方案,其在波导母线的通道滤波器之间设置耦合单元,通过作动机构调整耦合单元的体积/截面/长度,从而实现带宽/中心频率可调谐的输出多工器。与采用环形器的技术相比,此方案能降低系统的插入损耗并能抑制无源互调的产生。

（3）Thales Alenia Space 公司可调滤波器

Thales Alenia Space 公司也较早开展了可调滤波器的研制和应用，其采用微机电系统（MEMS）开关和电容组成的开关网络作为调谐元件，通过 MEMS 开关来改变电容网络的电容值，从而改变滤波器的中心频率。由于 MEMS 系统开关的数量决定了整个开关电容网络的可变容值数目，所以这种滤波器的中心频率是有限个离散的频率点，其优点是中心频率的可调范围比较大。其研制的一种基于氧化铝的 2 GHz 调谐滤波器，可以实现 50% 的中心频率与带宽调整能力（共 9 种中心频率工作模式，调谐范围 1.4~2.4 GHz，步长约 0.1 GHz），而且具备尺寸小、损耗低的特点，如图 3-19 所示。

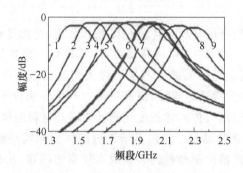

图 3-19　Thales 公司研制的调谐滤波器中心频率调整图

3.3.2　功率灵活调节载荷

灵活的功率调节主要依靠功率可调放大器以及多端口放大器（MPA）来实现，本节将分别进行介绍。

1. 可调放大器

行波管放大器（TWTA）是通信卫星载荷的关键产品，也是星上数量最多的单机之一。目前卫星上应用的行波管放大器绝大部分为固定的功率输出形式。功率可调行波管放大器可通过地面遥控改变功率大小，来适应空间业务的变化，可在卫星长达 15 年的寿命期内灵活地重新构建卫星任务，同时可以补偿雨天带来的信号衰减。功率可调行波管放大器的特征是，在不同功率电平下均可工作在饱和状态，以获得稳定的功率输出，使得放大器效率保持在较高水平。

（1）可调行波管放大器研制进展

法国 TED（Thales Electronic Device）公司、德国 Tesat Spacecom 公司、美国 L-3ETI（L-3 Communications Electron Technologies Incorporatio）开展了星载功率可调放大器研究。

早在 2003 年，TED 公司就报道了关于可调功率行波管放大器的研制报告，2005 年 TED 公司开展了新一代可调 Ku 波段 TWTA 开发，研究目标是改进 150W Ku 波段 TWT 的灵活性，输出功率可以变化 3~4 dB，目标参数如表 3-1 所示。

表 3-1　可调功率 TWTA 的主要参数

参数	LCTWTA	TWTA
频率/GHz	10.7～12.75	10.7～12.75
输出功率/W	75～150	75～150
效率@150W	70	69
效率@75W	66	65
增益@150W/dB	55	55
饱和相移/(°)	55	48
增益变化/dB	3.5	4.5

2009 年 TED 公司、Thales Alenia Space 公司联合研制了 Ku 波段功率可调 LCTWTA,主要技术指标如下。

① 工作频率:11.75～12.75 GHz。

② TWT 饱和功率范围:75～150 W(寿命末期)。

③ TWT 最大相移:55°。

④ EPC 阳极电压变化范围:0～1 770 V,输出功率 0～3 dB 变化分为 64 步进行控制。

⑤ 150W 输出效率:TWT 效率为 71%,EPC+LCAMP 效率为 92%,总效率=65.3%。75 W 输出效率:TWT 效率为 65%,EPC+LCAMP 效率为 89%,总效率=57.9%。

⑥ 线性特性:与固定输出行波管放大器相同。

Tesat Spacecom 公司于 2009 年开发的功率可调行波管放大器,已成功应用于英国的 Ka 频段卫星 Hylas-1 上。其功率调节器(IOA)可设置 64 个输出功率状态,通过 1 瓦特/步的调节来精确控制行波管放大器的不同饱和输出功率,保证行波管的效率不出现明显下降。

法国 TAS 公司于 2013 年研制了双管可调功率放大器样机,其主要技术指标如下。

① 一拖二(一个 EPC 带两个 TWT),每个 TWT 输出功率可单独设置。

② TWT 螺旋电压:7 700 V。

③ 行波管饱和输出功率:Ka 频段 170 W。

④ 输出功率可调范围:3 dB。

⑤ EPC 输出功率:500 W。

⑥ 鉴定温度范围:-20～+70 ℃。

L-3ETI 公司也进行了在轨可调行波管放大器的设计和试验,其针对型号为 9100H 的 Ka 波段行波管,EPC 阳极电压变化范围为 0～1 800 V;当输出功率从 134 W 变化到 50 W 时,TWTA 的效率从 64% 降低到 57%,如果采用简单的输入功率回退的方法来改变饱和输出功率,则效率降低 27%。

(2) 可调功率行波管放大器的主要技术

可调功率行波管放大器由三大部分组成:行波管(TWT)、电源(EPC)和线性通道放大器(LCAMP)。主要通过指令改变放大器阴极电流、阳极和收集极电压来实现行波管饱和输出功率在一定范围内的调节。

可调行波管通常采用高阳极电压技术,确保在降低电子注电流的情况下,对电子注仍有较好的聚焦;螺旋线需要进行优化设计,以适应大功率工作范围;应对行波管的安全工作特性进行针对性的设计,以保证行波管能在任意允许的功率点稳定工作,不会产生过激励。

可调行波管电源主要由高压变换器(高压模块)、阳极电压调节器、指令接收与处理控制器等组成,其中阳极电压调节器实现功率的调节。饱和输出功率的调节通过改变行波管的阴极电流来实现,当阴极电流减小50%时,输出功率可降低4 dB;阴极电流的减小通过降低 EPC 阳极电压0~1 800 V 来实现。阳极电压调节器应具有很宽的稳定范围,阶跃响应平稳。

LCAMP 实现行波管放大器的增益控制,即当输入功率发生变化时,通过调节增益大小进行相应补偿,保证行波管放大器的输出功率的稳定。

功率可调电路如图 3-20 所示,主要由阴极电流取样电路、阴极电流设定值传输和控制电路构成,组成一个线性稳压器。阴极电流取样电路由 $VD_1 \sim VD_4$、VT_1、VT_2、$VD_5 \sim VD_8$ 和 R_s 构成,其功能是将阴极电流由直流转换为交流,再经整流电路转换为等效电压;阴极电流设定电路由 ADC 和 Ts 隔离传输电路组成,Ts 可用变压器实现;调整管由串联三极管组成,其耐压范围应满足功率可调范围,一般取 3 dB,阳极电压可调节范围一般取 1 000 V。

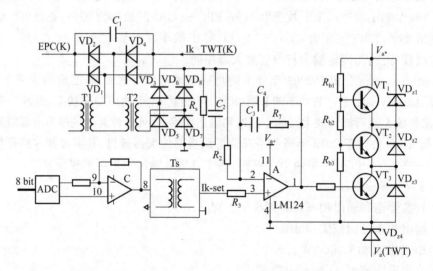

图 3-20　功率可调电路原理图

功率可调行波管放大器的控制比单一功率输出的行波管放大器复杂,除通常的开关机、LCAMP 档位控制及模式切换等指令外,还增加了饱和输出功率调节指令等,并需要 EPC 和 LCAMP 增加相应的硬件电路。

行波管放大器的功率可调技术不能影响其射频性能(频率响应、非线性等)、可靠性、寿命等指标。例如,对一个额定功率为 150 W 的行波管,当功功率在 75~150 W 间变化时,其最大相移变化不超过 $\pm 5°$。

2. 多端口放大器

多端口放大器概念最早源于 20 世纪 60 年代的 Butler 矩阵理念。1974 年美国通信卫星公司(COMSAT)的实验室首次将多端口放大器应用于卫星转发器中。此后,日本的研究机构对基于 Butler 矩阵的多端口放大器进行了改进,提出了基于混合矩阵(Hybrid Matrix)的多端口放大器。混合矩阵相比 Butler 矩阵不需要固定移相器,具有设计简单、插入损耗小、隔离度好等特点。

目前,灵活的多端口放大器主要适用于每个波束单独馈电的多波束天线。其包含多个并联的放大器单元,每个输入端口的信号都均等地提供给每个放大器单元,从而可将各端口功率集中为"资源池"(Power Pool),由此形成可在输入端口间动态灵活共享的输出功率,这为实现多波束系统发射功率的灵活调整提供了可能。这种放大器既提高了功放的利用率,又减小了由单个功放失效带来的影响。

多端口放大器因为具备良好的多级同步长功率调节能力,尤其适于多波束系统,已在高通量通信卫星中得到成功应用。

欧洲空客防务与航天公司 2017 年发射的欧洲通信卫星 Eutelsat-172B 采用了 8×8 的 Ku 频段多端口放大器。其主要由输入功率分配网络(INET)、输出功率集成网络(ONET)和包含多个并行放大器的功率冗余网络组成,可实现在轨灵活的功率分配。

(1) Bulter 矩阵

Bulter 矩阵是一个多输入多输出的馈电网络。一个 $N×N$ Bulter 矩阵馈电网络具有 N 个输入端口和 N 个输出端口。当在某一输入端口馈电时,在 N 个输出端口可实现等幅输出,并且相邻输出端口的相位差相等。从不同端口馈电时,得到的相邻输出端口的相位差不同。因此,通过对馈电端口的切换,可获得不同的相位差输出,从而实现波束的偏转,以此来完成某区域的扫描。

Bulter 矩阵的基本单元包括 3dB 定向耦合器(90°电桥)、移相器和交叉结。8×8 Bulter 矩阵由三级定向耦合器、两级不同的移相器及许多交叉结组成,原理如图 3-21 所示,其有

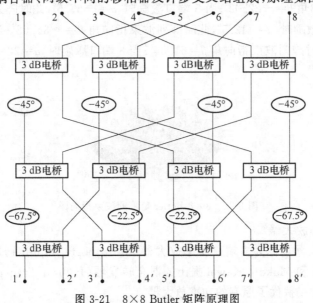

图 3-21　8×8 Butler 矩阵原理图

8个输入端口 1～8 和 8 个输出端口 $1'$～$8'$，以及 12 个 3dB 定向耦合器、4 个 $-45°$ 移相器、2 个 $-22.5°$ 移相器、2 个 $-67.5°$ 移相器和 6 个交叉结。8 个端口分别馈电时，相邻输出端口的相位差 α 如表 3-2 所示。

表 3-2　8×8 Butler 矩阵各端口馈电时对应的输出相位

端口	1	2	3	4	5	6	7	8	相差
$1'$	$-112.5°$	$-135°$	$-157.5°$	$-180°$	$-202.5°$	$-225°$	$-247.5°$	$-270°$	$-22.5°$
$2'$	$-202.5°$	$-45°$	$-247.5°$	$-90°$	$-292.5°$	$-135°$	$-337.5°$	$-180°$	$157.5°$
$3'$	$-135°$	$-247.5°$	$0°$	$-112.5°$	$-22.5°$	$-337.5°$	$-90°$	$-202.5°$	$-112.5°$
$4'$	-225	$-157.5°$	$-90°$	$-22.5°$	-315	$-247.5°$	$-180°$	$-112.5°$	$67.5°$
$5'$	$-112.5°$	$-180°$	$-247.5°$	$-315°$	$-22.5°$	$-90°$	$-157.5°$	$-225°$	$-67.5°$
$6'$	$-202.5°$	$-90°$	$-337.5°$	$-22.5°$	$-112.5°$	0	$-247.5°$	$-135°$	$112.5°$
$7'$	$-180°$	$-337.5°$	$-135°$	$-292.5°$	$-90°$	$-247.5°$	$-45°$	$-202.5°$	$-157.5°$
$8'$	$-270°$	$-247.5°$	$-225°$	$-202.5°$	$-180°$	$-157.5°$	-135	$-112.5°$	$22.5°$

$N×N$ Bulter 矩阵的基本特点为：

① 3 dB 定向耦合器的数量为 $\frac{N}{2}\log_2^N$；

② 移相器的数量为 $\frac{N}{2}(\log_2^N-1)$；

③ 各端口的插损主要由矩阵组成单元 3 dB 定向耦合器、移相器和交叉结的损耗决定。

8×8Butler 矩阵的阵列指向角如图 3-22 所示：当 1 端口激励时，$\alpha=-22.5°$，此时阵列波束指向角 $\theta=7.18°$；当 2 端口激励时，$\alpha=157.5°$，此时阵列波束指向角 $\theta=-61.04°$；当 3 端口激励时，$\alpha=-112.5°$，此时阵列波束指向角 $\theta=36.68°$；当 4 端口激励时，$\alpha=67.5°$，此时阵列波束指向角 $\theta=-22.02°$；当 5 端口激励时，$\alpha=-67.5°$，此时阵列波束指向角 $\theta=22.02°$；当 6 端口激励时，$\alpha=112.5°$，此时阵列波束指向角 $\theta=-36.68°$；当 7 端口激励时，$\alpha=-157.5°$，此时阵列波束指向角 $\theta=61.04°$；当 8 端口激励时，$\alpha=22.5°$，此时阵列波束指向角 $\theta=-7.18°$。

图 3-22　8×8 Butler 矩阵的波束指向图

（2）混合矩阵放大器

混合矩阵放大器也称为多端口功率放大器（Multi-port Amplifier，MPA），其来源于 Shunichiro Egami 和 Makoto Kawai 提出的混合转发器（Hybrid Transponder）。这种混合转发器采用 MPA 替代了原有的功率放大器。

一般采用 MPA 矩阵与波束形成矩阵(BFM)、馈源阵相连接的方式,实现波束的功率调配。MPA 由输入 Butler、输出 Butler 和功率放大器构成,如图 3-23 所示。

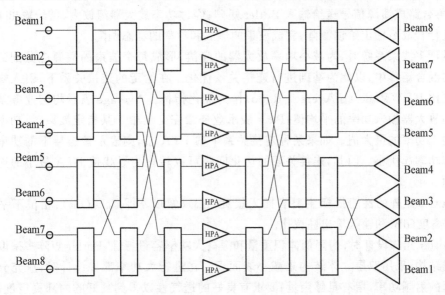

图 3-23　单个 MPA 组成

输入 Butler 的主要功能是将各输入馈源信号按照规定的幅度和相位进行分路,并输出给功率放大器组;放大器组的主要功能是将输入馈源信号进行功率放大,并输出给输出 Butler 矩阵;输出 Butler 矩阵的主要功能是将经过功率放大的馈源信号按照规定的幅度和相位进行合成,输出给对应的馈源。

根据混合矩阵的特性,每个波束信号经过输入混合矩阵后,在功率放大器的输入端口幅度相等,相位分布固定,所以当某个波束需要集中功率时,只需要关闭或减小其他波束的输入功率,同时增大该波束的输入信号功率,就可将 8 个功率放大器的功率全部集中到该波束上,实现功率的动态调配。

当波束数目增加时,混合矩阵放大器的阶数增加,系统复杂性和损耗也随之增大。另外,只用一个馈源形成一个波束时,不能同时满足波束交叠电平和副瓣抑制的要求,此时多采用将混合矩阵放大器进行组阵使用的方式,采用多个相邻馈源共同形成副瓣和交叠电平满足要求的波束。

信号通过 MPA 后,在最后一个端口上合成。在理想情况下,混合矩阵放大器的传输矩阵可简化为:

$$\boldsymbol{\Phi}=\begin{bmatrix} 0 & 0 & 0 & 0 & 0 & 0 & 0 & -G_1 \\ 0 & 0 & 0 & 0 & 0 & 0 & -G_2 & 0 \\ 0 & 0 & 0 & 0 & 0 & -G_3 & 0 & 0 \\ 0 & 0 & 0 & 0 & -G_4 & 0 & 0 & 0 \\ 0 & 0 & 0 & -G_5 & 0 & 0 & 0 & 0 \\ 0 & 0 & -G_6 & 0 & 0 & 0 & 0 & 0 \\ 0 & -G_7 & 0 & 0 & 0 & 0 & 0 & 0 \\ -G_8 & 0 & 0 & 0 & 0 & 0 & 0 & 0 \end{bmatrix} \tag{3-12}$$

功率动态调配的基本过程为:调整输入载波功率或波束内包含的载波数,积分后获得发射 BFM 输入端口各波束的激励系数;发射 BFM 对输入的波束信号进行分路和幅相加权,再合路成馈源信号送给输入 Butler 矩阵;经过功率放大器组放大,送给输出 Butler 矩阵进行合成后输出给馈源阵,完成波束的形成和功率的动态调配。

设计多波束系统时,为减小功率放大器的起伏,形成每个波束的馈源应分配到尽可能多的混合矩阵中,以此为基础进行连接关系优化。在给定的连接关系下,引入峰值—均值之比 PTA(Peak-To-Average Ratio)作为优化指标。Average 表示均匀业务量工作时功率放大器输入功率的平均值;Peak 表示业务量完全集中于某指定波束时,功率放大器中输入功率的最大值。如果某种连接关系下的 PTA 小,则表示该连接下的功率放大器输入功率起伏小。因此,连接关系的优化问题可以转化为寻找使 PTA 最小的连接关系问题。

Butler 矩阵的性能指标主要有插入损耗(dB)、幅度不平衡度(dB)、相位不平衡度(°)、隔离度(dB)和输入输出驻波比。

Butler 矩阵设计时,为降低体积重量和提高大功率容量特性,Butler 矩阵多采取矩形同轴线结构,采用双层立体结构来减小表面积。在进行大功率部件设计时,应充分考虑所处理的射频功率,留有足够余量;要求有良好的透气性以得到良好的内部真空度;同时需从 SMA 及 TNC 连接器插芯与矩形同轴之间的焊接、连接器外导体与矩阵盖板之间的连接法兰等方面采取措施来控制 PIM 产物。

3.3.3 微波光子灵活载荷

微波光子技术是微波技术和光子技术相融合产生的新兴技术,主要采用光电器件和光电系统处理微波信号,完成微波/光调制解调、微波信号光域传输和处理,实现射频滤波、上下变频、射频交换等功能。微波光子技术具有以下优点:几乎无带宽限制,如 1 550 nm 波段光载波可提供 THz 的大容量;对任何调制/编码格式都是透明的;对电磁干扰具有免疫性;电隔离性好;重量轻、体积小。基于微波光子技术,可形成灵活的带通及频谱可调滤波器、变频器和信道化器。因此,星载微波光子技术在高通量通信卫星上具有广阔的应用前景。

通信卫星微波光子链路结构如图 3-24 所示,微波信号经过电光转换加载到光载波上,通过光纤进行传输,然后经过光电转换后输出。其中,经微波电信号转换为光信号以及光信号转换为电信号的过程是微波光子技术的关键。

图 3-24 基本微波光子链路结构

1. 星上微波光子技术发展

美国 DARPA 从 2000 年开始有计划、成体系地开展了基于微波光子的一体化射频前端技术研究,覆盖了微波信号产生、传输、处理和控制等方面,形成了从基础机理到系统应用的完整发展规划。

2012 年美国 Harris 公司提出了一种宽带通用软件无线电平台,采用微波光子变频器来实现射频前端的宽频带适应性和模拟信号处理性能,从而对在轨任务进行重配置,大大增加了载荷应用的灵活性。研制的微波光子变频器具有 4 GHz 的瞬时带宽,频率覆盖至 45 GHz 以上,变频损耗小于 15 dB,具有良好的杂散抑制性能,能同时满足卫星和地面站应用。

ESA 在基于微波光子技术的新型卫星载荷方面进行了大量的研究,开展了以光子技术为基础的 OTUS 计划(Optical Technologies for Ultra-fast Signal Processing on Silicon Platforms),目的在于实现支持 Tbit/s 级容量的交换技术,以支持星上包交换和突发交换应用,可承载 100 个子波束,具有 ns 级交换延时。此外,ESA 还开展了微波光子转发器研究,实现了 Ka 频度到 C 频度的下变频、26 GHz 范围内可调的本振产生、4×4 无阻塞光射频交换矩阵的射频转发。

在这些应用中涉及光生微波技术、光子滤波技术、光子射频变频技术和光子射频交换技术等典型的微波光子技术。

2. 可调谐光生本振及分发技术

本振是卫星通信转发系统中必不可少的射频器件,为各波束接收通道、发射通道提供本振频率源。基于光学方法产生本振源不仅可以实现宽带可调谐,而且可利用光纤低损、轻柔的特点实现光生本振的中心化、集中共享和大范围分发。光生微波方法从原理上可分为光倍频技术、光电振荡环技术和光学差频技术等。

最简单的光倍频法通过马赫曾德调制器的非线性原理,将调制到光波上的微波信号产生多个边带,再利用这些边带的差拍产生倍频信号。由于光边带具有完全的随机相位,相位差导致的差拍噪声影响被抵消,进而产生高纯谱的微波、毫米波信号。

使用光外差的方法产生射频本振信号,在原理上比较简单,即使用两个激光器,输出光波之间的频率差为所需射频本振信号的频率。两个光波同时被一个光电探测器接收,在光电探测器上差频输出的电信号就是所需的本振信号。光外差法产生的信号频率只受到光电探测器响应带宽的限制。而且两个光波的功率都能转化为射频信号的功率,所以光外差系统产生的射频信号有着较好的信噪比。光外差法产生射频信号实现的关键在于如何获得两个稳定的光波。如果使用两个独立的激光器作为光源,要产生稳定的射频信号是比较困难的。光学相位锁定技术、光注入锁定技术被广泛地使用。

光电振荡器(OEO)通过微波和光器件组合成光电混合结构的振荡环路实现自注入锁定,光纤环路产生时间延迟,用来获得产生低噪声高质量的信号所需的品质因素。这种早期的 OEO 存在光纤长度过短则相位噪声较高,光纤长度太长则起振模式间隔太密的矛盾,为解决这一问题,人们又提出了同时使用长光纤和短光纤形成双环路 OEO 的结构来降低相位噪声的方法。在这种双环结构的 OEO 中,起振的模式间隔由短光纤环路决定,相位噪声则由长光纤环路决定,双环振荡器可以得到模式间隔大且相位噪声低的振荡信号。基于锁模激光器与 OEO 的耦合的锁模振荡器(COEO),以锁模环路作为选模谐振腔,具有锁模激光器光源和 OEO 的双重功能,微波信号具有极低的相位噪声。

3. 微波光子滤波技术

微波光子滤波器的基本原理与电滤波器相同,已较为成熟,目前针对微波光子滤波器的研究主要集中于新的滤波器结构设计,以实现负滤波系数、带通的可调以及频谱响应形状的可重构等。

微波光子滤波器的可调性是指频率响应的通带位置可通过系统参数进行调节,使得微波光子滤波更具有灵活性。

可重构性通常指滤波器频谱响应的形状改变。可通过改变滤波器的抽头数量及其相关系数来实现微波光子滤波器的可重构性。滤波器的窗口函数、各抽头的权重等是影响滤波器频率响应的重要因素。

正系数微波光子滤波器具有基带响应,基于非相干操作的原理,只能处理光信号的强度,而无法消除滤波器的基带响应;而在非相干操作基础上得到的负系数微波光子滤波器,消除了基带响应,更接近于带通滤波器或高通滤波器,具有重要的实际意义。

微波光子滤波器的基本结构如图 3-25 所示,需要处理的微波信号直接加载在光载波上,通过光链路传输并经过光信号处理器进行放大、延时和色散等处理,最后到达光电接收机进行光电转换,恢复出微波信号,无需复杂的变频技术。

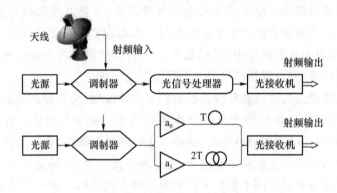

图 3-25　微波光子滤波器组成

4. 全光变频技术

基于光学混频的频率变换技术具有宽带和端口间隔离度高等优点,能直接单级变频,避免多级变频导致的动态范围降低问题。

目前发展比较成熟的变频方法主要有:基于直调激光器和马赫曾德干涉结构的变频技术、基于电光强度调制器的外调制变频技术和基于光电探测器的变频技术。其中,基于电光调制器的微波光子变频技术是目前应用最广泛的变频技术。其可利用单个 MZM 和级联的 MZM 来实现,如图 3-26 所示。基于单个 MZM 调制器的变频方案需先将本振和输入信号合成后注入调制器中同时进行调制,然后经光电探测器拍频后得到变频后的信号。此变频方案的频率受限于功率合成器的频率范围。基于级联 MZM 的变频方案,利用第一级强度调制器将中频信号加载到光载波上,调制后的光信号通过第二级强度调制器,实现本振信号的电光转换,经过传输后,中频信号和本振信号在光电探测器处拍频得到变频后的射频信号。相对于单个 MZM 的变频方案,加入一级调制器会使变频损耗增加,但是这种级联结构可应用的微波频率较高,可实现线性变频或倍频变频等多种变频方式。

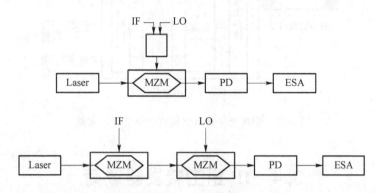

图 3-26　基于光电强度调制器的微波光子变频器结构

5. 射频光交换技术

基于微波光子技术的卫星转发器概念最早由欧空局在 SAT NLIGHT 计划中提出。由微波光子技术实现的低噪声射频前端将天线接收的射频信号调制到光载波上,通过光下变频后进入光交换模块,完成交换后再进行光电转换,通过射频发射模块传输。由于光信号在光纤传输过程中几乎不会产生串扰,因此隔离度明显优于传统射频开关系统。

微波光子技术采用光学开关矩阵实现射频信号在转发系统输入和输出端口间的交叉连接和切换。采用光学开关矩阵完成射频交换的方式,任意功能组的信号可上变频到任意频率,且可被路由到任意一条链路输出或同时发送到所有链路,实现多种频率和功能的重构组合,具有极大的带宽和频率平坦性,且射频信号间具有极高的隔离度,不会造成射频信号非线性和相位噪声的恶化。此外,采用光子射频交换,利用光的宽带、低串扰特性,其高频、带宽不受限,可实现射频的大容量交换。

基于微波光子技术还可实现信道化接收变频功能。其在频域上对接收到的宽带射频信号进行窄带划分,而后在光域与本振信号进行混频,最后经相应的光电转换后得到多个窄带中频信号,具有大带宽、低损耗、无电磁干扰、体积小与重量轻等优势,可有效解决传统微波信道化接收变频结构复杂、信道化带宽受限及变频输出动态范围小的问题。

微波光子信道化接收变频的基本结构如图 3-27 所示,主要由光源、电光转换模块、光域通道划分模块、微波光子变频模块与光电转换模块等部分组成。其中光源用于生成作为调制载体的光载波或光频梳,电光转换模块将宽带射频信号调制到光载波/光频梳上实现电信号到光信号的转换,光域通道划分模块用光滤波器来实现宽带信号的信道划分,微波光子变频模块将信道划分后的信号变频至同中频,光电转换模块将处理后的光信号恢复为电信号。实际系统中,根据功能的不同,不同的微波光子信道化接收机可能会有不同的结构,各部分关系也可能会有所变化。

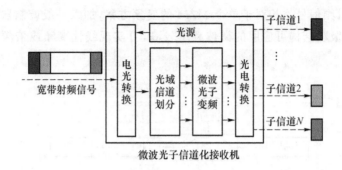

图 3-27   微波光子信道化接收变频结构示意图

3.4   IP 路由转发器载荷

地面 IP 的快速发展促进了其在星上的应用。IP 路由转发器已成为某些高通量通信卫星的选择,星载 IP 路由载荷可实现卫星各波束、各通道、各频段间数据的灵活交换。

IP 路由载荷示意如图 3-28 所示。卫星 IP 路由转发器一般包括接收机、下变频器、解调器、IP 路由器、调制器、上变频器、功率放大器等,其中解调器、IP 路由器和调制器是 IP 路由转发器中的主要载荷。

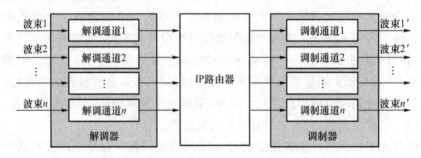

图 3-28   IP 路由转发器框图

IP 分组交换是星上主要的交换方式之一。与 ATM 交换不同的是,在卫星链路上直接装载 IP 分组,而不是 ATM 信元,可实现 IP over Satellite;星载 ATM 交换方式协议开销大、可扩展能力不强、信令复杂,且不能与地面 IP 网络实现无缝连接。

在星上 IP 交换系统中,卫星链路直接装载 IP 分组。IP 分组到达卫星后,经过解调、译码和解包,获得 IP 分组;卫星根据分组头的 IP 地址查找星上路由转发表,确定分组的输出端口后经过必要的包头处理,通过交换单元把分组交换到输出端口;数据分组经过组帧、编码和调制后发送出去。星上路由转发表通过与其他互联路由器交互路由信息学习、计算获得,根据卫星 IP 网络结构的不同,路由信息学习和计算的位置、方式也有所差异。星载 IP 工作原理如图 3-29 所示。

星上 IP 交换系统对接入方式并无特殊要求,如果接入方式为 TDMA 方式,则链路帧为 TDMA 帧,在 TDMA 帧里直接封装 IP 分组,如图 3-29(a)所示,其他接入方式与之类似。图 3-29(b)是卫星 IP 路由器的组成结构示意图,其中转发控制模块承担了 IP 分组接收和 IP 分组的查表工作,确定 IP 分组的出端口;交换开关模块根据查表结果将 IP 分组交换到对应端口;输出控制模块实现每个输出端口的流量控制等功能,并将交换完成的 IP 分组发送出去。转发表是 IP 分组查表的依据,转发表可根据 IP 路由器与其他相邻路由器之间的路由信息交互动态生成,也可由地面相应设备生成后对星载设备进行配置。

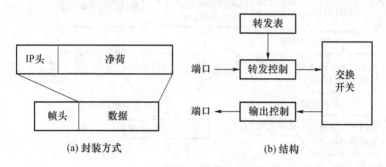

(a) 封装方式　　　　　　　　　(b) 结构

图 3-29　IP 分组交换原理

3.4.1　卫星路由器结构

1. 卫星 IP 网络数据处理流程

卫星 IP 网络主要包括高通量卫星、地面网络控制中心(NCC)和卫星终端(SUT)。其中,卫星完成 IP 网络核心交换功能,主要包括路由信息交互、路由计算、路由表维护、业务数据帧的路由表查找和基于 IP 的分组交换等功能;NCC 负责完成服务覆盖区内所有的网络管理、服务访问、终端管理等;SUT 是卫星 IP 网络的地面用户,可以是与星载 IP 路由器对等的地面路由设备,也可以为一个使用终端接入卫星 IP 网络等。

传统的卫星 IP 路由器设备需完成与地面普通商用路由器相同的功能,即运行对应的单播、组播路由协议,与互联的路由设备交互路由信息,并维护自身的路由表。同时根据路由表对 IP 包进行路由处理。

针对卫星 IP 路由器的实现方式,用户数据分组到达卫星网络后的处理过程如下。

(1) 当 SUT 接收到分组时,根据 IP 分组头的协议类型判断该分组是用户数据分组还是路由协议分组(例如,对于 OSPF,协议类型为 89),如果是数据分组,则根据分组头的目的 IP 地址查找路由表、添加内部标签,按格式要求进行分组封装,然后再依据星地链路的多址接入协议(如 MF-TDMA)封装成数据链路帧,发往星上路由器。具体流程如图 3-30 所示。

(2) 星上交换机接收到分组时,先进行 CRC 校验,如果出错则丢弃,如果检验正确则根据分组内部标签中的目的端口码表直接转发到相应的输出端口,在输出端口处采用 TDM 方式将含有内部标签的分组广播到该端口所覆盖的所有 SUT。

(3) 当 SUT 接收到卫星发来的数据分组时,先对分组进行 CRC 校验,若出错则将该分组丢弃;如果校验正确,SUT 将分组内部标签中的目的 SUT 地址与自己地址相比较,如果一致则接收,否则丢弃该分组。去掉内部标签,将还原的用户分组封装为所在用户网段的 MAC 帧格式(利用 ARP 协议可以得到下一节点接口的 MAC 地址),直接发送到输出端口。

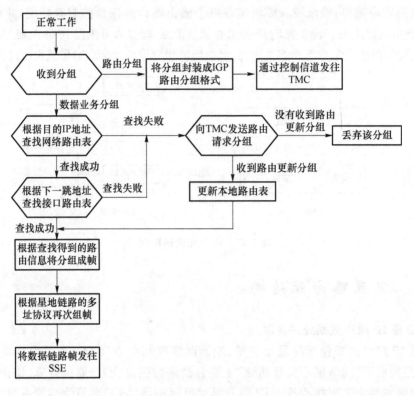

图 3-30 SUT 上行链路发送流程

这种实现方式架构清晰,卫星载荷实现的功能与地面 IP 网络架构中的对应设备基本无异。但对于路由器来说,路由计算和更新、路由表维护及 IP 分组的选路占据了大部分资源,而卫星载荷的计算能力与地面设备相比受限大,使得路由处理速度成为制约卫星 IP 路由器的瓶颈。在参考地面高速路由器设计和充分考虑星上限制条件的基础上,也可采取以下星地一体 IP 路由设计方案。

(1) 将卫星和地面终端视作一个分布式路由器整体。

(2) IP 分组的选路通过地面终端执行,相当于分布式路由器的各端口处理部分;星上无须路由查找,只完成分组交换和流量控制等功能,相当于路由器的交换和中央处理器模块。

(3) NCC 收集各终端发来的外部网络可达信息,再根据卫星网络拓扑创建一个路由转发表,当生成路由转发表后将其发往卫星节点并广播至所有 SUT,SUT 通过 E-BGP 协议向所连接的地面网络发送卫星网路由信息以及通过卫星网可达的地面网络的路由信息;同时,NCC 动态维护一个地面终端与星上交换机端口的映射表,与路由表一起发送。

(4) 终端执行路由查找,确定下一跳网络地址,如需经过卫星节点,则再查找端口映射表确定星上交换部分的输出转发端口。

2. 星载 IP 路由器结构

与地面路由器类似,星载路由器根据功能分为控制平面和数据平面,如图 3-31 所示。

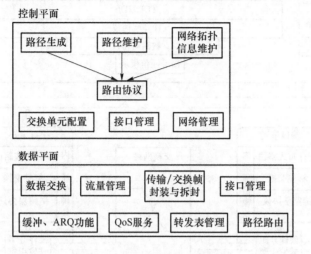

图 3-31　星载路由器功能需求

控制平面功能如下。

（1）与其他路由器交换拓扑信息,进行网络拓扑信息的维护。

（2）运行路由协议,根据当前网络拓扑及本星连接状态进行路由表的更新和维护。

（3）对交换单元进行配置和管理。

（4）对控制平面与数据平面间的接口进行管理。

数据平面功能如下。

（1）数据包转发和调度管理,对数据包的操作需要在每个数据包到来和发送时执行。

（2）对高速输入/输出接口进行管理,设置相应的缓存区域。

（3）读取输入接口接收的数据包帧头,并对数据包进行分类。基于分类结果,数据包被丢弃或依据不同优先级进行处理转发,实现数据平面的 QoS 保障。

（4）满足重要报文 ARQ（Automatic Repeat—reQuest）服务需求。

（5）支持 2 层路径路由（源路由）。

（6）支持 2 层自定义帧格式。

星载路由器主要由主控单元、交换网络和接口单元三部分构成,功能体系结构如图 3-32 所示。

主控单元主要负责对整个设备的配置、管理,路由交换协议处理和无线资源管理等。一般情况下,接口处理单元会把无法解析处理的数据包、路由表更新数据包等转发到主控单元处理,由主控单元来维护整个系统的路由交换表,并向各接口单元转发。

接口单元根据主控单元转发的交换表,对分组进行快速查表、标签处理、分类、优先级排队等操作,通过这种分布式路由转发设计,将查表转发功能分布于各接口,避免集中路由转发导致处理瓶颈,提高星载路由器的分组路由交换处理能力。

交换网络是交换的核心,负责所有端口之间的分组交换。大容量高速交换网络设计是提高星载路由器交换容量的关键。

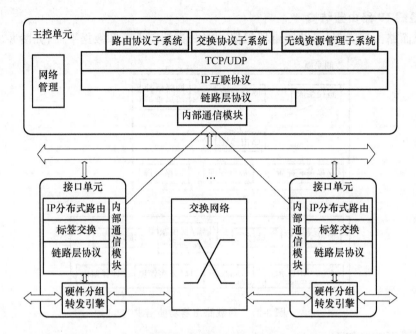

图 3-32 星载路由器结构

各功能单元均与控制总线相连,主控单元通过控制总线对其他各功能单元进行基本的运行维护管理,以传输低速管理信息为主,基于总线的连接结构具有良好的可扩展性。主控单元与核心交换网络的一个交换端口相连,利用交换机自身交换网络实现与各接口单元的通信,主要传输系统运行的各种协议数据分组,从而保证与各接口单元高通信速率、简化星载路由器内部连线关系,同时具有良好的可扩展性。

主控单元运行网络层协议软件和管理软件等控制平面软件;接口单元则主要负责数据平面的数据处理功能,并运行少量对数据平面的控制功能;交换网络实现数据分组的实时转发。

3.4.2 卫星路由交换协议

1. IP 路由协议

IP 域内路由协议(IGP)使用最多的有 RIP(Routing Information Protocol)协议和OSPF(Open Shortest Path First)协议等。

RIP 协议即路由信息协议,是应用最早的动态路由协议,其基于距离矢量算法计算路由。运行 RIP 的路由器维持一个到网络中所有目的地的路由表,路由器周期性地向与其直接相连的网络邻居发送路由表,即<目的,度量>信息。每一个接收者都增加距离矢量,并向其邻居直接转发。据此,网络中每个路由器都了解了整个网络拓扑的情况。RIP 协议的使用简单、资源开销小,与 OSPF 相比,RIP 协议多适用于中小型网络,在中大型网络下其使用简单的优点会变为劣势,其收敛速度和路径计算方式往往不适应较为复杂的网络拓扑,可能无法得到最佳路径。

OSPF 协议即最短路径优先协议,是广泛应用于大型网络的路由协议。OSPF 基于链路状态算法选择路由,解决了 RIP 等动态路由协议收敛慢和跳数限制等缺陷。OSPF 包含 Hello 协议、交换协议和扩散协议。Hello 协议负责建立和维护相邻关系,同时也保证相邻路由器间的双向通信。交换协议仅用于链路状态数据库的初始同步,它规定了刚建立双向连接而又需要建立邻接关系的路由器之间的链路状态数据库怎样进行初始的交换。扩散协议在路由器链路状态发生改变时实现链路状态广播信息的交换。

（1）OSPF 协议

当网络重新稳定下来,即 OSPF 路由协议收敛下来时,所有的路由器会根据各自的链路状态信息数据库计算出各自的路由表。该路由表中包含路由器到每一个可到达目的地的 Cost 以及到达该目的地所要转发的下一个路由器。

OSPF 采用最短路径优先算法(Shortest Path First,SPF)计算路由表,SPF 也被称为 Dijkstra 算法。SPF 算法将每一个路由器作为根来计算其到每一个目的地路由器的距离,每个路由器根据一个统一的数据库计算出路由域的拓扑结构图,该结构图类似于一棵树,在 SPF 算法中被称为最短路径树。在 OSPF 路由协议中,最短路径树的树干长度,即 OSPF 路由器至每一个目的地路由器的距离,称为 OSPF 的 Cost。相比 RIP,OSPF 有许多优点:

① OSPF 发送的路由信息为与本路由器相邻的所有路由器的链路状态,链路状态说明本路由器都和哪些路由器相邻,以及该链路的"度量"(Metric)。"度量"用来表示距离、时延、带宽等。而对于 RIP,发送的信息为"到所有网络的距离和下一跳路由器"。

② OSPF 路由协议中 IP 包被用来直接进行路由,OSPF 分组格式如图 3-33 所示,OSPF 协议运行在网络层,IP 数据包首部的协议号是 89,当数据包在 AS 中传输时不用封装更多的协议头。而 RIP 运行在 UDP 层,存在更多的额外开销。

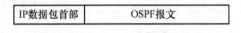

图 3-33　PSPF 报文格式

OSPF 中每台路由器不会周期性地发送路由信息,而是一旦网络发生变化,最先检测到这一变化的路由器将此消息传至整个网络,每台路由器都做出相应的修改,网络负载很小。由于 OSPF 路由器之间交换的信息不是路由,而是链路状态,因而不会产生计算上的环路。OSPF 对不同的链路,可根据 IP 分组的不同服务类型 TOS 来设置成不同的代价。例如,高带宽的卫星链路对于非实时的业务可设置为较低的代价,但对于时延敏感的业务就可设置为非常高的代价。因此,OSPF 对于不同类型的业务可计算出不同的路由。这种灵活性是 RIP 没有的。OSPF 协议在选择最优路由的同时保持到达同一目标网络的多条路由,可以很好地平衡网络负载。

（2）路由表

路由表是整个路由协议的关键,它直接关系到路由操作效率。在卫星路由交换网络中,定义了以下两种路由表:一种是接口路由表,主要记录各 SUT 的路由信息,由内部控制协议生成并更新;另一种是网络路由表,主要记录整个网络的路由信息,由域内路由协议生成。每个 SUT 和 TMC 都有这两种路由表。

接口路由表记录各 SUT 的信息，主要表项有 SUT 地址、交换机端口号、SUT 的 IP 地址和子网掩码及属性等，如图 3-34 所示。属性域表示该路由条目是否有效。

SUT的地址	交换机端口号	SUT的IP地址	子网掩码	属性

图 3-34　接口路由表定义

接口路由表的形成过程为：首先，SUT 启动初始化，向 TMC 注册自己的地址和身份；TMC 收到注册请求后，对 SUT 做身份验证，如果通过验证，则将 SUT 的注册信息写到 TMC 的接口路由表中，同时 TMC 也向 SUT 发送注册响应，SUT 注册成功才能正常工作；TMC 将收集到的 SUT 信息都写到接口路由表中，如果路由表有更新，则向所有的 SUT 发送路由更新分组，从而保证 SUT 与 TMC 中的接口路由表一致性。

网络路由表则记录该卫星网络所能到达的各个子网的路由信息，包含目的网络号、下一跳 IP 地址、度量等，如图 3-35 所示。TMC 的网络路由表由域内路由协议形成；SUT 的网络路由表由 TMC 产生和更新。

目的网络号	下一跳IP地址	度量

图 3-35　网络路由表定义

(3) IP 分组封装和链路层数据帧头

SUT 需在链路数据帧头部加上供星上交换使用的标签。标签应包含分组转发、分级调度和多播交换等相关内容。图 3-36 所示为帧头标签的一种形式。

4	L	1	1	1	2
CRC	净荷(分段后的IP分组)	优先级	源SUT地址	目的SUT地址	目的端口比特码表

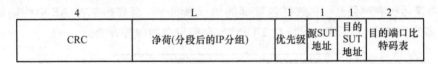

图 3-36　IP 分组在卫星链路层数据帧中的封装格式(长度单位为字节)

① 目的端口比特码表：用于支持交换网络的内部转发，支持单播、多播等多种转发方式。该码表的长度与 IP 路由器端口数量相关，每个比特对应一个交换网络输出端口，1 表示向该端口进行转发，反之为 0。当有多个比特为 1 时，表示该分组为多播分组。

② 目的 SUT 地址：表示接收 SUT 的链路层 MAC 地址。由于卫星波束覆盖的特点，交换网络输出的数据帧直接在下行链路上广播发送，目的 SUT 根据这一地址，识别是否需要接收该数据帧。同时，目的 SUT 可配合端口比特码表，简化内部寻址逻辑。

③ 源 SUT 地址：指发送该数据帧的 SUT MAC 地址。

④ 优先级：指 SUT 设定的转发优先级，一般可采用 IPv4 头部的服务类别 ToS (Type of Service)来定义。

⑤ 净荷：指经过分段的 IP 分组，长度以满足卫星链路最大帧长的需求考虑，如果要求数据帧定长的话，可以添加填充字节。

⑥ CRC：指帧差错控制。

这种数据帧格式经过 SUT 发送到星上交换单元，交换单元根据比特码表和目的地址、转发优先级等信息后，即可直接进行转发，降低星上实现 IP 转发的难度。

2. 多协议标签交换协议

多协议标签交换技术(Multi-Protocol Label Switching,MPLS)最初是为提高路由器转发速率而提出的一种路由转发协议,Multi-Protocol 指其支持多种三层路由协议,Label-Switching 指的是给报文打上标签,以标签转发代替传统的 IP 转发。MPLS 运用标签转换路径(Label Switching Path,LSP),不仅能对业务提供 QoS 支持,还能够合理部署,减少拥塞,优化网络资源。

MPLS 技术将 IP 层的业务优先级、业务服务质量等路由参数映射为链路层可以理解的信息,并利用标签来标识具有相同属性的业务流,将一系列沿相同路径转发且具有相同属性的数据流归为一类,称为转发等价类(Forwarding Equivalence Class,FEC),然后按标签进行有序的数据传输。

MPLS 是一种将第 3 层 IP 和第 2 层交换结合的交换技术,其核心就是对分组进行分类,并依据不同的类别为分组打上不同的标签,建立交换路径,随后仅根据标签在预先建立好的交换路径上传输分组。图 3-37 给出了 MPLS 报文打标签的示意图。具体来说,数据传输开始前,网络首先根据业务的 IP 层信息进行转发等价类定义,然后为 FEC 建立标签交换路径(Label Switched Path,LSP),并为其预先分配资源。数据传输开始后,LSP 上的每个节点仅依据链路层分组的标签进行转发,而不需提取 IP 层的任何信息,提高了转发效率。

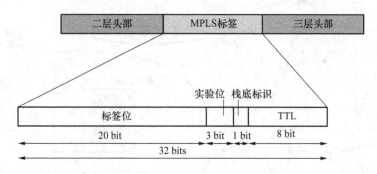

图 3-37　MPLS 标签机制示意图

地面典型的 MPLS 交换网络可分为用户、标签边缘交换路由器(LER)、标签交换路由器(LSR)三部分,其网络模型结构示意如图 3-38 所示。LER 主要完成 MPLS 交换网同其他网络的互联,实现业务分类、标签分发、剥去标签等,根据业务类型进行策略管理、接入流量工程控制等。LSR 是运行 MPLS 协议的节点,其主要运行 MPLS 控制协议和 IP 路由协议,建立路由转发表,实现转发等价类 FEC 与 IP 头的映射。LSR 除支持标签交换功能外,还支持第三层的 IP 分组逐跳转发。

对高通量卫星通信系统,由于受星上处理能力的限制,标签边缘交换路由器(LER)一般由卫星终端实现,负责对卫星终端发往卫星的数据分组进行分类、添加交换标签,并对来自卫星的 MPLS 分组去除标签,同时完成流量工程控制等复杂的策略管理功能;卫星作为核心路由节点(LSR),根据接收数据包头中分组的标签进行排队、丢包、调度等简单快速的转发工作,保证数据包的高效转发。基于 IP 的 MPLS 交换卫星通信网络结构如图 3-39 所示。

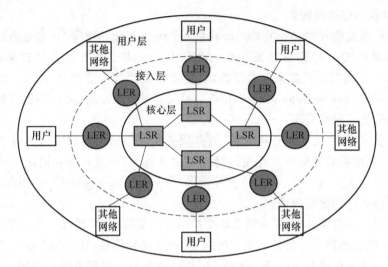

图 3-38　基于 IP 的 MPLS 交换卫星通信网络结构示意图

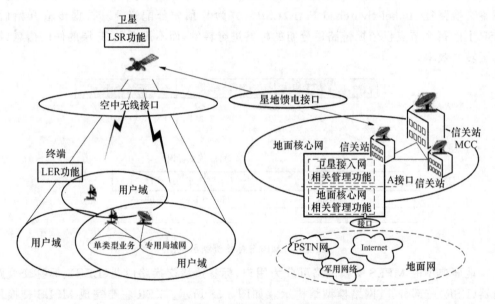

图 3-39　基于 IP 的 MPLS 交换卫星通信网络结构示意图

卫星通信网络基于 IP 的 MPLS 运行过程可以从管理面、控制面和信息面三部分来分别描述。管理面主要包括服务等级协定（Service Level Agreement，SLA）管理、路由与信令资源管理以及与网管的接口；控制面的主要功能是通过路由协议和信令协议，建立、维护、撤销标签交换路径 LSP；信息面的主要功能是完成数据包在 LSR 中的转发，可支持传统的 IP 包分组转发和标签交换。

MPLS 协议中，建立标签交换路径 LSP 的过程为：建立第三层路由转发表；各节点根据已建立的路由转发表，在标签分配协议 LDP 的控制下建立标签交换转发信息库（Label Information Base，LIB）；基于各节点 LIB 建立 LSP。

MPLS 数据转发过程如下。

（1）数据到达入口 LER,LER 查看其目的地址,判断其所属 FEC,然后查找标签转发表得到入标签及出端口,为其打上标签,从相应的出端口转发出去。

（2）LSR 收到带有标签的数据包,根据其标签查找标签转发表,得到其出端口,从相应的出端口将包转发出去,而不用进行标签交换。

（3）数据包到达出口 LER,根据标签查找标签转发表,得到其出端口,将标签去掉,并从相应出端口转发出去,之后进行 IP 转发。

（4）考虑卫星链路带宽资源有限、MPLS 网络标签局部有效、LDP 信令消息和信令交互流程烦琐等不足,需进行相应改进。

3. 调度算法

交换结构的调度算法实质上是一个二分图的匹配问题。设二分图集 $G=[V,E]$,每一个输入端口和输出端口的集合称为顶点 V,$V_i(k)$ 表示输入端的第 k 个端口,$V_o(k)$ 表示输出端的第 k 个端口。所有输入端口与输出端口连线的集合称为集合 E,$E(m,n)$ 表示第 m 个输入端口 $V_i(m)$ 和第 n 个输出端口 $V_o(n)$ 之间的连线。$W(m,n)$ 表示 $E(m,n)$ 的权重,$W(m,n)$ 的值由队列信息决定,当两个端口之间没有通路相连时,$W=0$。M 一般为没有公共顶点的 $E(m,n)$ 集合,即没有同一个输入端口同时发往多个输出端口的数据帧和没有多个输入端口同时发往一个输出端口的数据帧。

调度算法就是寻找集合 E 的子集 M,常用调度算法有最大匹配法（Maximum Size Matching,MSM）和最大权值匹配法（Maximum Weighted Matching,MWM）。

目前,应用比较广泛的算法有 LQF(Longest Queue First,最长队列优先)算法、OCF(Oldest Cell First,最早单元优先)算法和 RR(Round Robin,轮询调度)算法等。其中,对于 LQF 算法,调度器对每个端口进行轮询调度,当轮询到每一个端口时,挑选端口 VOQ(Virtual Output Queue,虚拟输出队列)中最长的队列优先调度,该算法性能优良,但需对每个端口的最长队列进行检测和判断,算法复杂度大;OCF 算法是对 VOQ 中等待时间最长的数据优先进行调度,该算法复杂度一般,但对突发率高的业务流性能较差。

RR 算法是一种无队列信息调度算法,调度器对每个端口进行轮询调度,轮询调度的周期根据端口数决定,在输入端口数为 N 的情况下,调度轮询速度是端口线速的 n 倍。RR 调度器算法简单,只有 +1 或 -1 操作,对均匀的业务流性能优良,但对突发率高的业务流性能较差。针对 RR 算法在非均匀业务上的不足,又提出了多种改进算法,如 WRR(Weighted Round Robin,加权轮询)算法和 DRR(Deficit Round Robin,差额轮询)算法。

图 3-40(a)为一般 RR 算法的轮询机制,设对每一个元素轮询所占用时间 t 都相等,在 $6t$ 时间内就能将所有元素轮询一遍,那么 $6t$ 就称为一个轮询周期;图(b)为 WRR 算法,W2 表示权值为 2 的元素,W1 表示权值为 1 的元素,轮询访问元素 A、B、D、F 的频率是其他元素频率的两倍,在 $10t$ 时间周期内,对于 A、B、D、F 四个元素的轮询次数是两次,而对于 C、E 这两个元素的轮询次数是一次;图(c)也为 WRR 算法,其元素轮询频率与图(b)中的轮询频率相同,但两者之间轮询顺序不同,图(b)是连续两次轮询 A、B、D、F 四个元素,而图(c)则是将对 A、B、D、F 的两次轮询放在了两个轮询 cycle 中,cycle1 表示的轮询顺序为 A→B→C→D→E→F,cycle2 表示的轮询顺序为 A→B→D→F。

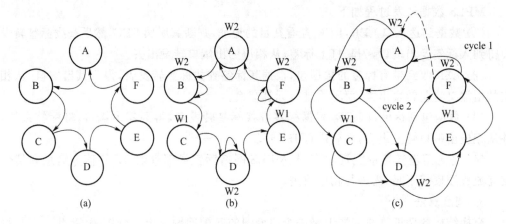

图 3-40　WRR 算法示意图

3.4.3　卫星路由交换单元设计

1. 路由交换结构

路由交换单元包含单级交换和多级交换两类结构。单级交换结构常见的有共享总线型、共享内存型和 Crossbar 型;多级交换结构主要有 Banyan 型和 Clos 型。

(1) 共享总线型

共享总线型交换结构是将所有的输入端口全部复接至一条公共的总线上进行传输,通过地址过滤等方法将总线上传输的数据分流至对应的输出端口。对于规模为 $N \times N$ 的交换网络,若每个端口输入的数据率相同且恒定,要做到线速转发,共享总线的处理速率至少要达到端口输入速率的 N 倍。此结构的明显优势是各端口相互独立,存储器的管理和控制较为简单,易于实现。其缺点有:当网络中有突发流量时,输入端口速率加大,需要的共享总线处理速率随之增加,一旦超过设计的处理速率就会造成丢帧、错帧等;同时,随着端口数的增加,总线速率会达到瓶颈,从而降低处理速度,限制了系统的吞吐量。

(2) 共享内存型

共享内存型交换结构利用数据帧写入和读出共享缓存的操作实现交换功能,如图 3-41 所示,复用器(Mux)对各输入端口的数据进行管理和调度,控制器通过复用器将交换数据缓存在共享缓存中,解复用器(Demux)则将共享缓存中的数据送到输出端口。控制器对共享缓存的操作分为两类:一类为顺序写入,控制读出,此方式下的调度工作主要集中在解复用器上;另一类为控制写入,顺序读出,这种方式的调度工作主要集中在复用器上。共享缓存结构的交换容量由缓存大小和读取速度决定。

图 3-41　共享缓存结构

共享缓存的内部划分为多个逻辑队列,每个逻辑队列对应一个输出端口。输入端口的数据帧先通过复接器进行汇聚并处理得到帧信息,帧信息送至存储控制器。存储控制器根据帧信息判断目标逻辑队列是否有足够的空闲存储空间,如果有空间,则给出具体的物理存储地址,使数据帧从复接器写入共享缓存的对应位置;若空闲存储空间不足,则拒绝该帧的写入操作,由复接器模块丢弃该帧。在控制输入端数据写入缓存区的同时,存储控制器按照一定的调度方式确定各个队列首数据帧输出的先后顺序,解复用器根据调度结果从共享缓存中读取数据帧并分发至对应的输出端口。

共享缓存结构的优点是可以处理突发数据流,但这种结构的交换容量受存储器大小以及存储器读写速度影响较大。

（3）Crossbar 型

Crossbar 交换结构称为交叉开关矩阵或纵横交换矩阵,其适用于大容量交换,具有实现简单、内部无阻塞等优点,弥补了共享内存结构的不足。Crossbar 型结构如图 3-42所示。$N \times N$ 的开关矩阵有 N^2 个交叉点,每个交叉点处均为一个开关。这些开关的两个输入可分为纵向输入和横向输入,两个输出可分为纵向输出与横向输出,如图 3-42(a)所示。数据帧进入交换结构的入口是最左侧开关的横向输入,出口是最下一行开关的纵向输出。为实现任一入口到任一出口间的数据帧交换,开关需要设置两种传输状态:第一种状态下,横向输入的数据从横向输出离开,纵向输入的数据从纵向输出离开,主要用于除输入行和输出列交叉节点外的其他节点,称为 cross 状态;第二种状态下,横向输入的数据从纵向输出,纵向输入的数据从横向输出,主要用于输入行和输出列的交叉节点,称为 bar 状态。

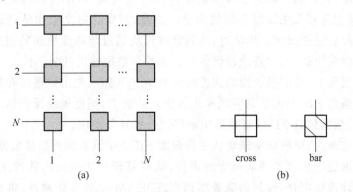

图 3-42 Crossbar 型结构

（4）多级交换结构

多级交换网络由多个交换单元以某种形式级联而成,常用的有 Banyan 网络和 Clos网络。Banyan 网络以其自有的路由特征和可扩展性得到广泛应用,但网络存在内部竞争,容易产生内部阻塞。因此,内部竞争问题是 Banyan 网络所要解决的主要问题。Clos网络中应用较多的是三级 Clos 网络,只要网络内部链路数达到无阻塞条件,就可进行无阻塞交换,Clos 网络既可以应用于电路交换,又可应用于快速分组交换。Clos 网络相比传统的 Crossbar 架构,在突发流量处理、拥塞避免和递归扩展上均有巨大的提升。

2. 常用路由交换单元

(1) 共享内存型交换单元

共享内存型交换单元可使用片外 SDRAM 作为存储单元。同一时间片内,允许所有输入端口写入,同时允许输出端口进行读取。队列及调度模块结构如图 3-43 所示。

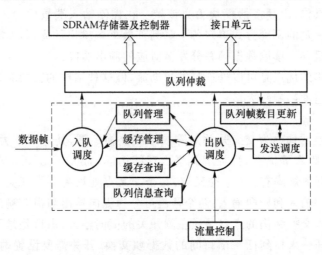

图 3-43　队列及调度模块结构

路由器采用基于优先级的调度方式发送数据,在保证优先级的同时支持带宽预留,满足不同业务的 QoS 需求。队列管理模块根据优先级信息在片外 SDRAM 中为每个端口分别构造相应的 VOQ。队列管理模块应保持公平与高效,不应出现某队列占用所有存储资源,使其他队列无法及时存储的情况。因此,需要为每个输出队列设置最小存储容量和最大存储容量的限制。出队时,队列管理模块通过与调度模块的信息交互来保证高优先级的分组先出队,同时要求确保各个输出端口数据输出的公平性。

入队调度流程为:调度模块检测到控制信息 FIFO(先入先出数据缓存器)非空时,读取并分析控制信息 FIFO;向队列管理模块发送入队请求,调度模块反馈队列管理模块发送的入队信息,数据信息 FIFO 将数据帧搬移到总线仲裁模块。

出队调度流程为:出队调度模块从发送调度 FIFO 中读取到要出队数据的队列号,并发送该队列数据的出队请求到队列管理模块,队列管理模块返回出队信息;出队调度与缓存管理和查询模块配合,得到出队数据帧在 SDRAM 中的具体地址,将出队结果存入结果信息 FIFO,传递给总线仲裁模块,由总线仲裁模块将待出队的数据帧从 SDRAM 中取出。

此外,共享存储单元的 SDRAM 同时也执行重要数据帧的 ARQ 功能。利用 ARQ 功能的"确认-重发"机制,仅针对优先级较高的重要信令数据帧执行,从而保证重要的信令报文能够准确到达,同时防止大量优先级较低的数据包占用存储资源。

(2) Crossbar 交换单元

Crossbar 交换结构在实际运用中需配备一定的缓存,将来不及交换的数据存在缓存区,并以一定的排队方式交换。根据缓存位置的不同,有多种交换结构,其中较为实用的 Crossbar 交换结构为联合输入交叉节点带缓存排队机制(CICQ)和联合输入输出排队机制（CIOQ）。CICQ 结构在交叉节点处配置缓存，如图 3-44 所示。在每个交叉节点处，采用 RAM 或 FIFO 来缓存交换数据。其在 N 个输入端口的 N^2 个 VOQ 队列可以并行写入到 N^2 个交叉的缓存中，较好地解决了输入阻塞和输出阻塞问题。

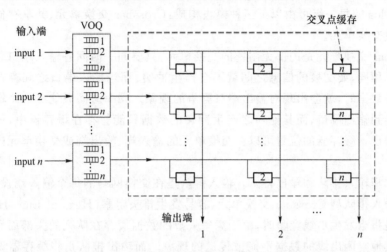

图 3-44　CICQ 的 Crossbar 交换结构

联合输入输出排队交换单元的结构如图 3-45 所示，在每个输入端口处增加一个 FIFO 缓存，数据在交换结构的输入端进行缓存排队，只有到达 FIFO 头部的数据才会被交换到交换网络，这种 Crossbar 结构的输入端处理速度无须 N 倍于端口速率。在输入端加入 VOQ 来解决队头拥塞问题，在 $N \times N$ 端口交换单元中，每个 VOQ 都具有 N 个 FIFO，每个 FIFO 负责连接一个输出端口，则共需 $N \times N$ 个 FIFO 来实现缓存。

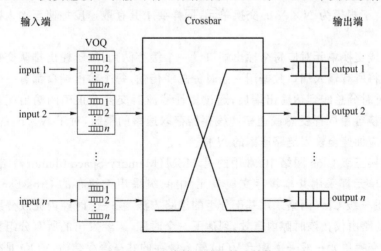

图 3-45　联合输入输出排队结构

输入端的数据经过 Crossbar 的交叉节点交换后，在输出端进行缓存，输出端的缓存器对交换数据对进行处理和排队，使交换数据能按正确顺序从输出端输出。在使用极大匹配算法或稳定匹配算法的前提下，用 2 倍于端口速率的处理速度就可以使吞吐率达到 100%。在同一时刻，Crossbar 交换结构只能有一个输入端口与一个输出端口相连接，若有多个输入端口在同一时刻需要与输出端口相连,就会出现拥塞现象。这种排队方式的重点是如何解决输入与输出的冲突问题。

(3)三级 Clos 交换网络

三级 Clos 的每一级可由以下三种模块构成:Crossbar 交换单元、共享存储交换单元和共享总线交换单元。

Crossbar 交换单元是内部无阻塞的交换单元,只要同一时间各输入端口数据的目的输出端口不相同,要交换的信息之间就不会产生冲突;而当输入端口之间存在去往同一目的端口的数据时,就会出现对输出端口竞争的现象。同一时间只能有一个输入端口的数据被交换到输出端口,而其他与之产生冲突的数据只能暂存在缓存器中,等待下一轮的竞争和输出。缓存器的位置可以在交换单元的输入端、输出端或交换单元内部的交叉连接点处。

一般选择输入排队和输出排队。输入排队是在交换网络的每个输入端设置缓存器,但是对于输入排队型 Crossbar 交换单元,容易发生排头阻塞(Head of Line,HOL),所谓排头阻塞是指当发生出线竞争时,由于竞争失败的数据缓存在队列的头部而导致排在其后面去往其他空闲出线的数据不能被传送的现象。而输出排队是将缓存器设置在交换单元的输出端,为解决输出冲突的问题,要求每条出线能同时接收所有入线发来的数据,因此要求交换单元的信息传输速率和输出缓存队列的缓存速度均加速到输入链路速度的 N 倍。相比于输入排队,输出排队在吞吐量性能方面有较大改进,但需进行内部加速。

共享存储交换单元是将所有输入信息缓存在一个存储器中,是一种内部缓存方式,缓存区由所有输入和输出端口共享。在共享缓存区内,每个输出端设一个逻辑缓存队列,数据按其目的输出端口在相应的队列中排队。共享存储交换单元不存在输入排头阻塞现象,但对于规模为 $N×N$ 的交换单元,同样要求其存取速度加速至输入链路速率的 N 倍。

共享总线交换单元对应每个输出端口设一个缓存队列,属于输出排队交换结构。其工作方式是将所有输入端口数据用一条时分总线传输,每个输出端口都有一个地址滤波器,数据通过时分总线到达输出端后,通过地址滤波器交换至正确的输出端口。共享总线结构的交换容量同样受总线速率和缓存器存取速率的限制,对于 $N×N$ 的交换网络,总线速率和应加速至输入链路速率的 N 倍。

分组交换三级 Clos 网络中,常用的是 MSM(Memory-Space-Memory)结构,其第一级和第三级单元都采用共享缓存交换单元,中间级采用无缓存的 Crossbar 交换单元。MSM 结构的三级 Clos 网络采用基于分组的选路方法,在一个时隙内完成分组的选路操作,且选好的路由仅在该时隙内有效,到达下一个时隙,未经发出的所有分组重新开始选路。第一级交换单元一般采用基于 VOQ 输入缓存的共享缓存结构,VOQ 是指输入级缓存针对交换网络的每个输出端口都构建不同的排队队列,这种缓存方式不但能够避免排头阻塞,也能保证去往不同输出端口和优先级不同的分组能够公平地利用交换资源,还能降低获取无阻塞需要的内部链路数。

3. 分组处理模块

分组处理模块作为交换机的核心模块之一,主要完成数据帧的接收,并根据帧头字段将接收到的数据帧进行分类。与分组处理模块相连的模块主要有输入处理模块、捕获模块、查找表模块、总线控制与调度模块。分组处理模块主要完成以下功能。

（1）接收输入处理模块发来的数据帧，进行帧类型识别、更改字段等处理，并将处理后的数据帧和调度信息按照要求传输给后级模块。

（2）包含简单的流分类模块，能对数据帧相应字段进行提取和匹配，然后给出操作码，以便识别对数据帧的处理方法，如丢弃、复制到 CPU、重定向到 CPU、转发到输出端口等。

（3）识别要捕获到 CPU 的数据帧，交给捕获模块。

（4）提取需要查表的数据帧中的源/目的地址、输入端口号等信息，送给查找表模块。查找表模块如果查表成功，则提供分组处理模块正确的输出端口号；如果查表失败则提供分组处理模块其他操作指令。

（5）根据查找表模块给出的输出端口号，将数据帧和控制信息搬移到相应的总线缓存中。

分组处理模块可分为流分类模块、指令处理模块、接收控制模块和总线控制模块四个子模块，如图 3-46 所示。

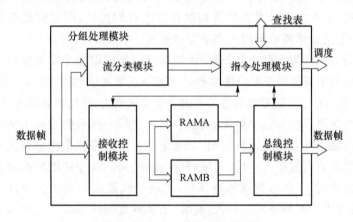

图 3-46　分组处理模块组成框图

各模块功能及数据处理流程如下。

（1）流分类模块：用于接收外部数据帧，完成对帧类型、标签号、目的端口号、查表地址、优先级等字段的提取，并对这些关键字段进行识别分类，得到相应的分类结果，即产生分组处理所需的指令码，发送给指令处理模块。指令码包含对数据帧的修改、删除、丢弃、插入和优先级等操作。

（2）指令处理模块：接收流分类模块的操作码，并对操作码进行分析和处理，对数据帧做出丢弃、捕获给 CPU 或直接转发等指令，以完成分组处理的主要功能。

（3）接收控制模块：接收外部数据帧的数据，以乒乓操作的方式写入数据缓存 RAM 模块中，同时将数据帧的源/目的地址和帧长等信息传递给指令处理模块。

（4）总线控制模块：根据指令处理模块的指令信息，以乒乓操作的方式读取数据缓存 RAM 模块中的数据帧，并按序搬移到总线上，同时执行指令信息中相应的操作。

4. 队列管理模块

队列管理模块的核心功能是以队列的形式实现对存储空间的合理分配和有序释放。队列管理模块关系到整个交换单元的性能。在分组交换的过程中,数据帧大小及到达时间都存在不确定性,对同一个输出端口而言,可能会有多个数据帧同时到达,为防止不同数据帧因同时到达而产生竞争,从而导致数据冲突,就需要一个分组缓存区域,将暂时不能得到服务的数据分组按照一定的规则缓存起来,保证高优先级的数据帧优先得到服务。

队列管理模块主要完成以下功能。

(1) 对于需要入队的数据帧,进行合理的入队安排,使得缓存空间正确分配。

(2) 对于需要出队的数据帧,按照优先级从高到低的顺序,使高优先级的数据优先出队,同时释放缓存区。

(3) 对于缓存空间,采用队列链表的方式进行合理有效的管理。

当某一个输出端口一直有高输出速率的数据帧时,给该端口分配较大的缓存;当所有输出端口都比较活跃时,给所有端口分配一定缓存。队列管理中对数据缓存的占用方式可分为静态分配和动态分配两种。静态分配是指缓存只能存储固定的数据帧,在该数据帧没有存储到缓存中时,其他队列也不能占用该缓存;动态分配是指不为数据帧配备固定的缓存地址,所有队列对缓存的占用都是动态可调控的,可实时改变数据帧所在的缓存位置,这种方法能够高效利用内部的存储资源。

队列调度分为入队调度和出队调度,入队调度模块即根据分组处理模块送来的数据帧信息与当前队列的缓存状态来判断数据是否可以正常入队,如果可以入队,则进行数据帧的搬移操作,否则直接发送数据清除信号到分组处理模块,将此帧数据进行丢弃操作。

出队调度为队列调度算法中的核心模块,其决定哪个队列的数据出队。调度模块通过轮询交叉节点缓存区是否有缓存空间,来确定是否可以将数据搬移到交叉节点缓存中去。当检测到交叉节点有缓存空间,则根据优先级的高低顺序依次轮询该输出端口对应的每个虚拟输出队列,一旦检测到非空队列,则将该队列输出到交叉节点。当此队列被服务后,该队列的服务等级被降为最低,此时,出队调度模块继续进行轮询。因为队列区分优先级,因此,高优先级的队列将始终比低优先级的队列优先进行服务。

队列管理模块由数据帧存储区、空闲数据帧存储区、队列信息缓存、复用选择器(sel)、入队控制、出队控制 6 个子模块组成,如图 3-47 所示。

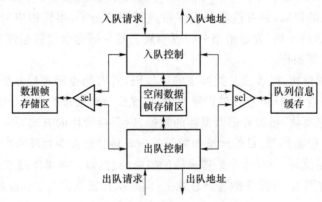

图 3-47 队列管理模块组成框图

3.5　多波束载荷

采用多点波束及频率复用技术是高通量通信卫星载荷的基本特征,是实现超大通信容量的重要技术手段。例如,Viasat-3 卫星计划采用 92 个点波束实现 1 Tbit/s 的通信容量。

3.5.1　多波束天线及多色复用技术

1. 多波束天线技术

多波束天线是指能够同时形成多个独立点波束,通过波束间的空间隔离和极化隔离特性实现频分复用的天线。多波束天线的应用极大地提升了系统频率资源的利用率,从而提高了通信系统的容量。多波束天线包括口径型和直接辐射阵列型两类,其中口径型多波束天线又可分为反射面多波束天线和透镜多波束天线两种,如表 3-3 所示。

表 3-3　不同形式多波束天线

多波束天线类型	多波束天线示意图	技术特点
		单口径多馈源直接形成多波束天线;口径少,结构简单,重量轻,对布局空间要求低;因电性能受限无法满足大区域无缝覆盖、高增益、高 C/I 要求
反射面多波束天线		多口径多馈源直接形成多波束天线;口径多,波束间隔排列,高增益,高 C/I;对布局空间要求较高,波束指向校准复杂
		单口径多馈源加权形成多波束天线;口径少,需要新型多模网络,宽带且插损低,对布局空间要求较低;网络复杂

多波束天线类型	多波束天线示意图	技术特点
透镜多波束天线	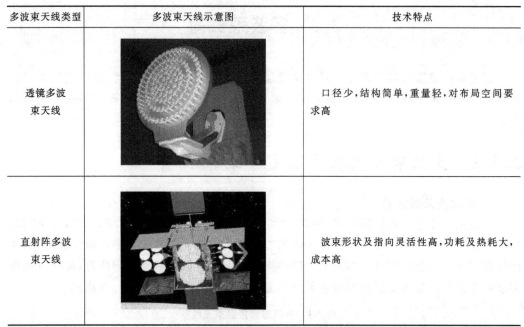	口径少，结构简单，重量轻，对布局空间要求高
直射阵多波束天线		波束形状及指向灵活性高，功耗及热耗大，成本高

　　反射面多波束天线凭借其重量轻、易加工、空间环境适应性好的优越性，成为目前高通量卫星中应用最多的多波束天线形式。反射面多波束天线主要由馈源阵列和反射面组成，其反射面可以是一副或者多副，分别称为单口径多波束天线和多口径多波束天线。反射面多波束天线可以通过两种方式形成多个点波束，一种是单馈源直接形成单波束方式，即馈源阵列中的每一个馈源形成一个点波束，形成的点波束的数目与馈源数目相同；另一种是多馈源加权形成单波束方式，即馈源阵列中的多个馈源通过幅度和相位加权合成一个点波束，该方式尽管需要结构复杂的波束形成网络，但合成的点波束性能较好。目前，高通量卫星多应用基于单馈源直接形成单波束的多波束天线，通过多点波束实现对服务区的覆盖，而移动通信卫星多应用基于多馈源加权形成的多波束天线实现地面覆盖。

　　为保证系统所需的高 EIRP 和高 C/I 要求，多波束天线须具备高增益和低旁瓣特点。天线的高增益主要通过提高天线电尺寸口径和天线效率来实现，星载多波束天线技术的重点在于降低多波束天线的旁瓣。多口径多馈源直接形成多波束天线不需要复杂的馈电网络即可实现高增益和低旁瓣的无缝覆盖。图 3-48 给出了典型的 4 口径多馈源直接形成多波束天线的工作原理图，不同天线口径形成的波束间隔交替排列，每个口径均产生一组点波束，从而在实现高增益的同时，形成较低的波束旁瓣，满足系统高 C/I 的要求。

　　多波束天线具有以下优势：

　　（1）通过空间隔离和极化隔离结合，实现频率资源多色复用，提升频率资源的利用率，提高卫星系统的通信容量；

　　（2）相比于传统的赋形波束，采用多点波束覆盖的方式可以显著提高覆盖区内通信波束的 EIRP 和 G/T 值；

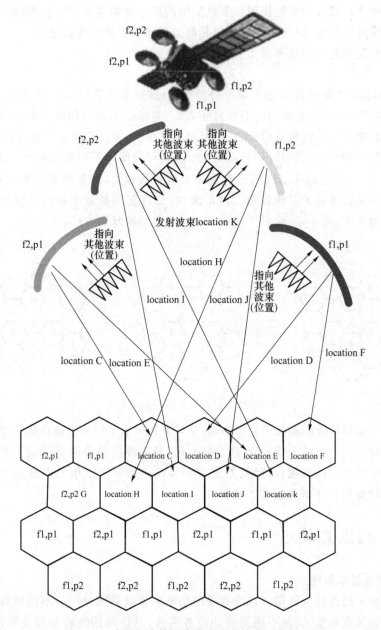

图 3-48　多口径多馈源直接形成多波束天线原理图

（3）可有效降低用户终端的技术要求,进而优化其尺寸和重量,有助于实现便携式移动通信;

（4）相控阵天线作为一种有源多波束天线,可根据系统需要进行波束扫描、波束重构,提高系统的灵活性,相关内容将在 3.6 节中详细介绍。

2. 多色复用技术

多波束复用技术通过多个点波束实现服务区的覆盖,结合频率的多次空分复用提升频率资源的利用率。多色复用技术是将工作带宽分成多份,通过巧妙地排布在多个空间隔离的波束内实现频段的重复使用。多色复用的核心技术是同频干扰抑制,从某种程度来说是天线滚降的性能,越陡峭的滚降对其他波束同频干扰的性能越好。

对于多色复用的频率复用因子 γ 表示为:

$$\gamma = (2 \times m)/n \tag{3-13}$$

其中,m 表示卫星波束数目,n 表示频率分段数目(即通常所谓的"n 色复用"),2 是由极化复用引入(假设每个极化安排的通道数目相当)。若通信系统可用频带的总带宽为 B,在无极化复用的单个波束的带宽即为 B;采用极化复用后,卫星系统总带宽可达 $2B$;若通过多波束极化复用后,每个波束可用带宽为 $2B/n$,再结合馈电下行波束带宽 B,则卫星系统总带宽可达 $(\gamma+2)B$。频率复用因子越大则系统容量越大,通常需要权衡同频干扰和频率复用的关系来获得最大系统容量。总的来说,三色复用是效率最高的复用方式,但同频干扰也最为严重,图 3-49 给出了三色、四色、六色频率复用方式。

三色复用　　　　　四色复用　　　　　六色复用

图 3-49　3 种常见的频率复用方式

针对多色复用导致的同频干扰,Viasat-3 等卫星采取了波束急速滚降抑制技术,有效降低其他同频波束产生的干扰。对于工作在 Ka 等高频段的高通量通信卫星,复杂的波束形成网络会带来大的损耗,因此最好采用多口径多馈源直接形成多波束形式的天线,有利于实现较高的 C/I 等关键技术指标。

3.5.2　跳波束技术

1. 跳波束基本原理

跳波束技术通过时分复用方式将有限的功率和频谱资源分配给不同的波束,相应扩展覆盖范围和波束数量,满足不同类型的业务需求,具体包括跳波束开关切换和有源相控阵天线两种方式,如图 3-50 所示。跳波束开关切换方式通过改变铁氧体开关状态使信号分时出现在一簇波束(天线指向固定)的不同位置上,通过简单有效的方式调整波束覆盖范围,提高资源利用率和灵活性,但存在波束跳变图案固定、需解决星地切换同步以及基带芯片需增加跳帧协议等问题。有源相控阵天线跳波束方式通过波束形成网络实现覆盖区动态跳变,具备波束跳变范围大、自由度高、支持灵活接入等能力,但存在同时形成的波束数目少、通信容量受限、技术难度大、研制费用高等问题,同样存在需解决星地切换同步及基带芯片需增加跳帧协议等问题。

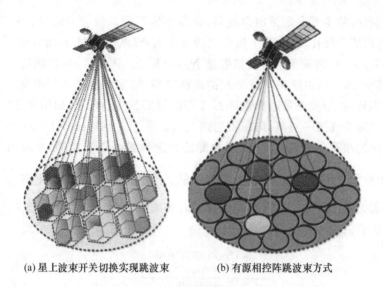

(a) 星上波束开关切换实现跳波束　　　(b) 有源相控阵跳波束方式

图 3-50　跳波束方式

　　卫星可在短时间内切换收发波束的位置，接收/发射波束在某个位置时均可停留一段时间，即时隙停留时间。多个时隙可以组成一个跳波束帧，跳波束帧结构如图 3-51 所示。单个区域在一个跳波束帧内可能仅有一个活跃的时隙在使用，帧长决定了使用场景，最理想的使用场景是低等待时间的应用模式。

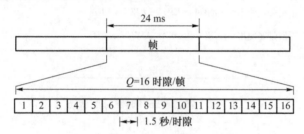

图 3-51　跳波束帧周期及时隙

2. 跳波束系统容量

　　对于任意时隙的跳波束帧，一个帧周期的一个时隙内的总容量是所有在同一时隙激活波束的容量总和。为达到最大的容量，波束权值设置会使得所有波束和所有时隙产生最大的天线增益。在同一时刻，同一极化的波束都设置得足够远，使得 C/I 最大。在此种条件下，频谱效率可接近于所有波束所有时隙都被占用的情况。此时，系统的容量为：$C_F = K_F \eta_{Hz} W$，其中 η_{Hz} 是频谱效率（bit/s/Hz），K_F 是波束数量，W 是分配给每波束的带宽。由此可知，卫星主要靠提高频谱效率、增加波束数量和拓展工作带宽来提高系统容量。可采取的具体措施包括：每个波束使用全部的分配带宽；采用窄波束产生高天线增益，提高 C/I、Es/N_0 和频谱效率；通过窄波束在一个帧周期内的多个时隙内跳变来覆盖所有服务区，增大波束分配数量。

　　前向链路分配一部分时隙（分配系数设为 α，$0 \leqslant \alpha \leqslant 1$），其他时隙分配给返向链路，假设有 Q 个固定时间的时隙，则前向链路的时隙为 $Q\alpha$，返向链路的时隙为 $Q(1-\alpha)$。在极端情况下,所有时隙全部分配给前向链路,即多媒体广播系统应用场景。假设有 K 个转发器通道,共用 2 个极化复用,每个极化的带宽为 KW(单位为 Hz),所有信关站需要处理的带宽为 $2N_{Gw} \times W$,则需要的信关站数量 $N_{Gw} = K/2$。例如,75% 的跳波束时隙分配给前向链路,其余 25% 的跳波束时隙分配给返向链路,则前向链路占用带宽为 $3KW/4$,返向链路占用 $KW/4$,信关站需求数量限制在前向链路为 $3K/8$ 个,如图 3-52 所示。如果接收和发射始终不在同一时刻,则需要的信关站数量 $N_{Gw} = \mathrm{Max}(\alpha, 1-\alpha) \times K/2$。

对于灵活的频率分布,每个单元所分配的时隙数量可以不相同,假设每个波束有 Q 个时隙,每个单元采用了 q_j 个时隙,J 是波束跳变周期内的地点数量,则有 $\sum_{j=1}^{J} q_j = Q$。每个单元的容量为 $C_j = C_b q_j / Q$,C_b 为每波束瞬时容量。为最大限度减小波束之间的干扰,最佳状态是所有波束一起切换地点。

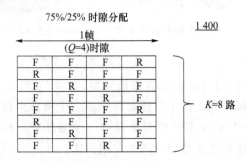

图 3-52　75%～25% 时隙分配状态

3.6　相控阵载荷

相控阵载荷可形成多波束覆盖,并可灵活调整波束指向,因此可作为高通量通信卫星的有效载荷。例如,Spaceway-3 卫星、WGS 卫星(全球宽带卫星)、WINDS 卫星(宽带互联网工程试验与验证卫星)、Starlink 星座卫星、Oneweb 星座卫星等采用了相控阵载荷,其中 Spaceway-3 卫星的相控阵天线工作在 Ka 频段,共有 1 500 个辐射单元,能同时形成 24 个可连续跳变的点波束。

相控阵载荷与反射面多波束载荷、机械可移点波束载荷的比较如表 3-4 所示。可见,相控阵载荷具有能辐射大功率,数据传输速率高,能迅速、灵敏和准确地进行波束控向等优点。

表 3-4　天线性能比较

项目	载荷		
	相控阵载荷	反射面多波束载荷	机械可移点波束载荷
波束移动方式	电扫描	波束固定	机械扫描
波束移动速度	快	无	慢
波束数量	较多波束	多波束	单波束
覆盖范围	瞬时覆盖范围小，扫描范围受限	覆盖范围大	瞬时覆盖范围小，扫描范围大
重量	高	较高	低
功耗	高	较低	低
实现难度	高	较高	低

3.6.1　相控阵载荷组成及工作模式

1. 相控阵载荷组成

相控阵载荷通常由辐射阵面、波束形成网络及波束控制单元等组成。其中辐射阵面由一组离散辐射单元组成,辐射单元可以排列成直线结构,也可以排列成二维平面结构或空间共形结构。每个辐射单元激励幅度和相位能够独立地进行控制,通过控制每个辐射单元的激励幅度和相位,可快速灵活改变天线波束的指向和形状,实现波束在空间的电扫描或波束赋形。通过波束形成网络可实现多个波束空间快速扫描,从而可跟踪多个目标。

（1）辐射阵面

相控阵天线是从阵列天线发展而来的,主要依靠天线辐射单元的幅相变化实现波束的扫描和方向图形状改变,故亦称为电子扫描阵列（ESA）天线。辐射阵面天线单元的形式有波导喇叭天线、偶极子天线、贴片天线等。根据天线辐射单元的分布形式,可分为平面相控阵天线、曲面相控阵天线、共形（辐射阵面为曲面,且与平台外形保持一致）相控阵天线等。

辐射单元由通过相位控制的通道激励。一般情况下,相控阵天线应对每一辐射单元的相位进行控制,但为了节省移相器和简化控制线路,有时几个辐射单元共用一个移相器,共用一个移相器的天线辐射单元组合称为子阵。机械式扫描通过机械转动天线实现波束扫描;电子式扫描通过控制阵元馈电方式灵活调整波束指向,亦可采用机械式和电子式扫描结合的方式扩大扫描阵天线工作范围。

（2）波束形成网络

相控阵天线是一个多通道系统,在发射端、接收端与天线单元之间具有一套多路波束形成网络。其中,馈电是信号从发射机到天线阵面各单元或从天线阵面各单元到接收机;馈相是为阵列各单元提供实现波束扫描或改变波束形状所要求的相位分布,通过移相器可改变波束相位所要求的各通道激励相位。馈电方式主要包括强制馈电和空间馈电两种。强制馈电亦称为约束馈电,采用波导、同轴线、微带线等微波传输线实现功率分配与相加网络;因在传输线中传播信号,所以辐射泄漏小,电磁兼容性好。空间馈电亦称光学馈电,主要分为透镜式与反射式,与强制馈电相比,信号在自由空间传输,可采用空馈的功率分配/相加网络。

每个天线辐射单元后端都设置有移相器用来改变单元之间信号的相位关系,信号的幅度变化则通过功率分配/相加网络或者衰减器实现。移相器是实现相控阵天线馈线网络的关键器件,要求移相精确、性能稳定、宽频带、大功率容量、便于快速控制。移相器包括模拟移相器和数字相移器,前者一般采用压控变容二极管的场效应管来实现,后者一般采用 PIN 二极管作为开关器件。工程中多采用数字移相器,其相位变化不是连续的,n 位数字移相器能产生 2^n 个离散相位状态,其相移步进值为 $360/2^n$。

(3)波束控制单元

波束控制单元是相控阵载荷的核心部位,用以实现相控阵载荷工作状态的设定及控制,主要功能包括:对相控阵天线各波束指向的实时控制;对相控阵天线各波束的状态控制与监测;根据波束赋形权值控制相控阵实现期望区域的灵活覆盖。波束控制单元主要分为耦合网络模块、变频放大模块、主控模块和电源模块四部分。耦合网络模块实现发射业务信号与发射校正信号合成、接收业务信号与接收校正信号分离;变频放大模块实现收/发校正信号的产生、对接收的收/发校正信号下变频,并对有源部分实现冷备份;主控模块实现收/发校正信号处理及校正补偿表的生成,并将校正补偿表送至相控阵单机;接收平台控制信号对自身系统其他设备状态进行控制,接收相控阵单机的遥测信息并与自身状态一起打包反馈至卫星平台;电源模块实现母线电压变换、电源功率分配。

2. 相控阵扫描原理

线性相控阵实现一维相控阵扫描,分为垂射阵列和端射阵列。前者最大辐射方向垂直于阵列轴向,天线波束在线阵法向的左右两侧扫描;后者主瓣方向沿阵列轴向。线性相控阵扫描原理如图 3-53 所示。无下倾时,馈电网络中路径长度相等;有下倾时,路径长度不等。当相邻单元的相位依次相差 φ 时最大波束形成的空间方向 θ_0 为:

$$\theta_0 = \sin^{-1}\frac{\varphi}{d \times 2\pi/\lambda} \tag{3-14}$$

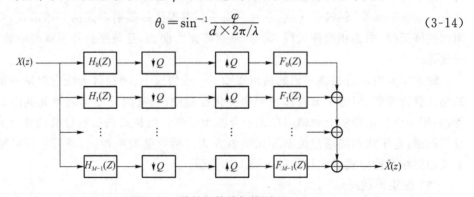

图 3-53　线性相控阵扫描原理

平面相控阵天线是指天线单元分布在平面上,通过天线波束在方位和仰角两个方向进行相控扫描的阵列天线。一个平面相控阵天线可以分解成多个子平面相控阵天线或多个线阵。改变阵面上相邻阵元通道间信号的相位,即通道间阵内相位差,就可以控制天线波束最大值指向预定方位,即实现了天线波束的电扫描。平面相控阵扫描原理如图 3-54 所示。

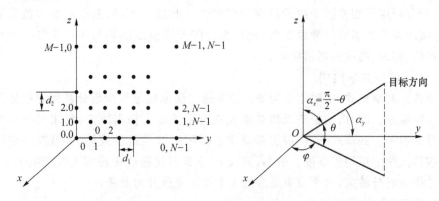

图 3-54　平面相控阵扫描原理

3. 相控阵天线分类及工作模式

相控阵天线按波束功能,可分为区域覆盖相控阵天线、有限区域相控阵天线和宽角扫描区域相控阵天线。

(1) 区域覆盖相控阵天线:通过波束形成网络对辐射阵馈相,在覆盖区形成若干相对固定的波束,波束相对于辐射阵一般不扫描,只进行校正及微调。区域覆盖相控阵天线多用于低轨卫星。区域覆盖相控阵天线的特点是,波束指向基本保持固定,控制移相器主要用于阵列的幅相校正及波束的微调,为产生多个波束实现对用户区的无缝覆盖,需要采用复杂的功率分配网络。

(2) 有限区域相控阵天线:对于 GEO 卫星,对天线扫描区域的要求有限,可以利用这一特点,加大天线单元的间隔及增益,从而简化天线的规模,提高天线的性能,并降低天线的成本。

(3) 宽角扫描区域相控阵天线:为了提高低轨卫星的传输速率,近年来已开始采用大角域扫描天线取代简单的赋形波束天线。美国资源卫星采用的 X 频段相控阵天线,可以扫描 60°的角域。星载相控阵天线的频段正在向高端发展,特别是采用 Ka 频段的相控阵天线;例如,美国 SATCOM 公司采用了 20/44GHz 频段,形成单波束宽角扫描的相控阵天线;美国"跟踪与数据中继卫星"(TDRS)系统的用户星研制了 Ka 频段的单波束相控阵天线,采用 240 个有源单元,可以扫描 60°的空域。大角域扫描相控阵天线的特点是,为实现大角域扫描采用较小的单元间距,整个系统需要实现较高的集成度。

相控阵天线波束需进行合理的资源调配,以充分发挥其应用效能。相控阵天线在应用上可有以下多种工作模式。

(1) 凝视模式

在凝视模式下,星载相控阵天线波束对地面特定目标区域固定覆盖,提供全时、高性能通信保障服务,类似机械可移点波束天线的应用模式。此时,相控阵天线根据通信服务需要,通过调节各馈源的激励系数,将波束指向目标服务区并保持一定时间的驻留,待通信服务完成后,再将波束调节至下一目标服务区。

（2）伴随保障模式

伴随保障应用模式，主要用于为快速机动目标（如飞机、低轨航天器等）提供通信保障服务，充分利用了相控阵天线的波束捷变特性。此模式下，服务用户基本独享某一波束，通过实时调节各馈源的激励系数，使得相控阵天线波束能够为用户在整个飞行航迹内提供伴随、实时、高性能通信保障。

（3）有限波位共享模式

有限波位共享模式，主要用于为某一较大固定服务区域或少量分散固定服务区域提供通信保障服务。此时，相控阵天线波束仅在有限波位上按需跳变，利用时分体制为用户提供分时服务。此模式下，一般提前确定甚至固化波位跳变规律，能够在一定程度上降低相控阵天线的应用复杂度。例如，美国 AEHF 卫星接收相控阵天线产生的 10 个波束中有 6 个为时分波束，每个波束最多为 4 个波位提供分时服务。

（4）捷变多波位保障模式

捷变多波位保障模式是星载相控阵天线的常用工作模式，主要为大范围区域内分散用户提供按需通信保障服务。此时，根据用户资源申请情况，星上进行波位优化设计，结合通信帧格式设计，控制相控阵天线波束在多个波位间按需快速跳变及驻留。在此模式下，波位设计（空域）与帧格式设计（时域）紧密耦合，应用较为复杂。此外，由于波位较多，重访周期较长。

（5）全域信令接入模式

全域信令接入模式主要是利用星载相控阵天线波束的捷变特性（波束在对地视场内多波位周期跳变并全域覆盖），为卫星对地视场内用户提供随遇接入能力。卫星信令接入多采用全球波束，但此类波束性能较差，无法满足较小用户终端的接入；而相控阵天线波束为点波束，能力较强，能够有效满足小用户终端的接入需求。由于需要对地视场全域覆盖，此模式下波位较多，会带来波束重访周期较长问题，使得用户接入时间较长。因此，一般根据实际情况合理设置波束大小，在保证信令信息能够有效接收的前提下，尽可能减少波位个数。根据分析，在 GEO 卫星对地视场内，波束宽度设计为 3.4°左右，利用 37 个波位即可实现对地视场覆盖。

（6）在轨重构模式

在轨重构模式主要是利用星载相控阵天线可在轨调整控制的特点，根据用户服务需求，进行在轨波束方向图重构，按需调整波束大小、形状等特征。波束宽度既可调整为较大宽度用于全域信令接入，也可调整为较小波束用于高性能通信；波束形状可按需进行赋形设计，或者结合多波束特性，实现波束空域干扰抑制，提高通信卫星的抗干扰能力。此种工作模式需要较强的数据处理能力，可采用地面处理及参数上注的实现方式，也可利用星载高性能处理芯片实现在轨处理。

3.6.2 相控阵波束形成方法

1. 相控阵波束实现方法

高通量通信卫星相控阵天线根据业务功能需求，可分为收发共用天线单元、单独发射天线单元、单独接收天线单元。为最大化降低单元数和改善栅瓣,阵面一般采用正三角形栅格排布,如图 3-55 所示。

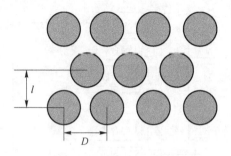

图 3-55　阵列单元分布示意图

按照上面的布局,假设 l 为 22.5 mm,D 为 26 mm,天线阵面有效口径包络约为 $\Phi=1$ m,对外的电接口布置在有源安装板上。某天线阵面的布局如图 3-56 所示,I 区为发射单元,II 区为收发共用单元,III 区为信令单元。

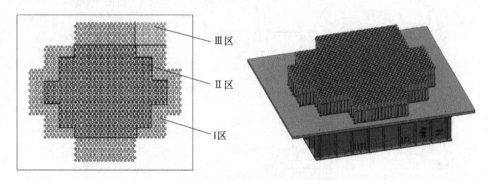

图 3-56　某天线阵面的布局示意图

高通量通信卫星相控阵天线系统一般将多个接收波束共用一个天线阵面以充分利用天线口径。接收系统工作时,每个天线单元同时接收到各个上行接收波束的信号,经低噪声放大后,对每个单元的信号进行分路并对每路进行移相衰减。以 6 个接收波束为例,若整个接收阵面分为 12 个 8×8 单元的子阵,从每个子阵内的 64 个单元中取 1 路,共64 路,1:64 合成 1 个子阵波束,共可形成 6 个子阵波束。最后将 12 个子阵的 6 个子阵波束分别进行 1:12 合成为 6 个独立可控的业务波束,图 3-57 为接收波束形成原理图。

高通量通信卫星相控阵天线的发射波束形成与接收波束形成类似,从转发器输出的信号,在子阵内进行功分后,每路均进行衰减移相,从每个波束内取一路信号合成送入发射组件,由天线单元辐射至空间,从而形成多个发射波束。发射波束形成的原理框图可通过互易定理,参照接收波束形成原理进行设计。

2. 相控阵波束赋形

高通量通信卫星为适应环境变化,提高系统在复杂电磁环境下的适应能力,常常需要天线阵列形成具有特定主瓣宽度与形状的方向图,即进行波束赋形。对于多波束天线系统,采用波束域赋形方法,通过改变每个窄波束的幅相加权值,使合成后的和波束具有特定的波束形状，满足系统应用的波束特性。

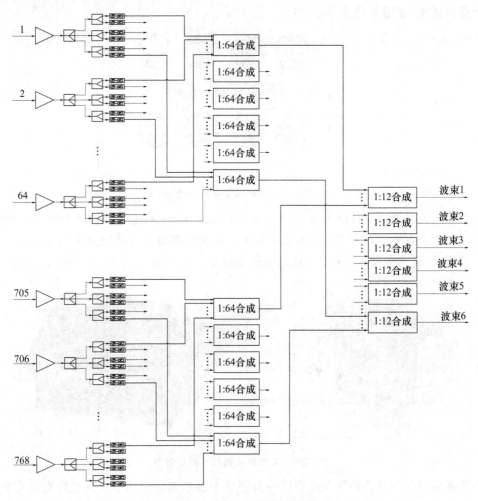

图 3-57 接收波束形成原理图

波束赋形也称为波束重构，由于波束重构是根据实际应用需求，改变波束形状和大小，应用场景不同，对波束要求也不同，很难通过解析方法来直接计算出所需的幅/相调整值。通常是采用优化搜索的方法来寻求一组较好的幅/相分布结果。本系统采用了一种前后向矩阵的方法，实现了对接收波束赋形，该方法通过对 u-v 空间的期望方向图进行采样，构造矩阵，解除特征值，根据特征值来优化阵列的幅/相分布。

（1）阵列方向图

设在三维空间任意排列的阵列如图 3-58 所示，位于 $(r_i, \theta_i, \varphi_i)$ 第 i 个单元的激励记为 R_i，每个阵元均为全向辐射元。由 M 个阵元组成的线性阵的方向图为：

$$F(\theta) = \sum_{i=1}^{M} R_i e^{jkd_i u} e^{j\alpha_i} \tag{3-15}$$

其中，R_i 是位于 $x = d_i$ 的第 i 个阵元的激励，$u = \cos\theta$，a_i 为第 i 个阵元的相位角，$k = \dfrac{2\pi}{\lambda}$，$\lambda$ 为波长。

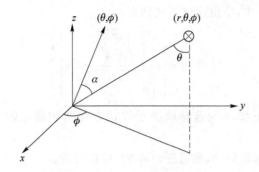

图 3-58　任意阵元的参考位置

前后向矩阵方法(FBMPM)是使用尽可能少的阵元逼近期望的赋形波束方向图。因此,构建最优化问题的数学描述如下:

$$\begin{cases} \min\{Q\} \\ \text{s. t. } \left\{ \min \left| \left| F(\theta) - \sum_{i=1}^{Q} R'_i \mathrm{e}^{jkd'_i u} \mathrm{e}^{\mathrm{j}\alpha'_i} \right| \right|_L \right\} \leqslant \varepsilon \end{cases} \tag{3-16}$$

其中,Q 为重构阵列所需的阵元数目,R'_i、d'_i 和 α'_i 为优化后阵元的激励、位置和相位,这里使用最小二乘准则,取 $L=2$。

(2) 基于 FBMPM 的最小阵元数目估计

首先,对赋形波束方向图从 $u=-1$ 到 $u=1$ 进行均匀采样,令 $u_n = n\Delta = \dfrac{n}{N}, n=-N,\cdots,$ $0,\cdots,N$,共 $2N+1$ 个采样点,任一采样点处的值为:

$$f_M(n) = \sum_{i=1}^{M} R_i z_i^n \tag{3-17}$$

其中,$z_i = \mathrm{e}^{jkd_i\Delta} = \mathrm{e}^{jkd_i/N}$。根据 Nyqusit 采样定理,必须满足条件 $\Delta \leqslant \lambda/(2d_{\max}), d_{\max}=\max(d_i)$。

然后,由采样点数据构造 Hankel-Toeplitz 矩阵 Yf_b,即:

$$\boldsymbol{Y}^{fb} = \begin{bmatrix} \boldsymbol{y}_0 & \boldsymbol{y}_1 \\ \boldsymbol{y}_L^* & \boldsymbol{y}_{L-1}^* \end{bmatrix} \tag{3-18}$$

其中,$*$ 表示复共轭,$\boldsymbol{y}_L = [y_l, y_{l+1}, \cdots, y_{2N-l+1}]^T$,并且 $y_L = f_M(L-N)$。参数 L 的选择满足条件 $M \leqslant L \leqslant 2N-M$。

最后,对矩阵 $\boldsymbol{Y}^{fb}$ 进行奇异值分解,即:

$$\boldsymbol{Y}^{fb} = \boldsymbol{U} \sum \boldsymbol{V}^H \tag{3-19}$$

其中,$\boldsymbol{U} \in C^{2(2N-L+1)\times 2(2N-L+1)}$ 和 $\boldsymbol{V} \in C^{(L+1)\times(L+1)}$ 酉矩阵。$\{\sigma_i\}$ 矩阵 $\boldsymbol{Y}^{fb}$ 的奇异值,$\sum = \mathrm{diag}\{\sigma_1,\sigma_2,\cdots,\sigma_p:\sigma_1 \geqslant \sigma_2 \geqslant \cdots \sigma_p\}$,$P=\min\{2(2N-L+1),L+1\}$。

Hankel-Toeplitz 矩阵 $\boldsymbol{Y}^{fb}$ 的秩等于非零奇异值的数目,一般来说,由 M 个阵元组成的阵列有 M 个奇异值。然而,研究表明对很多天线阵列来说,重要奇异值的数目要远小于总的阵元数目,也就是说一些不重要的阵元的贡献可以由其他阵元的组合替代。因此可以舍弃那些不重要的奇异值获得矩阵 $\boldsymbol{Y}^{fb}$ 的低秩逼近矩阵 $\boldsymbol{Y}_Q^{fb}$,此矩阵对应更少阵元组成的新阵列。

在实际的阵列综合中,Q 值通过下式确定:

$$Q = \min \left\{ q : \left| \frac{\sqrt{\sum_{i=q+1}^{M} \sigma_i^2}}{\sqrt{\sum_{i=1}^{q} \sigma_i^2}} < \varepsilon \right| \right\} \tag{3-20}$$

其中,ε 是一个很小的正数,ε 的选择取决于重构方向图和期望赋形波束方向图的逼近程度。

最小阵元数目 Q 求得后,低秩逼近矩阵 Y_Q^{fb} 可以写为:

$$Y_Q^{fb} = U \sum{}_Q V^H \tag{3-21}$$

其中,$\sum_Q = \mathrm{diag} \{\sigma_1, \sigma_1, \cdots, \sigma_Q, 0, \cdots, 0\}$,酉矩阵 U 和 V 等同于式前面的 U 和 V。

(3) 运用 FBMPM 求解相位权值

获得低秩逼近矩阵 Y_Q^{fb},新的 Q 个阵元位置和激励可以通过求解下式的广义特征值得到:

$$(Y_{Q,f}^{fb} - z Y_{Q,l}^{fb}) v = 0 \tag{3-22}$$

其中,$Y_{Q,f}^{fb}$ 和 $Y_{Q,l}^{fb}$ 是由 Y_Q^{fb} 分别去掉第一列和最后一列得到。等价于求解下式的广义特征值:

$$(V_{Q,t} - z V_{Q,b}) v = 0 \tag{3-23}$$

其中,$V_{Q,t}$ 和 $V_{Q,b}$ 是由 V_Q 分别去掉第一行和最后一行得到。

一旦求得正确的特征值,可求推导出阵元位置:

$$d_i = \frac{\lambda \mathrm{In} z_i}{\mathrm{j} 2\pi \Delta} = \frac{N \lambda \mathrm{In} z_i}{\mathrm{j} 2\pi} \tag{3-24}$$

阵元激励可以通过求解下式的最小二乘解:

$$\begin{bmatrix} f_M(-N) \\ f_M(-N+1) \\ \vdots \\ f_M(N) \end{bmatrix} = \begin{bmatrix} (z_1)-N(z_2)-N\cdots(z_Q)-N \\ (z_1)-N+1(z_2)-N+1\cdots(z_Q)-N+1 \\ \vdots \\ (z_1)^N(z_2)^N\cdots(z_Q)^N \end{bmatrix} \times \begin{bmatrix} R_1 \\ R_2 \\ \vdots \\ R_Q \end{bmatrix} \tag{3-25}$$

可得到阵元激励计算如下:

$$R = (Z^H Z) - 1 Z^H f_M \tag{3-26}$$

其中,$f_M = [f_M(-N), f_M(-N+1), \cdots, f_M(N)]^T$。

3.6.3 相控阵关键技术

1. 高度集成技术

为实现相控阵天线的高度集成设计需求,可采用微电子机械系统(Micro Electro Mechanical System,MEMS)和低温共烧陶瓷(Low Temperature Co-fired Ceramic,LTCC)等技术。

（1）MEMS 技术

MEMS 是微电子技术的拓宽和延伸，它将微电子技术和精密机械加工技术相互融合，实现了微电子与机械融为一体的系统，具有如下优势：极小的质量和体积；大部分器件处于电静态，功耗较低；具有较小热常数，可用较低功率来维持温度；低惯性质量可提高抗震动和抗冲击能力，机械装置可进行抗辐射加固；在芯片上集成多种功能，极大简化系统结构，提高集成度；通过批量制造，降低成本。

MEMS 相控阵是指天线单元、移相器、信道开关、滤波器、振荡器等器件均采用射频 MEMS 技术，在插损、成本、功耗方面具有明显优势，能够显著提高系统性能。美国军方已启动有关 MEMS 在相控阵天线系统中的多项应用项目。例如，MEMS 天线项目可开发一种超低成本的轻型低功率相控阵天线，其移相器采用微电子机械移相器和数字式反射镜，与由 PIN 二极管与砷化镓场效应晶体管（GaAs FET）实现的移相器相比，该移相器在重量体积、控制功耗和插入损耗等方面提升明显。Ka 频段 MEMS 移相器的插损比同频段 MMIC 移相器通常要低 3dB 以上，采用线性功放的有源相控阵，其功率口径积提高了 3 dB，作用距离提高了 19%；对于无源相控阵，其噪声系数改善了 3 dB，作用距离提高了 41%。采用饱和功放的有源相控阵，维持相同的发射功率，功放芯片增益可减小 3dB，由此可降低 GaAs 芯片面积与功耗，进而显著降低整个相控阵天线的功耗、重量与成本。在波束形成网络中，用 MEMS 单刀双掷开关取代电子开关，能够提高 T/R 芯片的收发隔离度、工作带宽、接收与发射增益，降低噪声系数。

（2）LTCC 技术

低温共烧陶瓷技术作为一种元器件与电路的小型化集成技术，已经成为无源集成的主流技术和新的工艺发展方向。与传统集成技术相比，LTCC 具有以下优点：①陶瓷材料具有优良的高频、高速传输以及宽通带的特性；②可以适应大电流及耐高温特性要求，极大地优化了电子设备的散热设计，可靠性高，可应用于恶劣环境，延长了其使用寿命；③可以制作层数很高的电路基板，并可将多个无源元件埋入其中，实现无源和有源的集成，提高电路的组装密度，进一步减小体积和重量；④与其他多层布线技术兼容良好；⑤非连续式的生产工艺，便于成品制成前对每一层布线和互连通孔进行质量检查，有利于提高多层基板的成品率和质量。

采用低温共烧陶瓷基板的 T/R 组件，基于 LTCC 的优点利用多层技术来解决控制线和版面布线，并将一些微波无源器件设计在 LTCC 基板中，其适用的工作频率高、互连密度高、散热特性较好，可将电阻、电容和电感等无源元件埋置于基板内部，还可将芯片置于表面，实现高度集成化，从而解决了传统 T/R 组件尺寸大、组装一致性较差、屏蔽效果差、容易产生电磁辐射造成自激现象等问题。

2. 栅瓣抑制技术

阵元间距是影响相控阵天线辐射特性的一项重要参数，它直接决定了相控阵天线的性能和成本。对于同等阵元数量，间距越大，互耦就越弱，阵列增益越高。相反，阵列口径尺寸一定，间距越大，能容纳的单元数目越少，配套件的数量和成本就可以降低。所以在设计相控阵天线时，应尽可能选择较大的间距，兼顾性能和成本等要求。一般情况下，合理减少阵元数、适当增大阵元间距是降低天线成本的有效方法。但是当阵元间距大于半个波长时势必产生高的栅瓣。当相控阵天线频率不变、扫描角固定时,如果阵元超过一定间距,波束在扫描过程中,由于场强同相叠加,在主瓣以外其他方向会形成幅度与主瓣相近的栅瓣。随着间距增大,可能还会有多栅瓣现象,使得辐射能量无法集中到一个方向,天线增益也会下降,从而影响馈线网络匹配。所以,合理降低和规避栅瓣是在设计相控阵天线时必须要考虑的问题。

若在可见空间出现栅瓣,则对主瓣目标探测产生影响。栅瓣的存在必然占据一定的总辐射能量,降低主瓣能量,使需要方向的增益降低,而且会产生干扰信号。若从主瓣和栅瓣均可看到目标,则容易混淆目标位置,影响探测角精度。所以应该合理设计单元天线的间距,以防止出现栅瓣。当天线阵列扫描时,栅瓣也有可能会出现。如果想在自由空间内使得天线阵列方向图一定没有栅瓣出现,那么天线阵元之间的间距最大值满足:

$$d \leqslant \frac{\lambda}{1 + |\sin \theta_s|} \tag{3-27}$$

其中,参数分别为最短波长和最大扫描角。在天线阵列的设计中,阵元间距过小,互耦较强,影响馈电,部分能量无法辐射,阵元方向图会出现畸变,宽角扫描时会出现盲点;间距过大,栅瓣会出现在可见空域,会消减主瓣的能量。因此,大角度扫描相控阵阵元间距 d 往往是略小于出现栅瓣的临界值。

抑制栅瓣的方法有两种:一种是采用优化设计的阵面排列方式,即通过合适的单元排列,将栅瓣的能量尽量分散;另一种是利用单元方向图,将栅瓣的能量抑制住。为了使阵列不出现栅瓣,阵列中单元之间的间隔应该小于半个波长,而且就阵因子而言,单元之间的间隔等于半个波长时,阵列扫描到端射方向时,阵因子的辐射方向图会出现一个和主瓣等大的后向栅瓣。因此,为了有效避免栅瓣的出现,实际工程中单元之间的间隔应该控制在 0.45 倍波长以内。这就要求天线单元的尺寸具有小型化的特点,使其在阵列中可以进行排布。另外,一般会通过打破单元排列的周期性来抑制栅瓣。国内外采用了大间距单元非周期性布阵(不均匀分布)的方式,多采用遗传算法进行优化。此外,针对有源相控阵天线方位向扫描出现较大栅瓣问题,采用子块错位分布方式也可抑制天线阵栅瓣电平值。

3. 热控技术

相控阵天线在极小的空间内安装大量 T/R 组件,热耗高度集中,热流密度极大,因此,器件散热是相控阵天线设计的关键。

美国 AEHF 卫星的 Ka 相控阵天线采用 271 个单元,接收阵与发射阵总功耗 800 W,采用天线结构-热控独立设计的技术路线,使用热管与 T/R 模块安装板进行热耦合实现热量收集,热管将热量引出至卫星辐射器完成散热,如图 3-59 所示。

日本 WINDS 卫星安装了用于大容量通信的 Ka 频段有源相控阵天线,平均热耗 750 W,单个收发组件热耗 6.5 W,其热控设计采用热管集成在结构板内,基于热管的热沉结构同时也作为天线的支撑结构。该相控阵天线的技术路线初步实现了天线结构-热控一体化设计,将结构安装板与热控一体化,如图 3-60 所示。

图 3-59　美国 AEHF 卫星有源相控阵天线

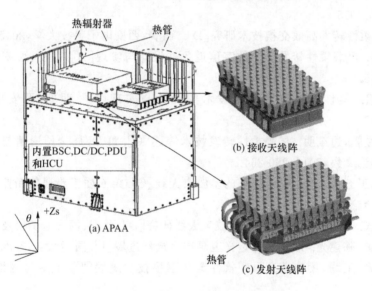

图 3-60　日本 WINDS 卫星有源相控阵天线

　　有源相控阵天线的热控设计从天线、安装结构和热控的独立设计,已发展到高效一体化热控设计。T/R 模块安装结构同时作为微槽道高效率换热器或射流冷却换热器,利用流体回路系统的传热能力比高导热材料的纯导热散热高的特点,实现 T/R 模块热量的统一收集、传输和排散,可极大地减轻天线 T/R 模块承载结构的重量,适于热流密度和集成度都高的天线需求。采用微加工技术将微米尺度微槽道、液体喷射微结构与 MMIC 安装基板(LTCC)一体加工、封装,直接将微通道流体回路系统集成在 LTCC 结构中,实现芯片向流体系统的直接传热,能够解决更高热流密度的散热问题,适于极高热流密度和高集成度天线的需求,但是目前工程实现难度很大,技术风险较高。

参 考 文 献

[1] 张飞,张更新,王可青,等. 卫星通信中柔性转发技术研究[J]. 空间电子技术,2012(3):9-23.

[2] 张春晖,张俊祥,李辉,等. 星载柔性转发器系统性能分析[J]. 无线电工程,2015(1):36-39.

[3] 何迪,文飞,应忍冬,等. 数字信道化器子信道滤波器技术研究[J]. 通信学报,2017(Z1):53-57.

[4] 李彩萍. 基于宽带柔性转发器的高速交换技术研究[D]. 西安:西安电子科技大学,2014.

[5] 李煌. 卫星宽带柔性转发器中交换系统的设计研究与硬件实现[D]. 北京:北京理工大学,2015.

[6] 陈登. 柔性转发高效交换技术研究[D]. 西安:西安电子科技大学,2015.

[7] 张世层. 星载柔性转发器的数字信道化器设计与实现[D]. 西安:西安电子科技大学,2015.

[8] 于东阳. 柔性转发高效交换技术的设计与实现[D]. 西安:西安电子科技大学,2017.

[9] 余强,左鹏,边东明. 星载柔性转发技术综述[C]. 第 28 届全国通信与信息技术学术年会论文集,2013:260-264.

[10] 陈博,王五兔. 应用混合矩阵的多波束天线[C]. 第 6 届卫星通信新业务新技术学术年会论文集,2010:436-443.

[11] 赵国庆. 基于 Butler 矩阵的多波束天线研究[D]. 西安:西安电子科技大学,2017.

[12] 李薇濛,陈建光. 欧美软件定义卫星项目最新进展[J]. 国际太空,2020(1):53-55.

[13] 陈建光,王聪,梁晓莉. 国外软件定义卫星技术进展[J]. 卫星与网络,2018(4):50-53.

[14] 李薇濛,王楠楠,陈建光. 国外软件定义卫星最新发展分析[J]. 国际太空,2020(8):45-47.

[15] 张飞,张更新,左鹏. 英国高度适应性卫星(Hyhas)及其关键技术[J]. 数字通信系统,2012(5):26-29.

[16] 李卓成. 可调空间行波管放大器发展综述[J]. 空间电子技术,2016(9):7-16.

[17] 倪大宁,于晓乐,蔺朝阳,等. Tesat 公司在空间微波领域的最新研究进展[J]. 空间电子技术,2020(5):24-30.

[18] 李卓成. 双可调行波管放大器原理与实现[C]. 中国电子学会真空电子学分会第二十届学术年会论文集,2016.

[19] 吕强,孙亨利,张安旭,等. 基于微波光子的灵活有效载荷系统研究[J]. 无线电工程,2014(3):10-14.

[20]　赵尚弘,李勇军,朱子行等.星上微波光子技术应用研究进展[J].空间电子技术, 2012(4):14-26

[21]　张淑娟.基于微波光子学的变频技术研究[D].大连:大连理工大学,2017.

[22]　黄宁博,孙亨利,张安旭,等.微波光子滤波器在卫星通信信号处理中的应用[J]. 无线电工程,2016(9):1-5.

[23]　张式琪.基于改进型 iSLIP 的 Crossbar 交换结构设计[D].西安:西安电子科技 大学,2019.

[24]　王方圆.基于 Crossbar 的 24 端口星载交换机的设计与实现[D].西安:西安电子 科技大学,2019.

[25]　赵驰.Crossbar 交换单元分组处理与队列管理的设计与实现[D].西安:西安电子 科技大学,2015.

[26]　范继,王宇.一种星地一体化路由设计的卫星 IP 网络[J].电讯技术,2010(4): 92-95.

[27]　陶滢,吕强,刘乃金.基于 IP 交换的星载路由器设计[C].第八届卫星通信学术年 会,2012:151-156.

[28]　潘俊.IP 卫星通信系统路由技术研究[D].西安:西安电子科技大学,2010.

[29]　宋春晓.基于互联网协议的宽带多媒体卫星通信系统关键技术研究[D].西安:西 安电子科技大学,2015.

[30]　马广龙,汪春霆,王旭阳.适用于卫星网环境的标签分发协议研究[J].无线电工 程,2014(3):18-21.

第 4 章

高通量卫星通信高效编码调制技术

高通量卫星通信系统属于带宽受限系统,为有效提升频谱效率及通信容量,需要采用高效的编码方法和调制方法。为适应通信链路状态的变化,卫星通信编码调制方法还应具有一定的灵活性。例如,最新的通信标准 DVB-S2X 的编码方式采用了 LDPC＋BCH,并有多样的 LDPC 码率和 BCH 模式;主要采用了 MAPSK 调制方式,最高阶次为256APSK,并采用了针对甚低信噪比情况下的自适应编码调制方式。

本章主要介绍高通量卫星通信系统常用的 LDPC 等高效编码方法及 MPSK 和MAPSK 等高效调制方法。

4.1 信道编译码技术

信噪比是决定通信质量的重要因素,对于传输信道,抑制或削弱噪声干扰总是困难的。应用信道编码能有效减少通信信道译码差错。信道编码的主要原理是在传输信息的同时,加入冗余信息,通过信息冗余来达到信道差错控制的目的。如果接收机利用该冗余信息译码,不需要反馈信道,则称为前向纠错译码;如果接收机利用该冗余信息对传输信息进行差错检验后,将检验结果进行反馈,发送端根据反馈结果确定是否重发信息,则称为自动重复请求(ARQ)。

信道编码分为分组码和卷积码两大类。分组码编码是将输入信息分成不同的组,对各组信息独立编码,分别加入冗余信息,分组码译码相应采用分组独立译码的方式。卷积码编码是将输入信息与一固定结构的编码器进行卷积,将卷积输出作为传输信息。卷积码的输出信息是前后关联的,因此卷积码译码一般采用序列译码的方式。

4.1.1 线性分组码

线性码是指,任何两个码字的线性组合仍是一个码字。分组码是将消息流分成多个由 k 个比特组成的组,这 k 个比特形成一个数据码字,数据码的字数是 2^k。

数据码字可以编码成一个由 n 比特组成的码字,增加的 $n-k$ 比特是由信息比特派生出来的,不属于消息的一部分。所有可能的码字的个数为 2^n,但其中的数据码字只有 2^k 个。

N 个数据码字中,$n-k$ 个增加的比特为奇偶校验位。数据码字比特数与码字比特数的比值 $r=k/n$,称为编码码率。分组码一般用符号 (n,k) 来表示。

(1) 分组码校验矩阵及生成矩阵

对于二进制码字来说,线性运算时进行模二加,其计算规则为:$0+0=0,0+1=1$,$1+0=1,1+1=0$。

线性码 C 表示为 $(c_1,c_2,\cdots,c_n),c_i\in GF(2)$,满足以下线性条件:

$$\sum_{j=1}^{n}c_{ij}h_{ij}=0(i=1,2,\cdots n-k) \tag{4-1}$$

其中,$h_{ij}\in GF(2)$。称

$$H=\begin{bmatrix} h_{11} & h_{12} & \cdots & h_{1n} \\ h_{21} & h_{22} & \cdots & h_{2n} \\ h_{31} & h_{32} & \cdots & h_{3n} \\ h_{n-k1} & h_{n-k2} & \cdots & h_{n-kn} \end{bmatrix} \tag{4-2}$$

为校验矩阵,H 矩阵中的各行是线性不相关的。可以看出,(n,k) 码构成线性 n 维空间的 k 维子空间。其线性条件可以写出以下矩阵形式:

$$AH^T=0 \tag{4-3}$$

即若 A_1、A_2 是 (n,k) 线性码中的码字,则 A_1+A_2 也是 (n,k) 中的码字,满足线性关系。

例如,$(7,3)$ 码的校验矩阵 $H=\begin{bmatrix}1&1&1&0&1&0&0\\0&1&1&1&0&1&0\\1&1&0&1&0&0&1\end{bmatrix}$,则其输出码字满足 $AH^T=0$,即

$$\begin{cases}c_1+c_2+c_3+c_5=0\\c_2+c_3+c_4+c_6=0\\c_1+c_2+c_4+c_7=0\end{cases} \tag{4-4}$$

可以改写成:

$$\begin{cases}c_5=c_1+c_2+c_3\\c_6=c_2+c_3+c_4\\c_7=c_1+c_2+c_4\end{cases} \tag{4-5}$$

若输入信息为 $d=(d_1,d_2,d_3,d_4)$,则编码输出为:

$$C=U\cdot G=\begin{bmatrix}c_1&c_2&c_3&c_4\end{bmatrix}\begin{bmatrix}1&0&0&0&1&0&1\\0&1&0&0&1&1&1\\0&0&1&0&1&1&0\\0&0&0&1&0&1&1\end{bmatrix} \tag{4-6}$$

这里,称 G 为 (7,3) 码的生成矩阵。

若检验矩阵 H 一般具有形式 $H=\begin{bmatrix} P & I \end{bmatrix}$,则生成矩阵为 $G=\begin{bmatrix} I & P^T \end{bmatrix}$。

因此,线性分组码可以通过生成矩阵 G 来表示编码器结构。

(2) 线性分组码的译码

当信道传输出现差错时,接收到的码字 $A'=A+E$,接收端通过校验矩阵进行校验运算,$A'H^T=EH^T=S$,S 只与差错向量 E 相关。因此,将 S 称为校验子,用于校验传输是否出现差错或对差错进行纠正。

(3) 码距

设 C 为输出码字空间,c_{ik} 表示码字 c_i 第 k 个比特的值。定义码字间的汉明距 d_{ij} 为两个码字对应位置上不同数字的个数,即 $d_{ij}=\sum_{k=1}^{n}(c_{ik}\oplus c_{jk})$,$\oplus$ 表示比特异或。例如,码字 (1100111) 与码字 (1011011) 之间的汉明距为 4。

码空间中任意两个码字间最小的汉明距为最小码距 d_{min}。

将码字中的比特 1 的个数定义为码字的码重 w。例如,码字 (1011011) 的码重为 5。

经证明,对于线性分组码,为了检测 e 个错误,要求最小码距 $d_{min}\geqslant e+1$;为了纠正 t 个错误,要求最小码距 $d_{min}\geqslant 2t+1$;为了纠正 t 个错误,同时检测 e 个 ($e>t$) 错误,要求最小码距 $d_{min}\geqslant t+e+1$。

(4) 循环码

循环码 (Cycle Code) 属于线性分组码,循环码中的任一码字循环一位以后,仍为该码字中的一个码字。例如,码字 $(c_1c_2c_3\ c_4c_5\ c_6)$,移位后形成的 $(c_2c_3\ c_4c_5\ c_6\ c_1)$ 也是一个码字。循环码的优点在于其实现简单,只需通过移位寄存器和模二加法器即可实现。

为了用代数理论研究循环码的特性,经常将循环码表示成码多项式的形式。定义码字 $C=(c_{n-1},c_{n-2},\cdots,c_0)$ 的码多项式为:

$$c(x)=c_{n-1}x^{n-1}+c_{n-2}x^{n-2}+\cdots+c_1x+c_0 \tag{4-7}$$

其中,$x,c_i\in GF(2)$。

码字 C 的循环移位 i 计为 $C^i=(c_{n-i-1},c_{n-i-2},\cdots,c_0,c_{n-1},\cdots,c_{n-i})$,则

$$c^i(x)=c_{n-i-1}x^{n-1}+c_{n-i-2}x^{n-2}+\cdots+c_0x^i+\cdots+c_{n-i}x^n \tag{4-8}$$

经证明可以得出,GF(2) 上的循环码 (n,k) 具有唯一的生成多项式 $g(x)$,且为该循环码中最低幂次的码字多项式,循环码中的其他码字可表示成 $c(x)=I(x)g(x)$。

常用的循环码包括 BCH 码和 RS 码。

4.1.2 LDPC 码

低密度奇偶校验码 (Low-Density Parity-Check Codes, LDPC) 是一种稀疏线性分组码,最早由美国麻省理工学院的 Robert Gallager 于 1962 年提出。但由于当时编译码硬件水平的限制,LDPC 码尽管具有突出的纠错性能,却一直未得到应用。直到 1996 年,随着编译码和计算机硬件水平的进步,Mackay、Neal 等人重新发现了 LDPC 码。大量的仿

真表明,LDPC 码与 Turbo 码一样,具有近香农限的性能。

LDPC 码属于线性分组码,也可以用校验矩阵 H 和生成矩阵 G 来描述。LDPC 码是一种典型的前向纠错码(Forward Error Correction,FEC)。其编码方式是利用生成矩阵 G 将待传输的信息序列映射成码字序列。生成矩阵 G 一般是通过其对应的奇偶校验矩阵 H 获得。编码后的码字 C 和校验矩阵 H 间存在 $H \times C^T = 0$ 的关系。

LDPC 码之所以称为低密度奇偶校验码,是因为它的校验矩阵 $H_{(N-K) \times N}$ 为稀疏矩阵,即矩阵中非零元素(在 GF(2)域上为 1)个数占总元素个数的比例非常小。为便于描述,一行或一列中非零元素的个数称为该行或该列的重量。奇偶校验指的是,用 LDPC 编码后的码字中的信息比特和校验比特组成的校验方程进行约束。

根据校验矩阵的不同,LDPC 码分为规则 LDPC 码和非规则 LDPC 码两类。规则 LDPC 码可利用参数 (N,ρ,γ) 来表示,其校验矩阵的每行行重固定为 ρ,列重固定为 γ;任意两行、两列之间交叠部分的重量最多为 1。非规则 LDPC 码的校验矩阵 H 各行(列)的重量不完全相等。

1. LDPC 码表示

一般来说,LDPC 码可以通过校验矩阵和 Tanner 图来表述。

(1) LDPC 码的矩阵表示

二元 LDPC 码的信息位长假定为 k,编码后码字长度为 n,码率 $r=k/n$,可以由其校验矩阵 H 唯一定义。校验矩阵 H 有 m 行 n 列,$m=n-k$。校验矩阵行中"1"的个数为该行的行重 w_r,列中"1"的个数称为该列的列重 w_c。规则 LDPC 码的所有行的行重相同,所有列的列重也相同,因此有 $r=1-w_c/w_r$。

以下为 5×10 的校验矩阵:

$$H = \begin{bmatrix} 1 & 1 & 1 & 1 & 0 & 0 & 0 & 0 & 0 & 0 \\ 1 & 0 & 0 & 0 & 1 & 1 & 1 & 0 & 0 & 0 \\ 0 & 1 & 0 & 0 & 1 & 0 & 0 & 1 & 1 & 0 \\ 0 & 0 & 1 & 0 & 0 & 1 & 0 & 1 & 0 & 1 \\ 0 & 0 & 0 & 1 & 0 & 0 & 1 & 0 & 1 & 1 \end{bmatrix} \tag{4-9}$$

H 中行的数目等于奇偶校验位的数目 $n-k$,列的数目等于码字的长度 n。在此例中,$n=10$,$n-k=5$,此矩阵表示一个(5,10)的 LDPC 码。

任意码字 $C=(c_1,c_2,c_3,c_4,c_5,c_6,c_7,c_8,c_9,c_{10})$ 满足 $H \times C^T = 0$。

对应校验矩阵 H,可形成 5 个校验方程为:

$$\begin{cases} c_1+c_2+c_3+c_4=0 \\ c_1+c_5+c_6+c_7=0 \\ c_2+c_5+c_8+c_9=0 \\ c_3+c_6+c_8+c_{10}=0 \\ c_4+c_7+c_9+c_{10}=0 \end{cases} \tag{4-10}$$

经过高斯消元,校验矩阵 H 可以转换为:

$$H = \begin{bmatrix} I_{(n-k)\times(n-k)} & P^T_{(n-k)\times k} \\ 0 & 0 \end{bmatrix} \tag{4-11}$$

其中,P 表示编码校验位。

常用码率 r 来表示一个码字中信息比特所占的比例。一个大小为 $m\times n$ 的校验矩阵 H 码率可表示为:

$$\begin{cases} r = \dfrac{k}{n} = 1 - \dfrac{m}{n}, & H \text{ 满秩,秩为 } m = n-k \\ r > 1 - \dfrac{m}{n}, & H \text{ 不满秩,秩小于 } m, \text{ 即 } m > n-k \end{cases} \tag{4-12}$$

对于上式的校验矩阵,通过对矩阵进行线性行变换可得到如下形式:

$$H = \begin{bmatrix} I_{m\times m} & P_{m\times k} \\ 0 & 0 \end{bmatrix} \tag{4-13}$$

其中,0 为全"0"矩阵,从而可得其生成矩阵为:

$$G = \begin{bmatrix} P^T_{k\times m} & I_{k\times k} \end{bmatrix} \tag{4-14}$$

当校验矩阵 H 是满秩矩阵时,高斯消元不会留下全是"0"的行,这样就得到生成矩阵:

$$G = \begin{bmatrix} P^T_{k\times(n-k)} & I_{k\times k} \end{bmatrix} \tag{4-15}$$

设 $u = [u_1, u_2, \cdots, u_k]$ 是要传输的信息,通过 $c = uG$ 可以得到实际传输的码字 c。

尽管 LDPC 码的校验矩阵是稀疏矩阵,其生成矩阵的非零点密度却很高,不仅需要耗费大量存储空间,还使得编码过程的计算量大幅提升。因此,出现了一些新的编码方法,如准循环 LDPC 码等,这些编码方法大大地降低了计算复杂度。

(2) LDPC 码的图形表示

LDPC 码除传统的矩阵表示法外,还可以用 Tanner 图进行表示。LDPC 码的 Tanner 图类似于卷积码的网格图,它提供了 LDPC 码另一种完全表示方法,有助于译码算法的描述。Tanner 图中存在变量节点与校验节点,分别用 VN_j 和 CN_i 表示。变量节点对应编码后的 n 个码字,而校验节点对应校验矩阵中的 $m = n-k$ 个校验方程。通过校验矩阵 H,可以获得对应的 Tanner 图。当 H 中的第 i 行、第 j 列元素 H_{ij} 为 1 时,第 i 个校验节点 CN_i 与第 j 个变量节点 VN_j 之间有线连接。根据这种规则可知,H 中的 m 行指定了 m 个校验节点的连接,而 H 中的 n 列定义了 n 个变量节点的连接。

以式(4-9)中的校验矩阵 H 为例进行分析,与 H 对应的 Tanner 图如图 4-1 所示。

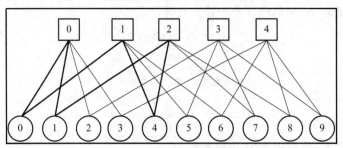

图 4-1　Tanner 示意图

从图 4-1 中可以看出，$\boldsymbol{H}$ 中第 0 行元素 $H_{01}=H_{02}=H_{03}=H_{04}=1$，则校验节点$CN_0$与$VN_0$、$VN_1$、$VN_2$、$VN_3$ 相连。

LDPC 译码器多是基于 Tanner 图进行译码，且迭代译码效果与 Tanner 图的结构特性有关。图中的每一个节点都相当于一个微处理器；每条线相当于一条信息通道，其作用是将信息从一个给定的节点传递到与它相连的每一个节点。变量节点与校验节点之间信息的迭代一直持续到译码成功或达到最大的迭代次数。

图 4-1 中有 6 条加粗线形成了VN_0到VN_0的闭合环路。如果 Tanner 图中存在大量的短环，译码器会在环内一直进行局部操作，则会降低全局译码性能。在 LDPC 码的设计过程中，应要求校验矩阵的任意两行同为非零元素的位置数小于 2，因为如果有两行同为非零元素的位置数为 2，则必定会在 Tanner 图中产生环长为 4 的环。环长为 4 的环是 Tanner 图中最短的环，其在 LDPC 译码迭代时，信息交换在两次迭代后变为相关的，导致译码收敛慢或者不收敛。因此，在构造 LDPC 码时，一般要避免产生环长为 4 的环，并且尽量做到大环多、小环少。

（3）多元域 LDPC 码

多元域 LDPC 码（Nonbinary Low-density Parity-check，NBLDPC），在相同参数的情况下比二进制 LDPC 码的 Tanner 图更加稀疏，周长更大。基于这个优势，通过优化设计可以令多元域 LDPC 码的置信传播译码算法、和积译码算法更好地逼近最大似然译码算法（Maximum Likelihood Decoding Algorithm，MLDA）的性能。因此，多元域 LDPC 码具有以下优势：可设计出具有更低误码平层和更强纠错能力的好码；因多元域 LDPC 码将多个突发比特错误合并成较少的多进制符号错误，因此具有较强的抗突发错误能力。

虽然多元域 LDPC 码相较于二进制 LDPC 码有很多优点，其编译码复杂度也较高。其在低码率的情况下比二进制 LDPC 码的纠错性能更佳。特别对高阶调制，采用多元域 LDPC 码可在提高信息传输速率的同时，有效保证通信系统在衰落信道中的抗干扰能力、抗突发错误能力，降低误码率，从而可获得低误码平层。

$GF(2^p)$ 域上的 LDPC 码与二进制 LDPC 码相似，不同之处是变量节点有 2^p 个可能的取值，同时其校验节点的约束条件也比二进制的校验节点更为复杂。$GF(2^p)$ 域 LDPC 码的每个符号都包含了 P 个二进制比特，从信道传输的角度来看类似于二进制码，而从译码角度上看，则需将 P 个二进制比特组合成一个符号进行译码。因此，$GF(2^p)$ 域的 LDPC 码也易与 2^p 进制的高阶调制方式进行直接对应。多元域 LDPC 码的译码算法均是基于消息传递的迭代译码。

假定在给定条件下得到的 $GF(2^p)$ 域稀疏校验矩阵 $\boldsymbol{H}$ 有 Z 行 M 列，是一个满秩矩阵，$GF(2^p)$ 域上的信息码元数是$(M-Z)$，码率为 $r=(M-Z)/M$。

多元域 LDPC 码最基本的编码方式是高斯消元法，编码后的 M 个 $GF(2^p)$ 域码元，可看作由一个长度为 $N_b=M\times P$ 的二进制比特组成的向量，$(b_1^1,\cdots b_1^p;\cdots;b_M^1,\cdots,b_M^p)$。可由已知的信息码元，求出校验码元，然后将信息码元和校验码元合在一起构成一个码字。例如，可采用规则的$(2,4)$分布多元域 LDPC 码，$GF(2^p)$ 域上非零元在行列分布上的重量分别为 2 和 4。

根据多进制编码规则,将多进制码分解为比特形式。例如,对于一个 GF(2^3)域,设多项式 $\lambda(x)=\lambda_0+\lambda x_1+\lambda_2 x^2$,$i_\lambda=\lambda_0+\lambda_1 2+\lambda_2 2^2$,3 元组 λ_i、十进制 i_λ 的对应如表 4-1 所示。

表 4-1 GF(2^3)域多项式表

$\lambda(x)$	$(\lambda_2,\lambda_1,\lambda_0)$	i_λ
0	000	0
1	001	1
x	010	2
$x+1$	011	3
x^2	100	4
x^2+1	101	5
x^2+x	110	6
x^2+x+1	111	7

以下矩阵是 GF(2^3)多元域 LDPC 码的一个校验矩阵 $\boldsymbol{H}_{3\times7}$:

$$\boldsymbol{H}=\begin{bmatrix} 4 & 7 & 1 & 0 & 3 & 0 & 0 \\ 0 & 2 & 5 & 6 & 0 & 4 & 0 \\ 3 & 0 & 2 & 0 & 7 & 0 & 5 \end{bmatrix} \tag{4-16}$$

该矩阵行重为 4,其对应的校验方程为:

$$\begin{cases} 4\mu_1+7\mu_2+\mu_3+3\mu_5=0 \\ 2\mu_2+5\mu_3+6\mu_4+4\mu_6=0 \\ 3\mu_1+2\mu_3+7\mu_5+5\mu_7=0 \end{cases} \tag{4-17}$$

其中,$\boldsymbol{\mu}=(\mu_1,\mu_2,\mu_3,\mu_4,\mu_5,\mu_6,\mu_7)$ 表示一个码字,满足 $\boldsymbol{H}\cdot\boldsymbol{\mu}^{\mathrm{T}}=0$

2. LDPC 码构造

在相同参数的 LDPC 码集合中,不同的校验矩阵结构在性能上有很大的不同,应构造纠错性能强、编码简单的 LDPC 码。校验矩阵的构造方法很多,可分为随机化构造方法和结构化构造方法两大类。随机化构造的 LDPC 码性能较好,具有接近香农极限的性能;结构化构造的 LDPC 码虽然性能不及随机化 LDPC 码,但结构性好,容易消除短环,可采用线性复杂度的编码,硬件实现难度远低于随机构造的 LDPC 码。

常用的 LDPC 码构造方法主要有 Gallager 构造法、比特填充构造法、PEG 构造法和准循环构造法等。

(1) Gallager 构造法

R. G. Gallager 在提出低密度校验码概念的同时,也给出了最基础的 LDPC 码构造方法。Gallager 给出的是一种随机 LDPC 码。假设校验矩阵 $\boldsymbol{H}$ 的行重为 w_r、列重为 w_c,校验矩阵的大小为 $kw_c\times kw_r$,并且是由 w_c 个 $k\times kw_r$ 子矩阵构成,这里 k 为任何大于 1 的整数。第一个子矩阵 $\boldsymbol{H}_1$ 的每一行有连续 w_r 个 1,且每列只有一个 1。而其他子矩阵则是利用 $\boldsymbol{H}_1$ 经列变换产生,很明显由这种方式产生的校验矩阵是规则的。虽然这种构造方式非常简单,但是 Gallager 并未保证这种 LDPC 码没有环长为 4 的环。Gallager 经过研究得到结论:只要列重大于或等于 3,且行重大于列重,就能使这种 LDPC 码具有较好的性能。下式为一个行重 $w_r=4$、列重 $w_r=3$、$k=5$ 的规则 LDPC 码的校验矩阵:

$$H=\begin{bmatrix}1111000000000000000000\\0000111100000000000000\\0000000011110000000000\\0000000000001111000000\\0000000000000000111100\\1000100010001000000000\\0100010001000000010000\\0010001000000001000100\\0001000100001000000001\\0000000100010000000001\\1000010000010000000100\\0100001000100000100000\\0010001000001000000010\\0001000010000100100000\\0000010000100000100001\end{bmatrix} \tag{4-18}$$

（2）PEG 构造法

Mackay 提出了 PEG 构造法（Progressive Edge-growth Tanner Graphs）,其利用半随机校验矩阵的构造方式,第一次验证了 LDPC 码能达到近似 Shannon 极限的性能。PEG 构造法利用 Edge-by-Edge 的方式在校验节点和变量节点之间建立连接,增加连接时可以使 Tanner 图的周长达到最大。大致构造步骤如下。

① 首先将校验矩阵尽可能地等分成几个部分,若以非规则 LDPC 为例,其节点度的概率分布有 x 种,则将校验矩阵依照各自度的概率值分为 x 等分。而每等分中每一列的列重都将按照度的分布配置。

② 以随机方式在每列中确定不同列重的节点位置,且尽可能使行重能均匀地分布在每一行中。

③ 在任意两列之间,避免超过一个非零元素位置的重叠,从而防止产生周长为 4 的短环,以免影响 LDPC 码的译码性能。

④ 令校验矩阵 $H=[H_1,H_2]$,且 H 满秩,H_2 可逆。

⑤ 最后将构造的校验矩阵输出,为避免矩阵过大而占用太多存储空间,只储存矩阵中"1"的位置信息。

PEG 构造法生成的 LDPC 码译码性能较好,既可以构造出规则的 LDPC 码,又可以构造非规则的 LDPC 码。其缺点在于,校验矩阵是随机产生的,所以实现复杂度相对较高。

（3）准循环构造法

准循环 LDPC 码（QC-LDPC）是 LDPC 码的重要分支,应用最为广泛。QC-LDPC 具有严谨的数学结构,使其在 LDPC 码构造和性能分析方面具有明显优势;相比于随机构造的 LDPC 码，QC-LDPC 存储量小；QC-LDPC 具有的准循环特性，能实现线性复杂度的编码，从而降低计算复杂度及时延。准循环 LDPC 码现已用到 DVB-S2、IEEE 802.16e 等多种标准中。

QC-LDPC 码的校验矩阵基本结构如下式所示：

$$H=\begin{bmatrix} H_{p_{1,1}} & H_{p_{1,2}} & \cdots & H_{p_{1,n_b}} \\ H_{p_{2,1}} & H_{p_{2,2}} & \cdots & H_{p_{2,n_b}} \\ \vdots & \vdots & & \vdots \\ H_{p_{b,1}} & H_{p_{b,2}} & \cdots & H_{p_{b,n_b}} \end{bmatrix} \tag{4-19}$$

QC-LDPC 码的校验矩阵 H 由一系列循环子矩阵 $H_{p_{i,j}}$ 构成，$H_{p_{i,j}}$ 由一个 $q \times q$ 的单位矩阵 I 通过循环移位得到，$q \times q$ 的单位循环移位矩阵中，行重为 1。下标 $p_{i,j}$ 表示矩阵的循环移位偏移量，若下标 $p_{i,j}, n (n=0, 1, 2, \cdots, q-1)$，表示将单位矩阵向右循环移位 n 得到的循环子矩阵。因此，$p_{i,j}=0$，表示该位置的循环矩阵为 $q \times q$ 的单位矩阵；$p_{i,j}=-1$ 表示该位置的循环子矩阵为 $q \times q$ 的零矩阵。

下标值 p_{ij} 构成的矩阵为基矩阵 H_b。基矩阵 H_b 记录了循环子矩阵的位置信息和移位因子，因此只需要知道基矩阵 H_b 和子矩阵维度 q 便可以获得校验矩阵 H 的全部信息。这使得 QC-LDPC 码仅需要占用较少的存储空间，便能够存储很大的校验矩阵。

例如，式(4-20)为某 QC-LDPC 码的校验矩阵 H，其由 6 个循环矩阵组成，而每一个循环矩阵都是一个 4×4 的方阵，式(4-21)为其基矩阵。

$$H=\left[\begin{array}{cccc|cccc|cccc} 0&1&0&0 & 1&0&0&0 & 0&0&0&0 \\ 0&0&1&0 & 0&1&0&0 & 0&0&0&0 \\ 0&0&0&1 & 0&0&1&0 & 0&0&0&0 \\ 1&0&0&0 & 0&0&0&1 & 0&0&0&0 \\ \hline 0&1&0&0 & 0&0&0&0 & 0&0&0&1 \\ 0&0&0&1 & 0&0&0&0 & 1&0&0&0 \\ 1&0&0&0 & 0&0&0&0 & 0&1&0&0 \\ 0&1&0&0 & 0&0&0&0 & 0&0&1&0 \end{array}\right] \tag{4-20}$$

$$H_{\text{base}}=\begin{bmatrix} 1 & 0 & -1 \\ 2 & -1 & 3 \end{bmatrix} \tag{4-21}$$

QC-LDPC 码的校验矩阵 H 的子矩阵 $H_{p_{i,j}}$ 是一个方阵，该矩阵每行都由其相邻的上面一行经右循环的移位得到，矩阵首行根据末行移位得到。因此，循环矩阵可由它的第一行构造出整个矩阵，所以称它的第一行或第一列为循环矩阵的生成向量。

H 的任意两行(或列)中最多只有一个位置上具有相同的非零元素，以保证校验矩阵的 Tanner 图中没有环长为 4 的短环出现。

不仅校验矩阵具有准循环特性，QC-LDPC 码的码字 C 也是准循环的。由于 QC-LDPC 码校验矩阵具有准循环特性，根据校验矩阵与生成矩阵之间的关系可知，由校验矩阵得到的生成矩阵也具有循环码的特性。在采用生成矩阵编码时，可以利用生成向量的循环移位得到整个生成矩阵。在存储校验矩阵时，只需要存储每一个子矩阵中非零元素的位置即可,有效节省了存储资源。在采用迭代算法译码时,横向或纵向迭代过程需要在非零元素之间交换置信度,此时译码器需要确认校验矩阵中同一行或列中元素"1"所在的位置,如果校验矩阵维数较大,查找时要耗费大量的资源,产生影响译码器性能的时延。而 QC-LDPC 码的校验矩阵具有准循环性,由其子矩阵的生成向量中"1"的位置就能计算出其他行(或列)中元素"1"的位置,实现了译码器硬件复杂度的简化。准循环特性使 QC-LDPC 码能高效编码和译码,且其所占内存少,是一种实用的 LDPC 码。

3. LDPC 码编码

LDPC 码编码的关键是构造满足要求的稀疏校验矩阵 $\boldsymbol{H}$。由线性分组码的特性可知,只有 n 足够大时,LDPC 码的性能才能接近香农极限。然而,n 越大,编码的复杂度越高。在编码过程中,不仅要考虑编译码的性能,还要考虑计算的复杂度。

（1）高斯消元法

高斯消元法利用矩阵初等变换,将维数为 $m \times n$ 的校验矩阵 $\boldsymbol{H}$ 变换为 $\boldsymbol{H} = [\boldsymbol{P}_{m \times k} \ \boldsymbol{I}_{m \times m}]$ （$n = m + k$）,然后将左半部分的矩阵 $\boldsymbol{P}$ 转置并添加为单位矩阵后,得到生成矩阵 $\boldsymbol{G} = [\boldsymbol{I}_k \ \boldsymbol{P}^{\mathrm{T}}]$。设 $\boldsymbol{u} = (u_1, u_2, \cdots, u_k)$ 为信息位,$\boldsymbol{c} = (c_1, c_2, \cdots, c_n)$ 为编码后的码字,则利用公式 $\boldsymbol{c} = \boldsymbol{u}\boldsymbol{G}$ 即可得到编码后的码字。图 4-2 给出了高斯消元法的流程。

图 4-2　高斯消元算法流程

可通过判断是否满足 $\boldsymbol{c}\boldsymbol{H}^{\mathrm{T}} = 0$,来验证编码后的码字是否正确。高斯消元编码算法破坏了校验矩阵的稀疏特性,且生成矩阵 $\boldsymbol{G}$ 需占用较多存储资源,因此该算法不利于硬件实现。

（2）基于近似下三角矩阵的编码方法

Richardson 和 Urbanke 提出了近似下三角矩阵的编码算法,其通过对校验矩阵 $\boldsymbol{H}$ 进行预编码,变换为近似下三角结构,可以得到复杂度与码长成线性关系的编码器。$\boldsymbol{H}$ 的行列变换不改变矩阵中 1 的个数,所以进行近似下三角矩阵变换时,仍能保持 $\boldsymbol{H}$ 的稀疏性。

若矩阵是行满秩的矩阵,通过矩阵的行列变换,可化为如图 4-3 所示的形式。

近似下三角矩阵为:

$$\boldsymbol{H} = \begin{bmatrix} \boldsymbol{A} & \boldsymbol{B} & \boldsymbol{T} \\ \boldsymbol{C} & \boldsymbol{D} & \boldsymbol{E} \end{bmatrix} \tag{4-22}$$

在矩阵变换时保证矩阵 $\boldsymbol{T}$ 满秩,则可将矩阵 $\boldsymbol{H}$ 左乘矩阵 $\boldsymbol{X}$

$$\boldsymbol{X} = \begin{bmatrix} \boldsymbol{I} & \boldsymbol{0} \\ -\boldsymbol{E}\boldsymbol{T}^{-1} & \boldsymbol{I} \end{bmatrix} \tag{4-23}$$

可得到矩阵

$$\boldsymbol{X}\boldsymbol{H} = \begin{bmatrix} \boldsymbol{A} & \boldsymbol{B} & \boldsymbol{T} \\ -\boldsymbol{E}\boldsymbol{T}^{-1}\boldsymbol{A} + \boldsymbol{C} & -\boldsymbol{E}\boldsymbol{T}^{-1}\boldsymbol{B} + \boldsymbol{D} & \boldsymbol{0} \end{bmatrix} \tag{4-24}$$

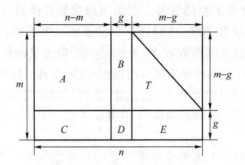

图 4-3　近似下三角矩阵结构

其中,每个子矩阵的维数为:A 为 $(m-g)\times(n-m)$,B 为 $(m-g)\times g$,C 为 $g\times(n-m)$,D 为 $g\times g$,E 为 $g\times(m-g)$。

设编码后的码字为 $c=(t,p_0,p_1)$,其中 t 为信息序列,长度为 $n-m$;p_0、p_1 合起来为校验序列,其中 p_0 含有 g 个校验位,p_1 含有 $m-g$ 个校验位。

由 $XHc^{\mathrm{T}}=0$ 可得到:

$$At^{\mathrm{T}}+Bp_0^{\mathrm{T}}+Tp_1^{\mathrm{T}}=0 \tag{4-25}$$

$$(-ET^{-1}A+C)t^{\mathrm{T}}+(-ET^{-1}B+D)p_0^{\mathrm{T}}=0 \tag{4-26}$$

若 $-ET^{-1}B+D$ 可逆,则可以得到:

$$p_0^{\mathrm{T}}=-(-ET^{-1}B+D)^{-1}(-ET^{-1}A+C)t^{\mathrm{T}} \tag{4-27}$$

计算出 p_0^{T} 后,由下式计算 p_1^{T}:

$$p_1^{\mathrm{T}}=-T^{-1}(At^{\mathrm{T}}+Bp_0^{\mathrm{T}}) \tag{4-28}$$

近似下三角矩阵的编码算法虽然大大降低了运算量,但重排矩阵的过程复杂,且校验矩阵的近似下三角矩阵没有合适的计算方法,同时预处理需要的时延较大,尤其当码长较长时,这种编码算法的适用性不强。

（3）准循环编码算法

准循环 LDPC 码的编码复杂度与校验比特的长度成正比。该编码实现方法的关键是根据准循环 LDPC 码的校验矩阵 H,求出具有准循环特性的系统生成矩阵 G,以移位寄存加反馈的方式实现编码。

假设 QC-LDPC 的校验矩阵 H 为:

$$H=\begin{bmatrix} A_{1,1} & A_{1,2} & \cdots & A_{1,t} \\ A_{2,1} & A_{2,2} & & A_{2,t} \\ \vdots & \vdots & & \vdots \\ A_{c,1} & A_{c,2} & \cdots & A_{c,t} \end{bmatrix} \tag{4-29}$$

H 由 $c\times t$ 个子矩阵排列而成,其中 $A_{i,j}$ 均为 $b\times b$ 的循环方阵。令 M_j 为 H 的第 j 列循环阵,即

$$M_j=\begin{bmatrix} A_{1,j}^{\mathrm{T}} & A_{2,j}^{\mathrm{T}} & \cdots & A_{c,j}^{\mathrm{T}} \end{bmatrix} \tag{4-30}$$

则,$H=\begin{bmatrix} M_1 & M_2 & \cdots & M_j \end{bmatrix}$。

将 H 右边的 c 列排列为包含 $c\times c$ 个循环矩阵的方阵 D,即

$$D = \begin{bmatrix} A_{1,t-c+1} & A_{1,t-c+2} & \cdots & A_{1,t} \\ A_{2,t-c+1} & A_{2,t-c+2} & \cdots & A_{2,t} \\ \vdots & \vdots & & \vdots \\ A_{c,t-c+1} & A_{c,t-c+2} & \cdots & A_{c,t} \end{bmatrix} \tag{4-31}$$

生成矩阵 G 可表示为：

$$G = \begin{bmatrix} G_1 \\ G_2 \\ \vdots \\ G_{t-c} \end{bmatrix} = \begin{bmatrix} I & 0 & \cdots & 0 & G_{1,1} & G_{1,2} & \cdots & G_{1,c} \\ 0 & I & \cdots & 0 & G_{2,1} & G_{2,2} & \cdots & G_{2,c} \\ \vdots & \vdots & & \vdots & \vdots & \vdots & & \vdots \\ 0 & 0 & \cdots & I & G_{t-c,1} & G_{t-c,2} & \cdots & G_{t-c,c} \end{bmatrix} = \begin{bmatrix} I_{(t-c)b} | P \end{bmatrix} \tag{4-32}$$

其中，I 为 $b \times b$ 单位矩阵，0 为 $b \times b$ 零矩阵，$G_{i,j}$ 为 $b \times b$ 循环矩阵。生成矩阵 G 由两部分组成，左边 $I_{(t-c)b}$ 为 $(t-c)b \times (t-c)b$ 的单位矩阵，右边 P 为 $(t-c) \times c$ 个 $b \times b$ 循环矩阵。

令 g_i 为 $G_{i,j}$ 的第一行，$g_i = (0,\cdots,0,u,0,\cdots,0,g_{i,1},g_{i,2},\cdots,g_{i,c})$，其中 $u = (1,0,\cdots,0)$ 为 b 维向量，仅包含一个 1。

令 $z_i = (g_{i,1},g_{i,2},\cdots,g_{i,c})$，由 $HG^{\mathrm{T}} = 0$，可得到

$$M_i u^{\mathrm{T}} + D z_i^{\mathrm{T}} = 0 \tag{4-33}$$

假设 D 满秩，则

$$z_i^{\mathrm{T}} = -D^{-1} M_i u^{\mathrm{T}} \tag{4-34}$$

由此可求出 G 的所有生成向量 $g_{i,j}$，通过对 $g_{i,j}$ 的周期性延拓即得到生成矩阵 G。

(4) CCSDS 标准编码方法

CCSDS 标准采用的 LDPC 码属于 QC-LDPC 码。信息位长 7 154，码长 8 176，码率 7/8。其校验矩阵的结构为：

$$\begin{bmatrix} A_{1,1} & A_{1,2} & \cdots & A_{1,16} \\ A_{2,1} & A_{2,2} & \cdots & A_{2,16} \end{bmatrix} \tag{4-35}$$

其中，每个 $A_{i,j}$ 是 511×511 的循环矩阵。每个循环矩阵中"1"的位置由表 4-2 定义，数字从 0 到 510。

表 4-2　循环矩阵

循环矩阵	循环矩阵第一行中"1"的位置	循环矩阵	循环矩阵第一行中"1"的位置
$A_{1,1}$	0,176	$A_{2,1}$	99,471
$A_{1,2}$	12,239	$A_{2,2}$	130,473
$A_{1,3}$	0,352	$A_{2,3}$	198,435
$A_{1,4}$	24,431	$A_{2,4}$	260,478
$A_{1,5}$	0,392	$A_{2,5}$	215,420
$A_{1,6}$	151,409	$A_{2,6}$	282,481
$A_{1,7}$	0,351	$A_{2,7}$	48,396
$A_{1,8}$	9,359	$A_{2,8}$	193,445
$A_{1,9}$	0,307	$A_{2,9}$	273,430
$A_{1,10}$	53,329	$A_{2,10}$	302,451

循环矩阵	循环矩阵第一行中"1"的位置	循环矩阵	循环矩阵第一行中"1"的位置
$A_{1,11}$	0,207	$A_{2,11}$	96,379
$A_{1,12}$	18,281	$A_{2,12}$	191,386
$A_{1,13}$	0,399	$A_{2,13}$	244,467
$A_{1,14}$	202,457	$A_{2,14}$	364,470
$A_{1,15}$	0,247	$A_{2,15}$	51,382
$A_{1,16}$	36,261	$A_{21,16}$	192,414

　　(8 176,7 154)码的生成矩阵 G 具有 7 154 行 8 176 列,如式(4-36)所示。前 7 154 列是一个 7 154 行 7 154 列的单位矩阵,用于产生码字的信息位。后 1 022 列由 28 个 $B_{i,j}$ 构成,每个 $B_{i,j}$ 都是 511 行、511 列的循环矩阵,用于产生码字的校验位,是生成矩阵的核心部分。(8 176,7 154)码的生成矩阵结构为

$$\begin{bmatrix} I & 0 & \cdots & 0 & B_{1,1} & B_{1,2} \\ 0 & I & \cdots & 0 & B_{2,1} & B_{2,2} \\ \vdots & \vdots & \vdots & \vdots & \vdots & \vdots \\ 0 & 0 & \cdots & I & B_{14,1} & B_{14,2} \end{bmatrix} \quad (4\text{-}36)$$

　　定义 1 022×1 022 矩阵:

$$D = \begin{bmatrix} A_{1,15} & A_{1,16} \\ A_{2,15} & A_{2,16} \end{bmatrix} \quad (4\text{-}37)$$

　　令 $u=(1,0,0,\cdots,0,0)$ 是 511 个元素的单位信息向量,即第一个元素为 1,其余都元素是 0。

　　定义 $z_i=[b_{i,1} \quad b_{i,2}]$,其中 $i=1,2,\cdots,14$;$b_{i,j}$ 是循环矩阵 $B_{i,j}$ 的第一行。

　　定义 $M_i=[A_{1,i} \quad A_{2,i}]^{\mathrm{T}}$,其中 $i=1,2,\cdots,14$,这时校验矩阵可以表示为

$$H=[M_1 \ M_2 \cdots M_{14} \quad D] \quad (4\text{-}38)$$

　　因为矩阵 D 的秩为 1020,而不是 1 022,D 有两个线性相关列,511 列和 1 022 列。设 z_i 的 511 列和 1 022 列元素为 0,求解

$$M_i u^{\mathrm{T}} + D z_i^{\mathrm{T}} = 0 \quad (4\text{-}39)$$

　　由于 D 不为满秩矩阵,不可逆,这使得求 z_i 变得比较困难,因此需要进行相关处理。删除 D 和 M_i 中的 $A_{i,j}$ 的最后一行与最后一列,定义为 D'、M_i' 和 $A_{i,j}'$。$A_{i,j}'$ 维数降低为 510×510,令 $u=[1,0,0,\cdots,0,0]$ 是 510 个元素的信息向量,这样使得 D' 可逆。

　　由循环矩阵的特性得

$$M_i' u^{\mathrm{T}} - D' z_i'^{\mathrm{T}} = 0 \quad (4\text{-}40)$$

利用 GF(2)运算得

$$z_i'^{\mathrm{T}} = (D')^{-1} M_i' u^{\mathrm{T}} \quad (4\text{-}41)$$

　　因为 $z_i'=[b_{i,1}' \quad b_{i,2}']$,令 $b_{i,j}=[b_{i,j}' \quad 0]$,即得到生成矩阵的循环矩阵 $B_{i,j}$ 参数。通过上述的生成矩阵,可以得到(8 176,7 154)码。

（5）DVB-S2 编码方法

① DVB-S2 LDPC 码构造

卫星数字视频广播标准 DVB-S2 标准也采用 LDPC 码，其信息位长度为 k，校验位长度为 m，码字长度为 $n=k+m$。在 DVB-S2 标准中规定的 LDPC 码长为 16 200 bit 和 64 800 bit，前者为短码，后者为长码。以下主要介绍码率为 1/2，码长为 16 200 bit 的 LDPC 码。

DVB-S2 不同于准循环 LDPC 码，其校验矩阵由 H_a 和 H_b 构成，如式（4-42）所示：

$$H=\begin{bmatrix} H_a & H_b \end{bmatrix} \tag{4-42}$$

H_b 为一双对角线矩阵：

$$H_b=\begin{bmatrix} 1 & 0 & 0 & \cdots & 0 \\ 1 & 1 & 0 & & \vdots \\ \vdots & 1 & \ddots & \ddots & 0 \\ 0 & \cdots & \ddots & 1 & 0 \\ 0 & \cdots & 0 & 1 & 1 \end{bmatrix} \tag{4-43}$$

矩阵 H_a 包含 20 个矩阵：

$$H_a=\begin{bmatrix} H_{a,1} & H_{a,2} & \cdots & H_{a,20} \end{bmatrix} \tag{4-44}$$

子矩阵 $H_{a,i}(i=1,\cdots,20)$ 是准循环的，通过前列可以得到列中 1 元素的位置。DVB-S2 标准中共有 21 种不同码率的长码和短码，通过给出 21 个校验矩阵中的多带矩阵 H_a 首列列向量的地址表，可以获得相对应的校验矩阵，从而实现编码。设 DVB-S2 标准所规定的校验矩阵的列向量地址表为 T，它的行数为 t，其中的每个数的取值范围都是 $[0,m-1]$。q 为 H_a 每个子矩阵的列数，一旦选定了码长 n 和码率 R，q 也随之确定。如果选定码长 $n=16\,200$，$R=0.5$，则 $k=n\times R=8\,100$，$m=n-k=8\,100$，$q=m/20=405$。校验矩阵 H 的大小为 $8\,100\times16\,200$，子矩阵 H_a 和 H_b 的大小均为 $8\,100\times8\,100$，H_a 的每一个子矩阵的维数都为 8 100 行、405 列。码率为 1/2，码长为 16 200 的列向量地址如表 4-3 所示。

表 4-3　DVB-S2 标准列向量地址表（$n=16\,200$，$R=1/2$）

列向量	列向量地址
$T(1)$	20, 712, 2 386, 6 354, 4 061, 1 062, 5 045, 5 158
$T(2)$	21, 2 543, 5 748, 4 822, 2 348, 3 089, 6 328, 5 876
$T(3)$	22, 926, 5 701, 269, 3 693, 2 438, 3 190, 3 507
$T(4)$	23, 2 802, 4 520, 3 577, 5 324, 1 091, 4 667, 4 449
$T(5)$	24, 5 140, 2 003, 1 263, 4 742, 6 497, 1 185, 6 202
$T(6)$	0, 4 046, 6 934
$T(7)$	1, 2 855, 66
$T(8)$	2, 6 694, 212
$T(9)$	3, 3 439, 1 158

列向量	列向量地址
$T(10)$	4, 3 850, 4 422
$T(11)$	5, 5 924, 290
$T(12)$	6, 1 467, 4 049
$T(13)$	7, 7 820, 2 242
$T(14)$	8, 4 606, 3 080
$T(15)$	9, 4 633, 7 877
$T(16)$	10, 3 844, 6 868
$T(17)$	11, 8 935, 4 996
$T(18)$	12, 3 028, 764
$T(19)$	13, 5 988, 1 057
$T(20)$	14, 7 411, 3 450

对于子矩阵 $H_{a,i}$，设其第一列上元素"1"的行标为向量 $T(i)$ 中的元素值为

$$H_{a,i}(T^{(i)}(j),1)=1 \tag{4-45}$$

向量 $T(i)$ 中的元素个数为子矩阵 $H_{a,i}$ 的列重，用 d 表示。$H_{a,i}$ 的列重有两种：3 和 8。$T(i)$ 的元素值为子矩阵 $H_{a,i}$ 中的第一个列向量的地址：

$$T^{(i)}=\begin{bmatrix} T^{(i)}(1) & T^{(i)}(2) & \cdots & T^{(i)}(d) \end{bmatrix} \tag{4-46}$$

矩阵 H_a 前 5 个子矩阵列重为 8，即当 $i=1,\cdots,5$ 时，$d=8$。矩阵 H_a 后 15 个子矩阵列重为 3，即当 $i=6,\cdots,20$ 时，$d=3$。

子矩阵 $H_{a,i}$ 中第一个列向量 $T(i)$ 由列向量地址表中的第 i 行数字定义。后续各列 1 的位置由 $T(i)$ 运算：

$$C^{(i)}(k)=\mathrm{mod}((T^{(i)}+20\times(k-1)),8\ 100) \tag{4-47}$$

$C^{(i)}(k)$ 为第 i 个子矩阵的第 k 列，$k=1,2,\cdots,405$，进而可以得到子矩阵 $H_{a,i}$。结合 H_b，可以得到校验矩阵 H。

② DVB-S2 标准 LDPC 码的编码

不同于 CCSDS 标准的 LDPC 码，DVB-S2 不使用生成矩阵进行编码，而是直接通过校验矩阵进行编码。以 16 200 bit 的 LDPC 码为例进行说明。

设 $H=[H_a \quad H_b]$ 为 LDPC 码的校验矩阵，$G=[I \ P]$ 为相对应的生成矩阵，其中 I 为单位矩阵，P 为校验位。有

$$H\times P^{\mathrm{T}}=0 \tag{4-48}$$

进而可得

$$H_a+H_b P^{\mathrm{T}}=0 \tag{4-49}$$

$$P^{\mathrm{T}}=(H_b)^{-1}H_a \tag{4-50}$$

最终，通过运算可以得到 P，从而获得生成矩阵 G。但是由于 H_b 的逆矩阵对角线下方所有的点均为 1，密度非常大，最终导致得到的生成矩阵非零点非常多。这样的生成矩

阵不利于存储,且在运算校验位时需要进行大量的运算,因此不适合使用生成矩阵进行编码。

虽然 DVB-S2 标准 LDPC 码不适合使用生成矩阵进行编码,但是由于 $\boldsymbol{H}_b$ 具有准对角线结构,使得可以对 DVB-S2 标准 LDPC 码直接进行编码,获得编码的校验位。设编码后的码字为 $\boldsymbol{u}=[s\quad p]$,$\boldsymbol{s}=[s_0\quad s_1\quad \cdots \quad s_{k-1}]$ 为信息位,$\boldsymbol{p}=[p_0\quad p_1\quad \cdots \quad p_{n-k-1}]$ 为校验位。由于 $\boldsymbol{u}\boldsymbol{H}=0$ 可以得到

$$sH_a+pH_b=0 \tag{4-51}$$

由于 $\boldsymbol{H}_b$ 的准对角线结构,可以对校验位直接求解,得

$$\begin{cases} p_0=s_0H_{a,00}+s_1H_{a,01}+\cdots+s_{n-k-1}H_{a,0n-k-1} \\ p_1=s_0H_{a,10}+s_1H_{a,11}+\cdots+s_{n-k-1}H_{a,1n-k-1}+p_0 \\ \quad\vdots \\ p_{n-k-1}=s_0H_{a,n-k-1}+s_1H_{a,n-k-11}+\cdots+s_{n-k-1}H_{a,n-k-1n-k-1}+p_{n-k-2} \end{cases} \tag{4-52}$$

4. LDPC 码译码

由于奇偶校验矩阵的稀疏性,LDPC 码的译码算法很高效,译码算法的复杂度与码长成线性关系,克服了分组码在码长很长时面临的译码算法复杂的问题,使长码分组的应用成为可能。同时,连续的突发差错对长码译码的影响不大。

LDPC 码的译码算法很多,大部分可以被归为信息传递(Message Propagation,MP)算法。MP 算法通过迭代方法实现,在迭代过程中,各节点的置信消息需要在变量节点和校验节点之间互相传递,具体的传递路线依特定的 Tanner 图而定。良好的性能和严格的数学结构,使得这类译码算法的译码性能定量分析成为可能。

根据迭代中 Tanner 图传送消息形式的不同,LDPC 译码算法主要包括硬判决译码和软判决译码两种。硬判决译码比较简单,但性能稍差,典型的硬判决译码算法为比特翻转算法(BF);软判决译码运算相对复杂,但性能也相对较好,典型的软判决译码算法有置信传播算法(Belief Propagation,BP)、对数似然比置信传播算法(Log Likelihood Rate Belief Propagation,LLR-BP)以及简化的最小和算法(Min Sum Algorithm,MSA)等。

BP 译码算法是 LLR-BP 译码算法和最小和译码算法的基础算法,它在迭代的过程中通过大量的乘除运算得到码字的最大后验概率,该算法运算量大,译码复杂度高,硬件实现较为困难,但其译码性能好。LLR-BP 是 BP 译码算法的改进,其将计算转换到对数域,使大量乘除运算转换为加减运算,大大减少了 LDPC 译码的运算量,且可以获得与 BP 译码算法相近的译码性能。最小和译码算法运算量小,其将 BP 译码算法中的双曲正切运算通过近似取值的方法进行简化,有利于硬件的实现,但算法简化带来了一定的性能损失。

(1) 概率置信传播算法

BP 算法是软判决译码的基础,通过对最大后验概率进行估计,迭代译码,理论上具有近似最优的性能。可以从 Tanner 图入手,对置信传播译码算法进行分析。将校验节点 CN 当作是信息变量节点 VN 的父节点,信息节点 VN 当作是校验节点 CN 的子节点。校验节点 CN_0 与 VN_0、VN_1、VN_2、VN_3 与相连时,第一行的校验方程为 $c_0+c_1+c_2+c_3=0$。

每次迭代过程中,变量节点 VN_i 将 $q_{ij}^{(l)}(a)$ 作为软信息传递给与之相连的校验节点

CN_j。$q_{ij}^{(l)}(a)$是用除校验节点 CN_j 外,其他与变量节点 VN_i 相连的校验节点提供的信息求出的 VN_i 节点在第 l 次迭代时在状态 a 的概率,a 为 0 或 1。CN_j 将 $r_{ji}^{(l)}(a)$ 作为软信息传递给与之相连的 VN_i。$r_{ji}^{(l)}(a)$是综合除 VN_i 外其他与 CN_j 相连的变量节点提供的信息,使第 j 个校验方程满足约束的概率。每次迭代结束时,求出 VN 的伪后验概率,并用其进行译码判决,得到译码结果 $\hat{C}$。如果译码结果满足校验约束 $\boldsymbol{HC}^{\mathrm{T}}=0$,则译码成功,退出译码;如果不满足校验约束,则继续迭代直至满足校验约束。如果迭代次数达到预设的最大迭代次数,那么译码失败,强制退出译码。如果 Tanner 图中存在短环,那么译码可能会收敛到错误码字,严重影响译码性能。因此在设计 LDPC 码时一定要避免短环的出现。

(2) 对数似然比置信传播算法

虽然基于概率的 BP 算法性能优越,然而复杂度很高,难以实现。LLR-BP 算法将信息用概率的对数形式进行传递,将乘法运算降解为加法运算,降低了译码过程的运算复杂度。

对数似然比信息包括:

① 信道初始信息 $L(P_i)=\ln\left(\dfrac{P_i(0)}{P_i(1)}\right)=\ln\dfrac{\Pr\{x_i=1\,|\,y_i\}}{\Pr\{x_i=-1\,|\,y_i\}}$

② CN_j 传向 VN_i 的信息 $L(r_{ji})=\ln\dfrac{r_{ji}(0)}{r_{ji}(1)}$

③ VN_i 传向 CN_j 的信息 $L(q_{ij})=\ln\dfrac{q_{ij}(0)}{q_{ij}(1)}$

④ VN_i 的伪后验概率信息 $L(q_i)=\ln\dfrac{q_i(0)}{q_i(1)}$

LLR BP 算法的实现步骤包括:

① 初始化

计算 $L(P_i)$,$i=1,2,\cdots,n$,然后用 $L(P_i)$ 对 $L^{(0)}(q_{ij})$ 进行初始化

$$L^{(0)}(q_{ij})=L(p_i) \tag{4-53}$$

② 校验节点

计算第 l 次迭代时的 $L^{(l)}(r_{ij})$

$$L^{(l)}(r_{ij}) = 2\tanh^{-1}\left(\prod_{i'\in R(j)\backslash i}\tanh\left(\frac{1}{2}L^{(l-1)}(q_{i'j})\right)\right) \tag{4-54}$$

③ 变量节点更新

计算第 l 次迭代时的 $L^{(l)}(q_{ij})$

$$L^{(l)}(q_{ij}) = L(P_i) + \sum_{j'\in C(i)\backslash j} L^{(l)}(r_{ji}^l) \tag{4-55}$$

④ 计算后验概率

对所有变量节点计算伪后验似然概率信息

$$L^{(l)}(q_i) = L(P_i) + \sum_{j\in C(i)} L^{(l)}(r_{ji}^l) \tag{4-56}$$

⑤ 译码判决

若 $L^{(l)}(q_i)>0$,则 $\hat{c}_i=1$,否则 $\hat{c}_i=0$。

③ 译码结束

若译码判决结果满足校验约束 $\boldsymbol{HC}^{\mathrm{T}}=0$，则译码成功，退出译码；若不满足校验约束，则继续迭代译码，直到满足译码约束条件。如果达到译码迭代上限仍无法满足校验矩阵的约束，则译码失败，退出译码。

（3）最小和译码算法

最小和译码算法简化了译码迭代中更新校验节点消息的运算过程，用求最小值和符号运算替代了复杂的双曲正切运算和反双曲正切运算，进一步降低了复杂度。

初始信道信息为 $L_j^{(0)}=y_j$。

最小和译码算法的实现过程如下。

① 初始化

将初始信道信息传递给变量节点作为初始信息：

$$L^{(0)}(q_{i,j})=L_j^{(0)} \tag{4-57}$$

② 校验节点更新

$$L^{(l)}(r_{i,j}) = \Big(\prod_{j' \in R(i)\backslash j} \mathrm{sign}(L^{(l-1)}(q_{i,j'}))\Big) \times \min_{j' \in R(i)\backslash j}(|L^{(l-1)}(q_{i,j'})|) \tag{4-58}$$

③ 变量节点更新

$$L^{(l)}(q_{i,j}) = L_j^{(0)} + \sum_{i' \in C(j)\backslash i} L^{(l)}(r_{i',j}) \tag{4-59}$$

④ 计算后验概率

$$L^{(l)}(q_j) = L_j^{(0)} + \sum_{i \in C(j)} L^{(l)}(r_{i,j}) \tag{4-60}$$

⑤ 译码判决

$$\hat{c}_j^{(l)} = \begin{cases} 0, & L^{(l)}(q_j) \geqslant 0 \\ 1, & L^{(l)}(q_j) < 0 \end{cases} \tag{4-61}$$

该算法在校验节点更新环节用符号运算和比较运算替换了 tanh 和 tanh^{-1} 运算，大大降低了运算复杂度；迭代中使用的信息由对数似然比信息 $\dfrac{2y_j}{\sigma^2}$ 简化为接收信息 y_j，大大降低了迭代信息的获取难度，提高了最小和算法的适合性。

需要说明的是，虽然最小和译码算法的复杂度相较于 BP 算法大幅度降低，但由于其对信息估计时，相较于真实值来说存在差异，最终影响了译码性能。这可通过一定的幅度补偿，来提高最小和译码算法的性能。

最小和译码算法在降低运算复杂度的同时也降低了译码性能，因此最小和的校验节点更新过程常引入归一化方法，即乘以小于 1 的常数 α，从而弥补 MSA 近似算法带来的性能损失，获得较好的译码性能。归一化最小和算法为：

$$L(l)(r_{i,j}) = \alpha \times \Big(\prod_{j' \in R(i)\backslash j} \mathrm{sign}(L^{(l-1)}(q_{i,j'}))\Big) \times \min_{j' \in R(i)\backslash j}(|L^{(l-1)}(q_{i,j'})|) \tag{4-62}$$

4.1.3　其他常用编码

卫星通信中除常用高效的 LDPC 码外，还用到卷积码、交织码、Turbo 码等。以下进行简要介绍。

（1）卷积码

卷积码属于线性码，其将 k 个信息比特编成 n 个比特，但 k 和 n 通常很小，特别适合于以串行方式进行传输，传输时延小。与分组码不同的是，卷积码编码后的 n 个码元不仅与当前段的 k 个信息有关，还与前面的 $N-1$ 段信息有关，编码过程中互相关联的码元个数为 nN。

卷积码的纠错性能随 N 的增加而增大，而差错率随 N 的增加而呈指数下降。在编码器复杂性相同的情况下，卷积码的性能优于分组码。但卷积码没有分组码那样严密的数学分析手段，大多数是通过计算机进行好码的搜索。

卷积码编辑器包含一个移位寄存器和一个异或逻辑电路，移位寄存器提供缓存与输入比特移位运算，而异或逻辑电路根据当前移位寄存器中的比特位，产生编码输出。

（2）交织码

交织的思想在于改变编码的比特顺序，因此原本集中在一个编码码字的突发差错分散到很多码字中。

图 4-4(a) 显示出数据比特流的一部分，记为 $b_1 \sim b_{24}$。这些比特流将进入图 4-4(b) 所示的移位寄存器，为 7 行 6 列的形式。在此只对列进行编码，使得奇偶校验比特可填满最下面三行。这样使得比特编码的顺序不同于其出现在数据比特流中的顺序。如图 4-4(c) 所示，编码比特将被一行行地读出，第 4 行显示出了细节。假如有一个突发差错出现并改变了比特 b_5、b_4 和 b_3，这些错误比特将分布在由第 2、3 和 4 列所形成的编码码字中。此例中，对列比特组成的码字进行编码，可以纠正单个突发错误。

...	b_1	b_2	b_3	...	b_{23}	b_{24}	...

(a)

	1	2	3	4	5	6
1	b_{24}	b_{23}	b_{22}	b_{21}	b_{20}	b_{19}
2	b_{18}	b_{17}	b_{16}	b_{15}	b_{14}	b_{13}
3	b_{12}	b_{11}	b_{10}	b_9	b_8	b_7
4	b_6	b_5	b_4	b_3	b_2	b_1
5	c_1	c_4	c_7	c_{10}	c_{13}	c_{16}
6	c_2	c_5	c_8	c_{11}	c_{14}	c_{17}
7	c_3	c_6	c_9	c_{12}	c_{15}	c_{18}

(b)

行 7	行 6	行 5	行 4						行 3	行 2	行 1
			b_1	b_2	b_3	b_4	b_5	b_6			

(c)

图 4-4　交织图示

（3）Turbo 码

Turbo 码属于级联码。级联码是将纠突发差错的码和纠随机差错的码联合形成的。对于级联码，输入数据先送入可以纠突发差错的外编码器，外编码器的输出送入可以纠随机差错的内编码器，内编码器的输出被调制发送。同样，在信号接收端的解调器之后，有相应的内译码器和外译码器。例如，数字卫星电视采用的级联码外码为 R-S 码，内码为卷积码。

Turbo 码巧妙地将卷积码和交织器结合了起来，在实现随机编码的同时，也实现了由简单短码向长码的构造，且通过高效的软输入、软输出迭代译码来逼近最大似然译码。由于这些特性，无论在衰落信道还是在 AWGN 信道中，Turbo 编码都取得了优异的误比特率性能，尤其是在较长分组长度的情况下。当码长足够长时，它与级联编码一样，都可以获得接近香农限的性能。但是，Turbo 码的译码复杂度不像随机编码那样随着编码长度增大而急剧增大，其复杂度仅依赖于迭代次数和分量译码器的计算复杂度，而与编码长度无关。

Turbo 码的编码结构主要有串行级联卷积码（SCCC）、并行级联卷积码（PCCC）和混合级联卷积码（HCCC）三种，图 4-5 给出了一种常用的 PCCC 编码器结构。

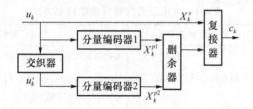

图 4-5　PCCC 编码器结构

Turbo 编码器主要由分量编码器、交织器、删余器及复接器构成。在编码过程中，信息序列 $\{u_k\}$ 送入第一个分量编码器进行编码的同时，交织后的序列 $\{u_k'\}$ 送入第二个分量编码器。经过编码得到的两个校验序列 $\{x_k^{p1}\}$、$\{x_k^{p2}\}$ 和原始的输入序列 $\{x_k^s\}$ 一起送到复接器，得到完整的码字。为了提高频谱效率和码率，可以将两个校验序列经过删余器处理后再与信息序列 $\{x_k^s\}$ 一起构成码字序列 $\{c_k\}$。

4.2　载波调制解调技术

调制和解调技术是现代无线通信技术的重要组成部分。调制可以分为基带调制和载波调制，基带调制是星座映射的过程，载波调制是用信息来控制正弦载波的某一个或几个参量的过程，以便获得更高的传输效率和可靠性。解调则是调制的逆过程，是从接收信号中恢复原始信息的过程。

由于卫星通信系统的可用带宽有限，若要在有限的带宽内实现高速信息传输，就必须采用频带利用率高的高阶调制方式。卫星宽带通信以 QPSK 调制为主，但 QPSK 调制体制无法满足卫星高通量通信的需要。在多进制数字调制中，每个符号携带 $\log_2 M$ 比特信息(M 为调制阶数),可使信息传输率增加,从而提高频带利用率,其代价是增加了信号功率及其实现的复杂性。因此,多进制数字调制是高效的调制技术,其在相同信噪比条件下,可获得较高的频带利用率。其中,多幅相调制(APM)方法由于其频带利用率高,易于调制解调,被广泛用于各种卫星通信标准。卫星数字视频广播标准(DVB-S)中采用移相键控(MPSK)和正交振幅调制(MQAM)进行信号传输,DVB-S2 采用振幅移相键控(MAPSK)进行信号传输,并采用自适应编码调制(Adaptive Coding and Modulation, ACM)技术动态地改变调制方式。

目前,对卫星通信系统调制技术的研究主要集中在三个方面:一是针对卫星通信系统的功率受限特性,研究能够提高功率有效性的调制方式;二是根据频率资源的带宽受限特点,研究能够提高频谱有效性的调制方式;三是研究适用于非线性信道的恒包络调制技术。

已调载波包络、频谱特性、频带利用率和功率利用率是选择调制解调方法需要考虑的因素,高阶调制性能分析的方法有信号空间的欧氏距离和误码率解析式。表 4-4 给出了目前几个卫星通信标准中用到的调制方式。

本节主要介绍高通量卫星通信系统常用的 MPSK 调制和 MAPSK 调制方法。

表 4-4 常见卫星传输标准中调制方式

序号	标准名称	标准提出者	调制方式
1	DVB-S2	欧洲电信标准协会(ETSI)	QPSK、8PSK、16APSK、32APSK
2	DVB-S2X		BPSK、QPSK、8PSK、16APSK、32APSK、64APSK、128APSK、256APSK
3	ATSC	美国高级电视系统委员会(ATSC)	QPSK、8PSK、16PSK、16QAM
4	ISDB-S	日本数字广播专家团体(DiBEG)	BPSK、QPSK、8PSK
5	ABS-S	中国	QPSK、8PSK、16APSK、32APSK

4.2.1 MPSK 调制解调技术

1. MPSK 信号模型

MPSK 利用相位来承载调制信息,M 进制相移键控中,载波相位有 M 种取值,其星座图由 1 个环组成。图 4-6 给出了 BPSK、QPSK、8PSK、16PSK 和 32PSK 的星座图。

MPSK 是多进制相移键控(Multiple Phase Shift Keying,MPSK)的缩写,其是恒包络数字调制,受调载波相位有 M 种取值。MPSK 信号可表示成以下形式:

$$x(t) = A(t)\cos[w_c t + \phi(t)] \tag{4-63}$$

其中,$A(t)$ 为 $x(t)$ 的振幅;w_c 为载波角频率;$\phi(t)$ 为 $x(t)$ 的相位分量,包含着调制信息。在一个周期内,$\phi(t)$ 为常数,因此上式可以表示成:

$$x(t) = A(t)\cos\left[w_c t + \phi_k\right], \quad kT \leqslant t \leqslant (k+1)T \tag{4-64}$$

把上式展开得到：

$$\begin{aligned}x(t) &= A(t)\cos\phi_k\cos(w_c t) - A(t)\sin\phi_k\sin(w_c t)\\&= I_k\cos(w_c t) - Q_k\sin(w_c t)\end{aligned} \tag{4-65}$$

其中，$I_k = A(t)\cos\phi_k$ 和 $Q_k = A(t)\sin\phi_k$ 是第 k 个同相分量和正交分量的幅度值。在 MPSK 调制中，信息是以相位的形式进行传输的。第 k 个符号的相位 ϕ_k 可以表示为：

$$\phi_k = \phi_{k-1} + \Delta\phi \tag{4-66}$$

其中，ϕ_{k-1} 是第 $k-1$ 个符号的相位，$\Delta\phi$ 是第 k 个符号相位的变化量。

对于 BPSK，$M=2$，若取 $\phi(0) = 0°$，则只有同相分量，没有正交分量，载波有 $0°$ 和 $180°$ 两种正交状态；若取 $\phi(0) = 90°$，则没有同相分量，只有正交分量，载波有 $90°$ 和 $270°$ 两种正交状态。

对于 QPSK，$M=4$，$\phi(0)$ 有 $0°$、$45°$ 两种取值，当 $\phi(0) = 0°$ 时，载波有 $0°$、$90°$、$180°$ 和 $270°$ 四种相位状态；当取 $\phi(0) = 45°$，载波有 $45°$、$135°$、$225°$ 和 $315°$ 四种相位状态。

对于 8PSK，$M=8$，取 $\phi(0) = 0°$，载波有 $0°$、$45°$、$90°$、$135°$、$180°$、$225°$、$270°$ 和 $315°$ 八种相位状态。

BPSK、QPSK 和 8PSK 的星座图如图 4-6 所示。

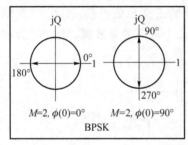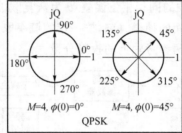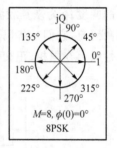

图 4-6　多进制 PSK 星座图

2. MPSK 调制解调方法

（1）MPSK 调制方法

8PSK 信号的调制原理框图如图 4-7 所示。输入的二进制信息序列经过串并转换后，每次产生一个 3 位的码组 $(b_3 b_2 b_1)$，因此符号率为比特率的 $1/3$。码组 $(b_3 b_2 b_1)$ 经过差分相位编码后，将比特信息与差分 8PSK 星座点的位置信息相对应，然后得到信号 (I_k, Q_k)。相位映射后的信号还是脉冲信号，具有大量的高频分量，不适合在信道上传输，需要进行成形滤波。成型滤波后，信号频谱发生变化，高频部分被抑制掉，从而避免了信号间串扰，降低了误码率。所用的滤波器系数应满足奈奎斯特第一定律，一般采用具有线性相位特性和平方根升余弦特性的低通滤波器，DVB-S2 采用的滚降系数为 0.35、0.25、0.2，DVB-S2X 采用了更低的滚降系数 0.05、0.1、0.15。滤波后离散的基带采样值与本地输出的离散正交载波相乘，完成频谱搬移，把基带信号调制成中频信号，送至后续的电路进行处理。

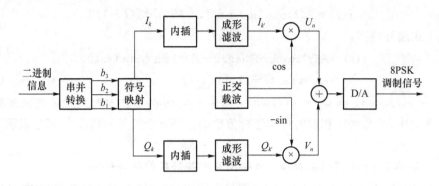

图 4-7　8PSK 调制原理框图

（2）MPSK 解调方法

MPSK 解调过程如图 4-8 所示，接收到的 MPSK 调制信号采用正交下变频的方式，与相互正交的两个本地载波相乘，然后经过低通滤波器滤除高次频率分量，综合考虑多种参量的影响，两路零中频信号可表示为：

$$\begin{cases} x=G_x\left[a_k\cos(\phi-\theta)-b_k\sin(\phi-\theta)+N_x\right] \\ y=G_y\left[a_k\sin(\phi+\theta)+b_k\cos(\phi+\theta)+N_y\right] \end{cases} \tag{4-67}$$

其中，G_x，G_y 为同相及正交两通路的增益，它们决定了输入给零中频数字处理器两路信号的幅度；ϕ 为恢复载波的同相相位误差；θ 为恢复载波的正交相位误差；a_k、b_k 为发端的调制码流，它们在各码元的抽样时刻，按一定的概率取几个特定的离散值；N_x、N_y 为信道加性噪声在同相、正交两参考轴上的投影分量。

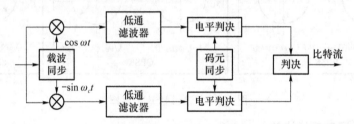

图 4-8　MPSK 信号解调框图

3. 同步技术

卫星通信系统能否有效可靠地工作，很大程度上依赖于其同步系统的性能。通信系统中的同步可分为载波同步、码元同步（或位同步）和帧同步。

（1）载波同步：当通信接收端采用同步解调或相干检测时，接收端需要提供一个与发射端调制载波同频同相的相干载波，这个相干载波的获取过程称为载波同步。

（2）位同步：在卫星数字通信中，消息通过一串连续的信号码元传递。接收端接收这个码元序列时，均需知道每个码元的起止时刻，从而对码元进行判决。因此，接收端须产生一个码元定时脉冲序列，并且定时脉冲的重复频率和相位要与接收码元一致，此过程为位同步或码元同步。接收端定时脉冲的重复频率和发送端码元速率相同，脉冲位置（即取样判决时刻）对准最佳取样判决位置。

（3）帧同步：数字通信中的消息数字流总是用若干码元组成数据帧进行传输，在接收数字流时,同样也须知道数据帧的起止时刻。在接收端产生与数据帧起止时刻相一致的定时脉冲序列,称为帧同步。

在 MPSK 解调器设计中,主要有码元同步和载波恢复两个同步环路。

（1）码元同步原理

为获得位同步信号,应在基带信号中插入位同步导频信号,或者对该基带信号进行某种变换。这两种方法称为插入导频法和直接法,或分别称为外同步法（在传输信号中插入额外的同步信息）和自同步法（直接从接收到的信号中提取同步信息）。自同步法中又分为锁相法和滤波法。锁相法是指在接收端利用鉴相器比较接收码元和本地产生的位同步信号的相位,若两者相位不一致（超前或滞后）,鉴相器就产生误差信号来调整位同步信号的相位,直至获得准确的位同步信号为止。滤波法是通过对信号进行某种变换,使得变换后的信号包含有位同步的信息,然后再用滤波器将其滤出。

（2）载波恢复原理

在接收机中产生的载波与发射机的载波会有频差和相位差,受载波频率偏差与相位偏差的影响,MPSK 信号在经过混频变成零中频信号后可表示成:

$$y(n) = a(n)e^{j(2\pi\Delta f_n T + \Delta\theta)} + v(n), \quad n = 0, 1, \cdots, k \tag{4-68}$$

其中,$y(n)$ 为受频偏和相偏影响的信号,$a(n)$ 为发送的 MPSK 信号,Δf_n、$\Delta\theta$ 分别为残余载波频偏和相位偏差,$v(n)$ 为高斯白噪声。

在不考虑噪声影响的情况下,接收的信号如果存在载波频偏或相位偏差,将会造成信号星座图的旋转。受载波频偏与相偏影响的接收信号可表示为:

$$\begin{cases} y_I(n) = a_I(n)\cos(2\pi\Delta f_n T + \Delta\theta) - a_Q(n)\sin(2\pi\Delta f_n T + \Delta\theta) \\ y_Q(n) = a_Q(n)\cos(2\pi\Delta f_n T + \Delta\theta) + a_I(n)\sin(2\pi\Delta f_n T + \Delta\theta) \end{cases} \tag{4-69}$$

其中,$y_I(n)$、$y_Q(n)$ 分别表示同相分量与正交分量。

载波恢复环路的基本结构如图 4-9 所示,主要包括相位误差检测器、环路滤波器和数控振荡器。相位误差经环路滤波器滤波后到达数控振荡器,数控振荡器产生相位估计值,对输入信号进行相位旋转以补偿相位误差。

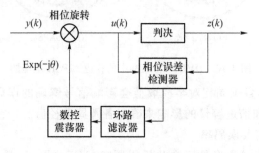

图 4-9　载波恢复环路框图

4.2.2　MAPSK 调制解调技术

MAPSK 同时利用载波幅度和相位来承载调制信息,其星座图由若干个环组成,每个环上都是 PSK 调制。MAPSK 调制星座图由 2 个参数确定：一个是各个外环与最内环的半径之比，另一个是各个外环与最内环的相对相位。

1. MAPSK 信号特性

（1）APSK 信号模型

APSK 信号的星座由 k 个同心圆组成，每个圆上有等间隔的 PSK 信号点。APSK 信号集表达式为：

$$X = r_k \exp\left[j\frac{2\pi}{n_k} i_k + \theta_k \right], \quad k = 1, 2, \cdots, N \tag{4-70}$$

其中，r_k、n_k 分别为第 k 个圆周的半径和信号点数，N 为圆周数；i_k 为第 k 个圆周上的点，$i_k = 0, 1, 2, \cdots, n_{k-1}$，$\theta_k$ 为第 k 个圆周上信号点的初相位。可见，APSK 信号的模型参数主要包含星座各信号环的半径取值、各环上信号点的数量以及信号点的初始相位。

图 4-10 为 DVB-S2X 标准采用的 16APSK、32APSK、64APSK、128APSK、256APSK 模型。

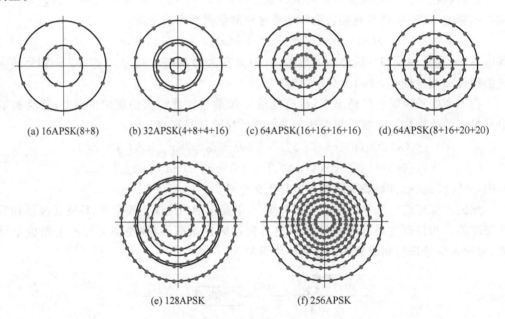

(a) 16APSK(8+8)　　(b) 32APSK(4+8+4+16)　　(c) 64APSK(16+16+16+16)　　(d) 64APSK(8+16+20+20)

(e) 128APSK　　　　　(f) 256APSK

图 4-10　DVB-S2X 标准中的相应 MPSK 星座图

对于 APSK 信号，各圆周相对半径取值会影响信号解调的误码率和信道容量，因此应综合考虑对误码率和信道容量的影响来确定各圆周半径值。

（2）最小欧氏距离及误码率

MAPSK 最优星座图是将最小欧几里得距离（MED）固定，最小化星座图的平均功率，这样在信噪比相同时受噪声功率影响更小，误码率更低。最小欧氏空间距离是指调制信号相邻星座点间的最小距离。

调制信号的符号误码率可表示为：

$$P_M < (M-1)Q\left(\sqrt{|x-x'|^2 \cdot E_s / (2N_0)} \right) \tag{4-71}$$

其中，E_s 为平均符号能量，N_0 为单边功率谱密度，x、x' 为相邻星座信号点，$Q(x)$ 为高斯

尾函数,其表达式为:

$$Q(x) = \frac{1}{\sqrt{2\pi}} \times \int_{x}^{\infty} \exp\left(-t^2/2\right) \mathrm{d}t \tag{4-72}$$

因此,为降低调制信号的误码率,需增大信号点之间的最小欧氏距离 $\delta_{\min}$。

$$\delta_{\min}^2 = \min_{x,x' \in X, x \neq x'} |x - x'|^2 \tag{4-73}$$

按照最小误码准则,在信号平均功率相等的前提下,最小欧氏空间距离越大,调制方式的抗干扰能力越强;反之,则越弱。经推导可发现,当 MAPSK 的相对半径比为 2.7 时,最小欧式距离可取得最大值。此时,内环和外环星座点间的最小间隔相等。

（3）恒包络特性

高阶调制方式的另一重要指标是其抗非线性失真的能力,即恒包络特性。通信卫星高功率放大器具有非线性的传输函数。卫星通信中为尽量增大信号输出功率,转发器的工作点大多选择在靠近饱和点附近,这时就会出现非线性失真,对卫星通信产生严重的影响。图 4-11 为 16APSK 信号星座图通过转发器后的畸变示意图。

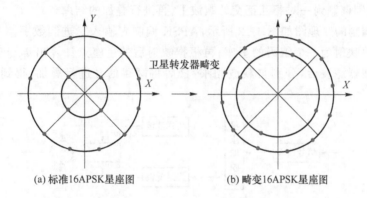

(a) 标准16APSK星座图　　　　(b) 畸变16APSK星座图

图 4-11　（4＋12）APSK 经过卫星转发器后的畸变示意

通信卫星转发器模型可简化为带限非线性信道。其主要的非线性由功率放大器(行波管放大器等)的 AM/AM 和 AM/PM 变换,典型的模型有 Salen:

$$\begin{cases} A(r) = \alpha_a r/(1+\beta_a r^2) \\ \Phi(r) = \alpha_\varphi r/(1+\beta_\varphi r^2) \end{cases} \tag{4-74}$$

其中,r 为输入信号的幅度,$A(r)$ 和 $\Phi(r)$ 分别表示高功率放大器的 AM/AM 和 AM/PM,参数 α_a、β_a、α_φ、β_φ 由高功率放大器的性能所决定。

例如,假设转发器的输入信号表示为:

$$x(t) = r(t)\cos\left[w_c t + \phi(t)\right] \tag{4-75}$$

其中,w_c 为中心频率,$r(t)$ 和 $\phi(t)$ 分别为包络信号的幅度和相位。则输入信号通过高功率放大器后可以表示为:

$$y(t) = A[r(t)]\cos\left\{w_c t + \phi(t) + \Phi[r(t)]\right\} \tag{4-76}$$

为补偿卫星转发器造成的非线性影响,通常在卫星转发器前设置一个线性化网络,对信号的幅度和相位进行预失真处理,降低非线性影响。考虑 APSK 方式是以载波相位和幅度承载信息,且其星座具有多环特性,可通过修正星座上各环相对半径和相对相位予以预补偿,从而使经过卫星转发器后的信号星座接近于理想位置。

2. APSK 调制解调方法

(1) 调制方法

APSK 调制可以利用两个基带信号分别去调制两个相互正交的同频载波,然后利用已调信号在同一带宽内频谱的正交特性,实现数字信息的两路并行传输。其调制信号可以用下面的表达式来表示:

$$
\begin{aligned}
S(t) &= \mathrm{Re}\{ [I(t)+\mathrm{j}Q(t)] e^{\mathrm{j}w_c t} \} \\
&= I(t)\cos w_c t - Q(t)\sin w_c t \\
&= A_I g(t)\cos w_c t - A_Q g(t)\sin w_c t
\end{aligned}
\tag{4-77}
$$

其中,$S(t)$ 表示 APSK 调制信号,$I(t)$ 和 $Q(t)$ 分别表示 APSK 调制信号的同相分量和正交分量,w_c 表示载波的频率,A_I 和 A_Q 分别表示调制同相信号和正交信号的幅度,$g(t)$ 表示发送信号的脉冲(一般是由发送滤波器确定)。$I(t)$ 和 $Q(t)$ 实际上是两路独立的 PAM (Pulse Amplitude Modulation,脉冲振幅调制)信号。APSK 调制可以看作是两路独立的 PAM 信号分别调制到一对相互正交的载波上,再进行叠加的结果。

APSK 调制的原理图如图 4-12 所示,APSK 调制先输入二进制数字信号,然后通过星座映射模块映射为一个编码的星座;再根据映射后的星座点计算出 I、Q 的数值;然后通过发送滤波器滤波后,分别与载波相乘;最后将两路信号进行叠加,得到 APSK 调制信号。

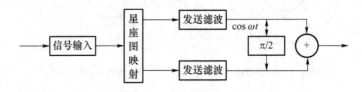

图 4-12　APSK 调制原理图

(2) APSK 星座映射

APSK 星座映射的实质是实现 m 个连续比特 $b=(b_1,b_1,\cdots,b_m)$ 到以下星座点集合的映射:

$$
X = r_k \exp\left[\mathrm{j}\frac{2\pi}{n_k}i_k + \theta_k \right] \quad (k=1,2,\cdots,N)
\tag{4-78}
$$

对于 APSK 调制信号,可采取准格雷码编码(映射),使相邻信号点只在某一位数据上存在差别,以更好抵抗噪声干扰,降低误码率。采取准格雷码编码的方式,将 m 个比特分为 m_r 个幅度映射比特和 m_p 个相位映射比特,满足 $m=m_r+m_p$, $b=(b^r,b^p)$, $b^r=(b_1^r,b_2^r,\cdots,b_{m_r}^r)$ 表示幅度映射比特,用 $b^p=(b_1^p,b_2^p,\cdots,b_{m_p}^p)$ 表示相位映射比特。由 $p=\mathrm{bin2Dec}(b^r)$, $\tilde{p}=\mathrm{bin2Dec}(b^p)$,可得到星座环索引 p 和相位索引 $\tilde{p}$。其中,$\mathrm{bin2Dec}(\cdot)$ 表示二进制到十进制的格雷编码映射。

对于常规的 APSK 调制方式,在第 k 个时隙发送的符号 s_k 即为星座点映射符号 x_k,即 $s_k=x_k$。

对于衰落信道,通常对信号进行差分编码。对于幅度相位联合差分编码的调制方式

DAPSK,在第 k 个时隙发送的符号 s_k 表示为：

$$s_k = \frac{1}{|s_{k-1}|} x_k s_{k-1} \tag{4-79}$$

s_k 的相位为：

$$\text{angle}(s_k) = \langle \text{angle}(x_k) + \text{angle}(s_{k-1}) \rangle_{2\pi} \tag{4-80}$$

式中,$\langle\ \rangle_{\xi}$ 表示模 ξ 的运算。

（3）成形滤波器

信号发送端需设置滤波器对星座映射后的信号进行频谱压缩,同时接收端也需要设置接收滤波器。升余弦滚降滤波器因具有以下优点,成为应用广泛的成形滤波器:满足奈奎斯特第一准则;具有平滑的过渡带,可降低理想低通滤波器的设计难度;通过引入滚降系数可以改变传输信号的成形波形,以减小抽样定时脉冲误差对系统带来的影响,达到降低码间干扰的目的。其频谱函数可表示为:

$$H(f) = \begin{cases} T, & |f| \leqslant \dfrac{1-\alpha}{2T} \\[2mm] \dfrac{T}{2} \times \left\{ 1 + \cos\left[\left(\dfrac{\pi T}{\alpha}\right) \times \left(|f| - \dfrac{1-\alpha}{2T} \right) \right] \right\}, & \dfrac{1-\alpha}{2T} < |f| \leqslant \dfrac{1+\alpha}{2T} \\[2mm] 0, & |f| > \dfrac{1+\alpha}{2T} \end{cases} \tag{4-81}$$

其中,T 表示符号周期,α 表示滚降因子。对上式进行傅立叶变换,可得到升余弦滚降滤波器的冲击响应为:

$$h(t) = \frac{\sin(\pi t/T)\cos(a\pi t/T)}{\pi t/T \times (1 - 4a^2 t^2/T^2)} \tag{4-82}$$

实际上,发送滤波器和接收滤波器通过级联可成为升余弦滚降滤波器,它们一起构成了传输系统的传输函数 $H(f)$,可有效抑制噪声,提高接收端信噪比。

$$H(f) = H_t(f) \times H_r(f) \tag{4-83}$$

其中,$H_t(f)$ 和 $H_r(f)$ 分别表示发送滤波器和接收滤波器。

（4）解调算法

解调过程中,首先将接收到的调制信号与相互正交的本地载波相乘,可以用下面的表达式来表示：

$$\begin{cases} S(t) \times \cos(w_c t) = \dfrac{1}{2} I(t) + \dfrac{1}{2} \left[I(t)\cos(2w_c t) - Q(t)\sin(2w_c t) \right] \\[2mm] S(t) \times \left[-\sin(w_c t) \right] = \dfrac{1}{2} Q(t) - \dfrac{1}{2} \left[I(t)\sin(2w_c t) + Q(t)\cos(2w_c t) \right] \end{cases} \tag{4-84}$$

然后,再将这两路信号分别通过接收滤波器滤掉高频分量,得到 $Q(t)/2$ 和 $I(t)/2$。最终解调的信号幅度会有所损失,但可无失真地恢复出来。图 4-13 给出了 APSK 解调的原理图。

目前,信号解调方法概括起来,主要有模拟相干解调法、数字相干解调法和全数字解调法三类。

（5）载波恢复算法

APSK 信号在解调时需要在接收机中产生与发送机同频同相的载波。但是发送机

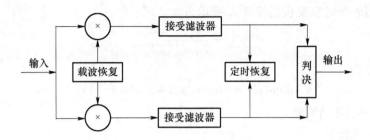

图 4-13　16-APSK 解调原理图

和接收机一般情况下在相位上是不同步的,同时,信号在通过信道传输之后也会造成一定的延时。因此,对于 APSK 信号,在解调时就会产生一定的随机相位偏差。载波恢复主要有两种处理方法:其一是复用法,通过在频域使用额外的导频信号,然后接收机提取出导频信号,使本地荡器与接收信号的载波频率及相位同步;其二是直接通过接收到的信号来导出载波相位的估计值,此方法应用较普遍,其优点在于全部的发送功率都可分配给携带信息的信号。

APSK 调制信号通过信道传输以后,会产生一定的相位偏移,用 θ 表示,这时 APSK 信号就变为如下形式:

$$s(t) = I(t)\cos(w_c t + \theta) - Q(t)\sin(w_c t + \theta) \tag{4-85}$$

然后分别用两个正交的载波 $\cos w_c t$ 与 $-\sin w_c t$ 进行初解调,再通过一个低通滤波器来滤除高频的分量,得到的信号是有相位偏差的,表示为:

$$\begin{cases} y_I(t) = \dfrac{1}{2}I(t)\cos\theta - \dfrac{1}{2}Q(t)\sin\theta \\ \\ y_Q(t) = \dfrac{1}{2}Q(t)\cos\theta + \dfrac{1}{2}I(t)\sin\theta \end{cases} \tag{4-86}$$

从上述表达式可以看出,因为相位偏差的存在,被解调出的数据已经不是所需要的解调数据了,所以必须对信号进行处理。在数字解调器中,载波恢复主要由相位旋转器、鉴相器、数字环路滤波器和数控振荡器组成。由于鉴相器的不同,载波恢复的方法分为平方环法、科斯塔斯环法和直接判决法等。平方环算法的捕捉性能会随着电平数的增大而产生衰减,同时对时序与硬件资源的要求也比较高,不利于硬件的实现;科斯塔斯环法因为加入了选择控制,会增加载波相位的抖动,从而影响环路信噪比的提高,降低解调器的解调质量;直接判决法对于低阶的 APSK 信号比较适用,此算法的相位抖动比较小,比较适合环路的跟踪处理,同时也易于实现。直接判决法的原理框图如图 4-14 所示。

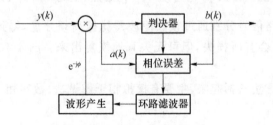

图 4-14　直接判决法的原理框图

4.3 正交频分复用技术

正交频分复用技术（Orthogonal Frequency Division Multiplexing，OFDM），是一种多载波调制技术，其基本原理是将信号流划分为多路子数据流，然后进行并行调制，实现多路载波。在传送的过程中，子载波的频谱重叠，但有良好的正交性，因此被称为正交频分复用。软判决技术、栅格编码技术、信道自适应技术的引入使得 OFDM 技术成为频谱利用率高、应用广泛的一种数据传输技术。同时，OFDM 技术还具有抗多径衰落、抗时延弥散、结构简单、易于实现等优点，使得 OFDM 可用于卫星高通量通信接入网。

OFDM 将信道频谱划分为多个正交子带，再将数据分布到各个子带上进行并行传输，其主要特点有：依靠正交性高效应用信道频带；采用宽码元与循环前缀巧妙解决码间干扰问题；通过各子带的自适应调制以灵活应对各种不平坦与多变的信道条件；借助快速傅里叶变换方法高效完成庞杂的并行处理。目前，OFDM 已成为有效的复杂信道通信方法，成功用于多类通信系统中。

1. OFDM 原理

考虑间隔为 ΔF 的 K 个子载波 $f_k = k\Delta F$，$k = 0, 1, \cdots, K-1$，其中 K 通常取为 2 的整次幂。它们彼此正交，即任取两个载波 f_k 与 $f_l (k \neq l)$，有

$$\int_0^T \cos(2\pi f_k t + \varphi_k) \cos(2\pi f_l t + \varphi_l) \mathrm{d}t = 0 \tag{4-87}$$

其中，$T = 1/\Delta F$ 为子带的符号间隔，φ_k 与 φ_l 为任意相位值。

按照上述子载波与符号间隔进行多载波调制，接收端根据式（4-87）的正交性可完好地分离各个子带。

OFDM 中相邻的子载波（也称副载波）距离仅为 ΔF，在频域上各子带间完全没有保护间隔，甚至还彼此重叠。只要保持好正交性，它们之间就互不干扰。显然，OFDM 各子带的码率为 ΔF，码元宽度为 T；系统总的码率为 $R_s = K\Delta F$，等效码元宽度为 $T_s = T/K$。因此，OFDM 的信号带宽为

$$B_T = (K+1)\Delta F = \frac{(K+1)}{K} R_s \approx R_s \tag{4-88}$$

可见，OFDM 信号带宽非常有效，没有因划分子带而下降。其实，OFDM 信号合成频谱呈矩形，而常规单载波信号的频谱大多呈圆顶形。由此可见，OFDM 更充分地利用了整个频带。

2. OFDM 信号产生

根据 OFDM 原理考虑更为一般的情况，K 个子载波位于频带 $[f_c, f_c + K\Delta F]$，即各子载波为 $f_k = f_c + k\Delta F$，$k = 0, 1, \cdots, K-1$。该 OFDM 信号的具体实现过程如下：

（1）串并变换：从比特流中取出 K 个符号 α_k，分配给 K 个子带。

（2）子带调制：在第 k 子带上，先将各符号按调制规则映射为星座点，记为 $X_k = \alpha_{ck} + \mathrm{j}\alpha_{sk}$；然后由相应调制方法得到该带的调制信号 $x_k(t)$。

（3）信号合成：将所有子带的调制信号叠加，得到最终 OFDM 信号。

$$s(t) = \sum_{k=0}^{K-1} x_k(t) \qquad (4-89)$$

3. OFDM 的 FFT 实现方法

令式(4-89)中 $x(t) = \sum_{k=0}^{K-1} X_k e^{j2\pi k\Delta Ft}$，则其正是 $s(t)$ 的复包络。在每个符号 T 上对 $x(t)$ 取 K 个样值，间隔为 $T_s = T/K$，设样值为 $x_n (n=0,1,\cdots,K-1)$，即

$$x_n = x(nT_s) = \sum_{k=0}^{K-1} X_k e^{j2\pi k\Delta FnT_s} = \sum_{k=0}^{K-1} X_k e^{j\frac{2\pi kn}{K}} \qquad (4-90)$$

其中，$T_s\Delta F = T_s/T = 1/K$，$x_n$ 与 X_k 是一对 K 点的离散傅里叶变换（DFT），即

$$\{x_n\}_{n=0,1,\cdots,K-1} \overset{K\text{点 DFT}}{\Longleftrightarrow} \{X_k\}_{k=0,1,\cdots,K-1} \qquad (4-91)$$

K 通常取为 2 的整次幂，这样 DFT 可利用快速傅里叶变换（FFT）的高效算法来完成。由此可见，OFDM 信号可以用 IFFT（如图 4-15 所示）来产生。图中 D/A 为数字/模拟转换（样率为 $R_s = T_s^{-1}$），最后的正交调制基于下式

$$s(t) = Re\left[x(t)e^{j2\pi f_c t}\right] = x_c(t)\cos(2\pi f_c t) - x_s(t)\sin(2\pi f_c t) \qquad (4-92)$$

其中，$x_c(t)$ 和 $x_s(t)$ 分别为 $x(t)$ 的实部与虚部。

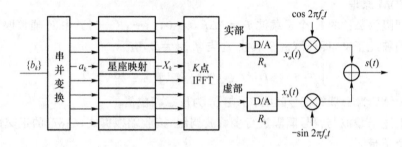

图 4-15 利用 IFFT 产生 OFDM 信号

OFDM 的接收过程正好与其产生过程相反，首先按 f_c 作正交解调，紧接着对正交与同相信号分别采样，然后根据符号同步将 K 个样值对齐成一组，最后采用 FFT 计算出 $\{X_k\}$。

4. OFDM 保护间隔

OFDM 依靠很宽的子带码元弱化了 ISI 的影响，但由于存在信道展宽，因此会破坏子带间的正交性。解决的方法是在每个码元前预留一段长于信道展宽的保护时间 T_g，其由本码元的尾部复制而成，称为循环前缀，如图 4-16 所示。接收时简单地丢弃这一段，而用后面的 T 段进行 FFT。这种做法既能够消除子信道的码间干扰，又保持了它们之间的正交性。

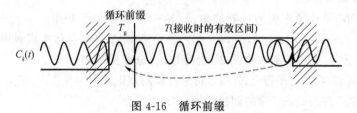

图 4-16 循环前缀

4.4　自适应编码调制技术

1. 自适应编码调制基本原理

高码率的编码和高阶调制技术能有效地提高通信系统容量,但降低了系统的纠错能力;低码率的编码和低阶调制虽然确保了系统的码字纠错能力,但降低了系统的有效容量,影响通信系统的信息传输效率。传统的通信系统使用单一的编码和调制方法,当信噪比低于某一临界值时,系统将达不到规定的解码解调门限要求。

自适应编码调制(ACM)可实现链路衰落的有效补偿,其技术原理是:信号发射机根据当前信道的状态信息自动选择适当的编码和调制方法,用来补偿由天气衰落、阴影衰落、多径效应等多种因素造成的传输信号衰落,从而保证通信系统能有效地传送信息,在不同的信道状态下都能获得最佳的吞吐量或误码率性能。

自适应编码调制技术的特点有:

(1)自适应编码调制技术随信道状态变化而随时改变数据传输速率,不能保证数据有固定的速率和延时,因此不适于需要固定数据率和延时的电路交换业务。

(2)发送端的发送功率保持恒定,信道好的用户使用较高的数据率,信道条件差的用户使用较低的数据率,这样能充分利用信道条件,提高系统的平均通信容量。

(3)发送端的发送功率保持恒定,系统仅随信道状态变化来改变编码调制参数,由此可避免发送功率快速切换带来的"噪声提升"效应,克服了对其他用户的干扰,从而提高了系统的平均通信容量。

ACM 技术的优势在于,系统设计时无须考虑适应最差链路条件而预留链路余量,有效地减小了链路资源的浪费。与固定的单一编码调制方法相比,自适应编码调制可根据当前链路状态,灵活地选择编码和调制方式,在链路条件恶劣时选择低阶调制和低码率的信道编码,使系统的误码率低于允许的最高误码率要求,而当链路条件好时选择高阶调制和高码率的信道编码,从而充分利用信道频谱资源,提高系统吞吐量。总体来说,在有限的信道资源环境中,ACM 技术可保证通信系统的信息传输质量和效率。

自适应编码调制技术依赖于接收端对信道状态的准确估算,并能通过返向信道将信道状态信息无误差地传送给发射端。最常用的信噪比估计算法有最大似然估计法(ML)、分割符号矩估计法(SSME)、二阶矩-四阶矩估计法(M2M4)、最小均方误差估计法(MMSE)等。其中,ML 算法和 M2M4 算法在估计性能和实现复杂度上都有较大的优势。

2. 自适应编码调制工作流程

自适应编码调制系统的关键是确定系统切换门限。发射端的自适应算法模块为匹配当前的传输链路状态,需要通过优化算法获得编码调制对的最优切换门限,最终通过门限判决得到最优的编码速率和调制方法。

对于自适应系统的门限法,需要以信道信噪比为依据,将信道状态划分为若干个区间,每个区间对应一组满足误码率要求且频谱效率最高的编码调制对。自适应系统的每组编码调制对都具有相对应的切换门限,即与编码调制方式相匹配区间的下限值。假设自适应系统工作的信噪比范围可划分为 $n+1$ 个区间,其中任一区间表示为 $[\gamma_i,\gamma_{i+1}]$($i=0,1,\cdots,n$)。定义区间 $[\gamma_i,\gamma_{i+1}]$ 内能实现最大吞吐量的编码调制对记为 MCS_i,即当信道信噪比处于区间 $[\gamma_i,\gamma_{i+1}]$ 时,自适应系统会选择编码调制对 MCS_i 作为下一帧比特序列的编码和调制方式。因此,当发射端获取信道信噪比 γ 时,自适应算法模块选择的编码调制对可以表示为:

$$MCS=\begin{cases}noMCS, & \gamma<\gamma_1\\ MCS_1, & \gamma_1\leqslant\gamma<\gamma_2\\ \vdots & \vdots\\ MCS_i, & \gamma_i\leqslant\gamma<\gamma_{i+1}\\ \vdots & \vdots\\ MCS_n, & \gamma\geqslant\gamma_n\end{cases} \tag{4-93}$$

其中:$i=0,1,\cdots,n$;MCS_i 表示第 i 组编码调制对;γ_i 是编码调制对 $MMCS_{i-1}$ 与 MCS_i 之间切换的判决门限值。$\gamma<\gamma_1$ 表示通信链路的环境极度恶劣,系统不会分配编码调制方式,并且此时系统会中断信号的传输。ACM 算法的门限自动判决流程从最高信噪比门限开始逐次递减,经过若干次循环判决后得到匹配的信噪比区间以及对应最优的编码调制对,从而保证 ACM 系统可实现最优自适应传输。

自适应编码调制系统的原理框图如图 4-17 所示。为实现编码调制方式的自动选择,发射端需要增加自适应算法模块,该模块能根据自适应算法、接收端反馈的当前信道状态信息及具体用户的业务需求,来选择与信道特性相匹配的编码调制方式,并发送指令到编码器和调制器,最终实现发送信号自适应的最优编码与调制。而系统接收端增加信道状态估计模块,获取当前传输链路的信道状态信息,并将获取的信道信息通过反馈链路转发给发射端的自适应算法模块。

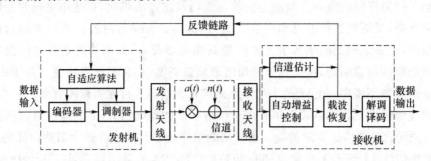

图 4-17 传统自适应编码调制系统的结构组成框图

ACM 技术首先被应用在卫星数字视频广播标准 DVB-S2 中。接收站通过卫星信号提取链路质量信息(如信噪比),并将该信息回传到发送站,发送站根据链路质量在预先规定的编码调制方案中选择合适的方式,保证链路的可用性。

通信数据的编码调制方式可根据信道条件和业务流量而改变,自适应调整过程如图 4-18 所示。自适应调整由发送站根据接收站的信道估计结果和业务流量变化发起,发送站的编码调制方式改变时,接收站从接收的帧头信息中获取改变后的调制编码方式,并改变本地的调制编码方式,实现自适应调整。

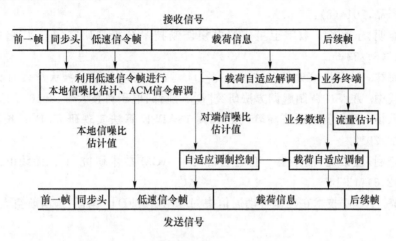

图 4-18　透明点对点模式工作流程

参 考 文 献

[1]　Dennis Roddy. 卫星通信[M]. 郑宝玉,译. 北京:机械工业出版社,2011.

[2]　陈振国,杨鸿文,郭文彬. 卫星通信系统与技术[M]. 北京:北京邮电大学出版社,2003.

[3]　李晓峰,周亮,邵怀宗,等. 通信原理[M]. 北京:清华大学出版社,2008.

[4]　贺巍. 卫星自适应 LDPC 码优化技术研究[D]. 成都:电子科技大学,2018.

[5]　赵新. 基于 LDPC 码的卫星通信自适应编码调制技术研究[D]. 成都:电子科技大学,2013.

[6]　吴文懿. 低轨卫星通信 LDPC 码编译码算法研究[D]. 哈尔滨:哈尔滨工业大学,2017.

[7]　潘晓青. 多元域 LDPC 码编码调制技术及应用[D]. 南京:东南大学,2017.

[8]　侯晓庚. LDPC 码置信传播译码算法改进与性能分析[D]. 西安:西安电子科技大学,2018.

[9]　宫晓妍,刘建伟,杨友福. LDPC 码在卫星通信中的应用研究[C]. 中国电子学会十五届青年学术年会论文集,2009:6-10.

[10]　童焦龙. 卫星突发通信用 LDPC 编译码器的研究与实现[D]. 成都:电子科技大学,2018.

[11]　郭涛. LDPC 码的编译码技术研究[D]. 西安:西安电子科技大学,2010.

[12]　代宜君. 卫星高效编码调制体制设计[D]. 西安:西安电子科技大学,2010.

[13]　安宁. 兼容 DVB-S2X 标准的全速率高速 LDPC 译码器设计与 FPGA 实现[D]. 西安:西安电子科技大学,2016.

［14］ 李双焕,方金辉. 卫星通信系统中多进制调制方式的对比分析[J]. 军民两用技术与产品,2014(8):55-57.

［15］ 张旭明,宁海斌. 数字卫星广播电视调制技术分析与研究[J]. 广播电视信息,2013(5):63-66.

［16］ 孙海祥. MPSK 高速解调技术研究[D]. 西安:西安电子科技大学,2012.

［17］ 余代中. APSK 调制解调方法研究[D]. 成都:电子科技大学,2016.

［18］ 谢秋杨. 面向卫星通信高阶调制解调 16APSK 算法实现研究[D]. 长沙市:湖南大学,2012.

［19］ 苟晓刚,董银虎,潘申富. 卫星通信网中 ACM 技术研究[J]. 无线电通信技术,2012(6):12-14.

［20］ 韦亮. ACM 技术在卫星移动通信中的应用研究[D]. 南昌:南昌航空大学,2018.

第 5 章

高通量卫星通信组网技术

通信组网是卫星通信系统提供服务和应用的重要基础。卫星网络承载了越来越多的互联网业务流。随着网络技术及应用的发展,高通量卫星通信网络将进一步与全球网络体系进行融合。面对互联网的 IP 发展趋势,高通量卫星通信网络需提高对 IP 业务的支持能力。本章主要介绍高通量卫星通信网络系统的无线资源管理、多址接入方式、组网协议、网络安全管理等内容。

5.1　卫星通信网络结构及模型

卫星通信网与地面通信网类似,由核心网和接入网组成,如图 5-1 所示。其中,核心网又称为骨干传输网,由高速交换节点(交换机或路由器)组成,实现节点间的高速数据流传输和交换,提供干线互联服务;接入网处于网络边缘,主要是面向用户,与用户终端系统进行交互,为用户终端提供接入业务。

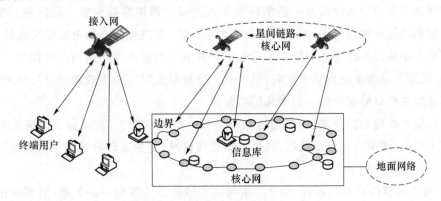

图 5-1　卫星通信网组成示意图

高通量卫星通信网络可提供广播、组播和多点到点服务。利用点到点的高速传输能力,可提供干线节点的连接;利用系统点到多点的组播和广播能力,可实现 Internet 上内容向边缘服务器的高速推送；利用系统多点到点的共享接入能力，可以使边远地区用户利用卫星通信网络解决"最后一公里"的接入问题。

1. 卫星通信网络拓扑结构

卫星通信网络拓扑结构描述的是地面站、卫星、用户终端之间的通联关系，主要包括星状拓扑结构、网状拓扑结构和混合拓扑结构。在星状网系统中，用户终端之间无法互通，需通过中心站进行中转；在网状网系统中，用户终端之间通过卫星可以直接通信；在混合拓扑组网结构中，远端站之间可以直接通信，也可通过主站进行通信。三种网络结构示意图如图 5-2、图 5-3、图 5-4 所示。

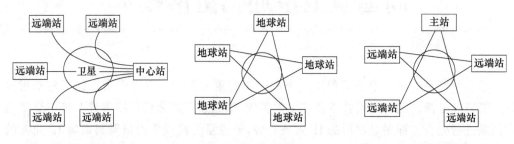

图 5-2　星状网络拓扑结构　　图 5-3　网状网络拓扑结构图　　图 5-4　混合型网络拓扑结构

星状网的主要特点有：各地面站间的通信都需通过中心站进行转发，以"双跳"方式进行通信，卫星信道利用率较低，传输时延大；要求中心站天线口径和功放较大；对远端站的要求较小，建设成本低。网状网的主要特点有：各地面站通过"单跳"方式通信，卫星信道利用率高，传输时延较小；不需要建设大的站型；对各地球站的要求较高，建设成本高。

高通量卫星通信系统通常需要传输管理控制信息和业务信息。管理控制信息的传输一般采用星状网络结构，即管理控制信息只在信关站和远端站之间进行直接交互；业务信息的传输则可根据任务规划和地球站配置采用相应的网络结构。

高通量卫星通信系统可基于透明转发器或卫星处理转发器构建上述网络。在基于透明转发器的卫星通信网中，卫星只完成物理层功能，仅进行信号的透明或交链转发，不介入卫星空中接口其他层的功能。采用透明转发卫星构建的网络结构通常称为"弯管式结构"。采用卫星处理转发器方式时，卫星对上行数据先进行相应处理再进行转发，卫星载荷实现空中接口协议中的一层或几层功能。

根据星上处理功能配置、返向信道和网络拓扑结构的特点，高通量卫星通信系统网络可分为三类：透明转发器星状网、透明转发器网状网、再生式转发器网状网。这三种网络拓扑的主要差异如下。

① 对于星状拓扑结构而言，用户终端与网关的数量是多对一的关系；对网状拓扑结构来说，则是多对多的关系，即一个终端可以与多个网关通信，可以接入不同的网络和服务提供商。

② 前向和返向的无线空中接口通常是不同的，对于透明卫星来说，上行链路与下

行链路通常采用不同的空中接口体制。例如,下行采用 TDM 方式,上行采用 MF-TDMA方式;在再生式卫星系统中,上行链路与下行链路的空中接口体制一般是相同的。

(1) 透明转发器星状组网方式

透明转发器星状组网方式如图 5-5 所示,系统内通常包括一个主站(Hub)和若干用户终端(SUT),所有业务都要流经主站,用户终端之间的通信需要通过主站中转,经过"双跳"完成。主站负责系统无线资源的分配、用户的管理与控制、业务路由与交换等,另外还提供与地面网络的互联互通,提供业务接入点。该模式的特点是采用了集中管理方式,主站相对比较复杂,采用大口径天线和大功率功放,而用户终端结构相对简单,天线口径和功放都较小,网络可容纳较多的终端数,扩容方便。该模式的缺点是存在单一故障点,对主站稳定性要求较高,用户终端之间不能直接互通,需通过主站中转,时延较大。DVB-S2/DVB-RCS标准和 IPoS 标准都采用了此组网方式。

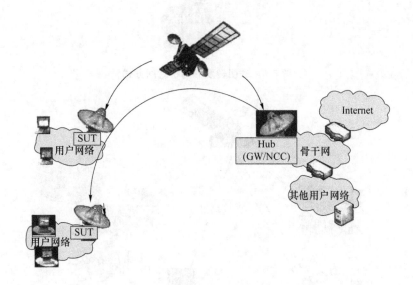

图 5-5　透明转发器星状组网

(2) 透明转发器网状组网方式

透明转发器网状组网方式如图 5-6 所示,系统由一个主站和若干用户终端构成,主站负责全网同步、无线资源分配、帧计划下发,所有信令(主要是资源申请信令)都要流经主站,终端之间可以直接建立业务连接,目前该模式没有统一的工业标准。由于终端之间需要直接互通,所以功放体积、天线口径都比较大,且网络所能容纳的终端数不能太多。

(3) 再生式转发器网状组网方式

再生式转发器网状组网方式如图 5-7 所示,通过采用星上处理、星上交换和星上路由,实现系统内终端的全网状通信,无线资源管理也在星上完成。Hughes 公司的

Spaceway-3 卫星系统及欧洲的 Amerhis 卫星系统均采用此模式。欧洲电信标准化协会（ETSI）采纳了两个系统的空中接口设计方案，分别定义为 RSM-A（Spaceway-3）和 RSM-B（Amerhis）。

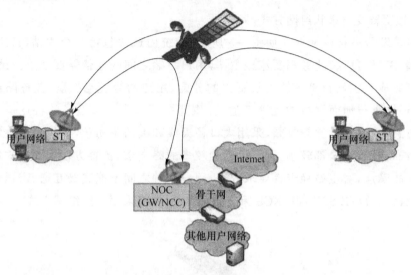

图 5-6　透明转发器网状组网方式

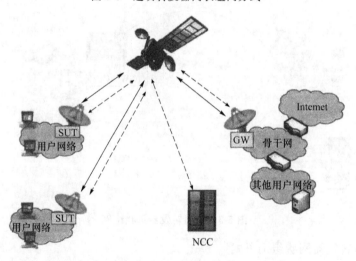

图 5-7　再生式转发器网状组网方式

2. 卫星通信网络参考模型

卫星通信网络参考模型如图 5-8 所示，其中定义了三个要素：卫星通信网络系统、卫星通信网络、卫星通信子网。

卫星通信网络系统：指卫星通信网络、网管中心（NMC）和网控中心（NCC）等。

卫星通信网络：指通信系统子网及相关的互联和适配接口。卫星通信网络的边界是连接其他网络的物理接口。

卫星通信子网：指与卫星无关的服务访问点（SI-SAP）以下的卫星通信网络单元，包括卫星载荷和卫星网络接口。SI-SAP 是卫星终端空中接口跟与卫星相关的低层及与卫星无关的高层之间的接口。

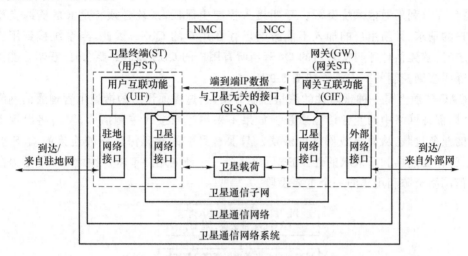

图 5-8　BSM 系统、网络和子网组成示意图

卫星通信网络系统中有两类卫星终端(ST)：用户卫星终端和网关卫星终端。用户卫星终端提供卫星网和驻地网之间的互联能力；驻地网提供到达一个或多个端主机的连接，这可通过直连或本地网来实现。网关卫星终端提供卫星网络和外部网络之间的互联。外部网络提供到互联网或网络服务器等的接入。

接入网的参考模型包括三个平面：U 平面、C 平面和 M 平面。其中，U 平面是用户平面，表示用户数据传输，具有分层结构；C 平面为各种业务提供控制功能，处理用于建立、维持和释放承载业务所必需的信令，同样具有分层结构；M 平面为管理平面，主要提供层管理和网络管理功能。

5.2　卫星通信无线资源管理

高通量卫星通信系统需要解决无线资源的高效管理问题，在系统资源利用率和用户服务质量(QoS)满意度之间达到平衡，确保容纳最多接入用户、达到系统资源最大利用率。无线资源管理需要面向卫星无线资源的共享性，确保多用户有序共享无线资源；面向卫星无线资源的稀缺性，高效利用无线资源；面向用户业务的多样性，保证不同业务的QoS 要求。无线资源管理体系包括用户的呼叫接入控制(CAC)、信道及带宽资源分配和业务切换等功能。

5.2.1　呼叫接入控制方法

高通量卫星通信系统资源管理的重要功能之一就是呼叫接入控制(CAC)，其定义为：对于一个呼叫连接请求，根据其业务特征(如流量参数)、要求的服务质量及当前网络资源状况(如现有连接已占用的链路带宽、缓冲区等)进行分析，从而判断是否允许此呼叫连接请求接入。CAC 目标是在保障所有已接纳连接的 QoS 前提下,接纳尽可能多的新连接,充分利用通信系统资源。呼叫接入控制应保证,系统必须有足够的资源支持呼叫用户的请求,且新用户的加入不能影响已存在用户的 QoS。因此,当系统接到用户连接请求时,首先估计呼叫接入后的 QoS,当所有用户的 QoS 都达到要求时,呼叫才能被接入。呼叫接纳控制的基本流程如图 5-9 所示。

CAC 实质上是一种预防性的流量控制方案,通过提前预防的措施来管理通信网络资源,从而保证网络中的业务传输质量。如果不采用呼叫接入控制措施,网络将出现无法控制的业务过载,从而导致网络的瘫痪。只要有足够的资源保证各种连接的 QoS 要求(包括已存在连接和新请求的连接)就可以接受一个新的用户请求。因此,CAC 是提高卫星通信网络资源利用率的一个重要手段。

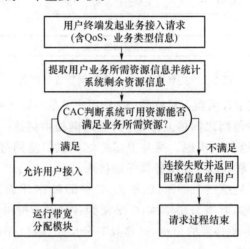

图 5-9   呼叫接纳控制基本流程

CAC 根据当前波束中负载、干扰、无线信道资源等情况,依据特定的接入控制准则(即 CAC 算法),对呼叫接入请求进行接纳或拒绝,并给被允许接入的呼叫分配无线信道资源。

衡量 CAC 算法的指标主要包括呼叫阻塞率、呼叫中断率和带宽利用率。

(1) 呼叫阻塞率(Call Blocking Probability,CBP)表示新呼叫连接请求被拒绝接入网络的概率,按下式计算:

$$CBP = 未接纳的新呼叫数/新呼叫到达总数 \tag{5-1}$$

(2) 呼叫中断率(Call Dropping Probability,CDP)指多波束卫星通信系统的用户在两个小区间切换时,因目标小区不能满足现有呼叫连接所需资源而使其被迫强行终止的概率,按下式计算:

$$CDP = 未接纳的切换呼叫数/切换呼叫到达总数 \tag{5-2}$$

(3) 带宽利用率(Bandwidth Utilization Ratio,BUR)表示接纳进入网络的各种应用带宽总和占系统所能提供的总带宽的比例,按下式计算:

$$BUR = 接纳进入网络的各种应用带宽总和/系统所能提供的总带宽 \tag{5-3}$$

制定 CAC 算法所遵循的基本原则是:在保证已有连接的 QoS 前提下,最大限度提高无线资源利用率,并使 CBP、CDP 等系统性能参数达到指定的要求。

从对用户 QoS 的保证方式上,卫星通信系统的 CAC 策略可分为提供确定性 QoS 保证和提供统计性 QoS 保证两类。

(1) 提供确定性 QoS 保证的 CAC 策略。该策略为只有当最差条件下的请求能够被满足时(如可用带宽大于连接时的峰值速率),新的连接请求才能被接受,如 EuroSkyWay 卫星系统即采用该策略。该策略简单,适合平滑类业务流,但对于突发性的业务,其链路利用率非常低,大大地浪费了系统资源。

(2) 提供统计性 QoS 保证的 CAC 策略。该策略是在假设所有连接同时以峰值发送的可能性为零的条件下,实现数据流的统计复用。这种策略并不是确保峰值速率,而是一种统计性的资源分配方法,其不足在于难以对业务的流量特性做出准确预测,但它可以保证较高的资源利用率,且非常适合突发性业务,特别在 ITU-R 引入了超额需求概率(Excess Demand Probability,EDP)后,该策略得到广泛研究。

根据设计参数,卫星通信系统的 CAC 策略可分为完全划分策略和完全共享策略两类。

(1) 完全划分策略

完全划分(Complete Partitioning,CP)策略中常见的是采用预留带宽的方法,它为每一种业务类型分配一组资源,这些资源只能被该类业务使用。这类呼叫接入控制算法的策略相对简单,通过对切换业务以及具有较高优先级的业务预留带宽,来保证高优先级业务较高的接入概率。这种策略更适用于以语音业务为主的移动卫星通信网络系统。而高通量卫星通信系统的业务种类多,突发性强,各种业务之间的传输速率和服务质量要求有较大差异,该策略不能满足不同种类业务的 QoS 要求;且系统为了保证切换呼叫请求的接入率而为其预留一部分带宽资源,导致系统整体资源利用率降低。

(2) 完全共享策略

完全共享(Complete Sharing,CS)策略是指只要在连接请求时有可用资源,该连接就能被接入,而在分配资源时并不考虑连接的重要性。CS 策略的唯一限制条件就是系统总容量。这种策略可能引起对资源的独占,导致较低的资源利用率。在 CS 策略中,请求较少资源的连接被接入的可能性更大。完全共享策略又可分为:基于业务 QoS 的呼叫接入控制算法和基于网络效益的呼叫接入控制策略。

基于业务 QoS 要求的策略是以用户的某种 QoS 参数(如业务的优先等级、业务的吞吐率、时延抖动等)为目标进行接入控制。只有达到业务相应的 QoS 要求,系统才会对其接入。当系统中没有足够的带宽资源接入新的呼叫请求时,将此请求放入一个缓存中等待,并设置一个最大等待时延 t,在 t 时延以内只要系统有足够的资源就将其接入,否则丢弃该请求。该 CAC 策略在请求带宽没有很大差异情况下有较好的性能,但缺点也显而易见:当一个呼叫请求所需的带宽较大而不能满足时,会被放入缓存中等待,在其等待的过程中,其他所有的呼叫请求都会被阻塞直到该请求得到分配。而在此过程中,对于请求带宽较小并且当前系统剩余资源能够满足其需求的呼叫请求也被直接拒绝。该方法并没有考虑到系统带宽的整体利用率,并且对于之前所拒绝的请求也没有相应的补救措施。

基于网络效益的呼叫接入控制策略主要是从网络整体来考虑,同时兼顾不同类型业务的 QoS 要求。其主要是根据不同请求业务类型的不同 QoS 参数来建立对应的传输网络效益函数。不同类型的业务在传输时对系统提供的效益是不同的,而网络效益可以反映整体网络系统的资源利用率,系统通过某种策略来选择当前能够为网络提供最大收益的呼叫请求,从而实现系统资源利用率的最大化。

5.2.2 信道及带宽资源分配方法

信道及带宽分配方法是对卫星宽带通信信道及带宽资源进行合理分配,在保证用户的 QoS 要求基础上,实现对卫星有限带宽资源充分利用的方法。信道及带宽资源的分配涉及信道及带宽分配策略、分组调度算法及跨层设计方法等。信道及带宽分配策略主要实现对不同业务用户的信道及带宽合理分配和整个带宽资源的高效利用。分组调度旨在降低业务间的资源竞争,减轻网络拥塞,实现带宽资源的高效利用。跨层设计通过增加网络协议栈不相邻协议层间的通信,利用协议子层间的信息交互加强层间参数的融合,实现网络协议栈的整体性能最优。

1. 信道及带宽分配策略

卫星通信系统允许用户的呼叫接入后,需要为其分配通信信道。信道分配的策略主要有固定分配策略、按需分配策略、信道预留策略、排队策略等。

(1) 固定分配策略

固定分配方式又称为静态分配方式,在连接建立时,就为其分配专属于该连接的信道和带宽,直到该连接结束。这类基于信道和带宽固定分配的无线资源管理体系实现简单,能够保证较低的业务时延,但不能适应业务流的变化。对于突发性数据,尤其是均峰值较大的变比特率数据,信道和带宽利用率低。该体系特别适合于业务速率稳定、具有严格时延限制的业务,如语音、视频等实时业务,因此目前在以语音通信为主的卫星系统中应用广泛,而对于高通量卫星通信系统,固定分配方式可作为一个补充。

(2) 按需分配策略

带宽按需分配是针对宽带多媒体业务的突发性提出的解决方法,该方法包含带宽申请和带宽分配两个阶段。首先用户根据业务实际需求发送容量请求,无线资源管理器根据用户需求为其分配资源。因而带宽分配能够跟踪实际业务的动态性,从而可有效地提高资源利用率。对于 GEO 卫星链路的长传播延时,带宽请求/分配过程增加了业务时延。

带宽按需分配方式主要有以下两种:一种是根据业务需求进行申请的方式,其无法解决申请过程所经历的长时延问题;另一种是基于业务预测的按需分配方法,该方法通过预测业务在等待队列中的长度,将预测信息发送给网络资源控制中心,采用自适应算法动态地分配带宽资源,满足服务质量的要求。在基于业务预测的按需分配方法中,用户终端会预测未来一段时间内的业务到达率,然后据此申请带宽,而不是等业务积累到一定程度后再提出申请,这可更大程度上保持业务流均衡占有信道,但还是避免不了由于申请竞争可能造成的时延问题。业务流量预测方法有基于固定流量模型、基于神经网络、基于模糊理论等方法。

（3）信道预留策略

从用户角度，原始呼叫阻塞表现为原始呼叫不能接入；切换呼叫阻塞表现为已接入的呼叫由于切换时申请信道不成功，被强制中断。相比而言，后者让用户更难容忍。因此，系统设计应使切换呼叫失败率尽量低，赋予切换呼叫高的优先级，保证用户的切换呼叫更好地接入系统，提出了信道预留策略。该策略预留波束中的一部分信道只为切换呼叫提供服务，而其余信道为新呼叫和切换呼叫公平竞争使用。假设一个波束内一共有 C 个信道，其中预留 K 个信道为切换专用，剩余 $(C-K)$ 个信道为新呼叫和切换呼叫共同竞争使用。当一个呼叫申请接入时，若该呼叫为新呼叫，当剩余 $(C-K)$ 个信道有空闲信道，则接入成功，否则，新呼叫阻塞；若该呼叫为切换呼叫，首先查看 $(C-K)$ 个普通信道是否有空闲信道，若有空闲信道，则成功切换，若无空闲信道，则再查询 K 个预留信道是否存在空闲信道，若有则切换成功，否则切换失败。

对于信道预留策略，对每一种呼叫类型及其切换呼叫类型设定可接入信道数的门限值，根据门限值是否可动态变化，分为固定信道预留策略和动态信道预留策略。固定信道预留策略根据实际通信情况计算信道预留数，一旦设定就不再进行改变。此策略可在某种程度上抑制切换失败率，但当切换呼叫过少时，会造成信道资源浪费，而切换呼叫过多时，依旧会产生较高的切换失败率。动态信道预留策略根据不同时刻不同种类呼叫数的情况对门限值 K 进行调整，尽可能使得各优先级的接入切换阻塞率更低，服务质量更好。

对于高通量卫星通信系统，应用业务类型多样，不同业务的呼叫对于通信服务质量的需求不同。因此，对各种终端进行呼叫的接入和切换设计时，应根据不同呼叫的服务需求进行优先级排序，优先级越高，其服务质量需求更高。多优先级动态信道预留策略根据不同时间下各类呼叫服务的通信量情况对门限值 K 进行动态调整。动态信道预留策略可减少信道资源的浪费。

动态信道预留策略根据确定预留信道的标准，分为逐呼叫预留策略和基于参数预测的预留策略两种。逐呼叫预留策略要求一个呼叫接入系统前，必须先确定其切换到的波束中同样存在空闲信道并为其进行预留，该种方法同样会造成信道资源浪费；基于参数预测的预留策略通过系统参数的实时预测调整预留信道数，可实现信道资源的高效利用。

在信道预留策略中，将通信质量描述为下式：

$$Q_{OS} = \alpha_0 \sum_{i=1}^{s} \beta_i \mathrm{Pa}_i + \alpha_1 \sum_{i=1}^{s} \beta_i \mathrm{Ph}_i \tag{5-4}$$

其中，α_0、α_1 分别为新呼叫与切换呼叫在服务质量中的权重系数；$\beta_i (i = 1, 2, \cdots, s)$ 为每个优先级对应的权重系数；Pa_i、Ph_i 分别表示接入阻塞率和切换失败率。由于该服务质量由接入阻塞率和切换失败率构成，所以对应的服务质量数值越低，其服务质量越高。

（4）排队策略

该策略以动态信道预留策略为基础，在通信过程中增加抢占阶段和排队阶段，以提高该系统的各个性能指标。

① 抢占阶段

对于优先级高的用户,允许其进行信道抢占,同意其在没有信道可用的情况下抢占低于其优先级的用户正在使用的信道进行通信。在信道抢占中,依据优先级排序,首先抢占最低优先级用户使用的信道,对系统使用信道的呼叫情况进行查询,若有最低优先级用户,则对其进行抢占,若无最低优先级用户,则考虑次低优先级用户,依此类推,向上查询,直到查询到意图抢占的用户的优先级级别的下一级,若还是没有,则抢占失败,意味着接入或切换失败。

② 排队阶段

为尽量提高新呼叫接入和切换接入的成功率,对呼叫及切换请求进行排队是有效降低呼叫失败率的方法。当呼叫所在波束覆盖区的普通信道无空闲时,将该呼叫进行排队,并设置可接受的排队等待时间,在等待时间内,若有信道释放,则可以依据排队次序接入,若等待时间结束依旧没有可用空闲信道,则接入失败。对于发出呼叫信号的用户在接入时,若没有可用信道,则可进行排队。当有可用信道的情况下,依据排队的先后顺序依次接入呼叫。在呼叫排队的过程中,需要对加权排队时间进行计算,并依据排队时间长短进行排列,时间长的在前,享有优先接入的权力;但如果排队时间过长,超过其规定的最长排队时限,则丢弃该呼叫,判断其接入失败。

最简单的呼叫排队方法是依据进来的先后顺序进行排队,先到先得。但针对不同呼叫的优先等级,应进行加权排队。首先,针对实时性呼叫情况,认为实时性呼叫比非实时性呼叫拥有更高的优先级,可设定实时性呼叫的权值 $p_i=1$,非实时性呼叫的权值 $p_i=0.5$。此外,考虑呼叫优先级及排队时间 t,设呼叫预留信道的门限值为 s_i,定义优先级为 i $(1 \leqslant i \leqslant N)$ 的用户呼叫的加权排队时间为:

$$t_w^i = p_i \times s_i \times t \tag{5-5}$$

根据此加权排队时间对需要排队的用户呼叫进行排队,加权排队时间越长的呼叫排列次序越靠前。当有可用空闲信道时,对呼叫进行判断,对符合接入条件的呼叫,根据排队先后次序有序接入。

对于排队呼叫来说,应设定最长等待时间,在最长等待时间内,呼叫会处于排队序列中,等待接入时机;但若一直无法接入,当实际排队时间到达最长等待时间后,将不再继续等待,认为接入失败,同时释放排队位置。从呼叫的实时性上考虑,一般设定实时性呼叫的最长等待时间较非实时性呼叫的最长等待时间更短。由于系统的存储空间有限,一般设定一个有限的排队序列长度。若该序列未排满,则可根据加权排队时间进行有序排序,将新呼叫加入序列中;若序列已经排满,则新排队呼叫将无法加入序列中,判定接入失败。

2. 分组调度算法

提供 QoS 保障的本质就是有效分配和利用已有资源,而在资源管理这个复杂工作中,分组调度起到了至关重要的作用。当多个业务共享有限的资源时,调度算法可以有效地为每个业务安排资源,从而降低竞争,减轻网络拥塞,另外还可以在一定程度上保障业务的 QoS。

分组调度是链路带宽管理的核心机制,是解决多业务竞争的有效手段,是实现网络

QoS 保障的核心技术之一。分组调度是指按照一定的规则确定从等待队列中选择哪个分组进行发送,使得所有输入业务流能够按照预定的方式共享输出链路带宽,通过控制不同类型的分组对带宽的使用,来保证不同的数据流得到不同等级的服务。分组调度算法的研究一直是个热门课题,迄今产生的算法已有几十种。分组调度过程通过分析相关的系统信息来控制各个队列占有的频率带宽,进而保证服务质量。一般来讲,考虑的信息越多,算法越有效,但复杂性越大。

一般从以下五方面判断调度算法的性能:公平性、时延、资源利用率、复杂性和可扩展性。分组调度算法主要包括:先到先服务调度算法、基于优先级的调度算法、基于轮询的调度算法、基于时间戳的调度算法、基于时延的调度算法等。下面主要介绍前三种队列调度算法。

(1) 先到先服务调度算法

先到先服务调度算法(First Come First Service,FCFS)是一种比较简单的算法,其不对分组分类调度,只是简单地按照分组的到达顺序进行转发,所以分组的转发顺序与分组的到达顺序完全相同。FCFS 算法按照分组到达顺序依次放入缓冲队列中,然后按照队列中分组顺序进行分组的转发。

FCFS 分组调度算法如图 5-10 所示。队列 1、队列 2、队列 3 中各自包含一个分组,图中队列 3 中的分组最先到达,其次为队列 2 中的分组,队列 1 中的分组最后到达。各个分组按照到达的先后顺序进入缓冲队列中,随后,FCFS 算法按照分组到达顺序进行转发,主要优点是结构简单、实现方便。但是所有数据按照到达的先后顺序接受服务,不进行业务的区分,所以 FCFS 调度算法不能保证实时性业务的时延。此外,由于其不区分业务流,所以 FCFS 调度算法无法隔离恶意业务流的干扰。

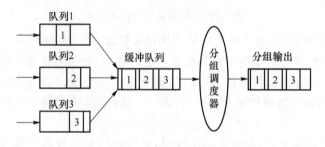

图 5-10　FCFS 分组调度算法示意图

(2) 基于优先级的调度算法

优先级队列(Priority Queuing,PQ)调度算法为不同等级的分组提供不同等级的服务,优先级较高的队列中的分组优先获得转发服务。某一个队列中分组得到调度的条件是:该队列优先级高的队列中没有分组,或者该队列就是优先级最高的队列。

PQ 算法示意图如图 5-11 所示。分组的输出顺序严格按照队列的优先级来区分,高优先级队列优先得到服务。这种算法的优点是实现简单,可以保证高优先级业务的服务质量,但是 PQ 算法不能合理地分配资源,容易引起低优先级队列长期无法发送数据而导致"饿死"现象,这种模式有可能被恶意攻击导致恶意流长期占用网络资源而其他业务无法获得服务。

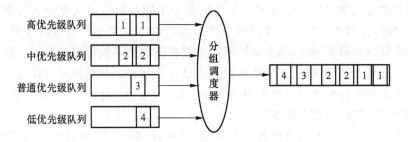

图 5-11　PQ 调度算法示意图

（3）基于轮询的调度算法

轮询（Round Robin，RR）调度算法公平地为每个队列服务，这样可防止低优先级队列的"饿死"现象，但是由于每个队列公平调度，所以无法为高优先级队列提供比低优先级队列更好的服务质量。解决上述问题可采用加权轮询（Weighted Round Robin，WRR）调度算法，WRR 调度算法示意图如图 5-12 所示。

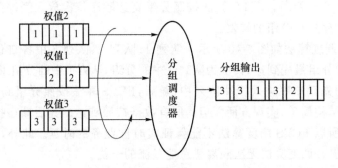

图 5-12　WRR 调度算法示意图

在 WRR 调度算法中，每个优先级队列均设有权值，表示该队列在一次轮询调度周期中被服务的分组数，同时对于每个队列维护一个计数器，计数器初始化为该队列的权值，每次调度时，首先检查计数器的值，若非零，则发送一个分组，同时将该队列计数器的值减 1。当所有队列的计数器均减为 0 时，代表一个轮询周期的结束，计数器进行下一周期的调度。

WRR 算法简单易实现，并且不会出现"饿死"现象，通过权值达到区分服务的功能。但对于变长分组，WRR 这种按分组数调度的算法会带来一定的不公平性。另外，队列缓冲区是有大小限制的，由于 WRR 中每个优先级队列接受服务的比例是固定不变的，分组到达速率较快的队列可能存在溢出问题，从而发生丢包，而分组到达速率很小的队列可能处于空闲状态，这造成了缓冲区资源的浪费。针对 WRR 的不足，研究者提出了相关改进算法，如差额加权轮询算法、差额加权轮询算法的改进算法等，这些改进算法在一定程度上提升了调度的性能。

3. 跨层设计

随通信业务增长及其 QoS 要求的不断提高，以及物理信道状态实时变化等特点，高效合理的呼叫接入控制需要全面考虑多层信息，即需进行跨层设计。跨层是指原来不相邻的各层之间进行通信，或者让相邻层之间通过新的接口进行通信。

　　跨层设计不是放弃分层方法,而是将通信网络看成一个整体进行设计;或维持分层不变,考虑不同层不同协议间的交互,将分散在网络各子层的特性参数进行协调融合。例如,网络层可以把物理层的信道参数作为路由选择的判据,从而优化路由算法。

　　为使分层设计中的各种策略能够适应卫星通信网络,跨层设计是非常重要的。跨层设计不需对现存的网络协议重新设计,而是将分散在网络各个协议层中的性能参数综合考虑,并根据网络的约束条件和系统特征来进行综合优化,通过各层的协同工作实现网络资源的整体管理,以改善网络性能,如图 5-13 所示。网络协议栈中增加了一个叫跨层设计的模块,这个模块分别与网络协议栈中各个协议子层相连,信息传递不仅限制于网络协议栈中的相邻子层,可通过跨层设计模块跨层存储和传递。网络协议中的各个协议子层不再是单独设计,而是把整个网络协议栈看成一个整体,利用协议子层间的信息交互加强了某些层间参数的融合,在特定服务类型 QoS 要求和系统资源约束推进下进行联合优化,使网络协议栈的整体性能达到最优,实现网络资源的高效利用。

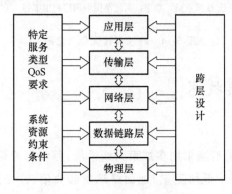

图 5-13　跨层设计结构图

　　跨层设计可以分为以下 4 种结构类型:层内增加接口、邻层合并、独立接口层、层间垂直校正。

　　(1) 层内增加接口:有些跨层设计需要在层内增加新的接口,用来实现系统运行时的信息共享。根据信息流在新接口中流动的方向,此架构可分为三类子架构;第一类是向上传输架构,信息流从低层到高层;第二类是向下传输架构,信息流从高层到低层;第三类是双向传输架构,两层之间有交互信息流。

　　(2) 邻层合并:将网络协议栈中的多个协议子层融合在一起,构成一个超级层。在超级层中,能完成以前各网络协议子层的所有工作,超级层中的各网络子层仍能像跨层之前那样工作,不用进行额外的设计,超级层与协议栈中其他层的数据传递也可利用原来的接口进行。

　　(3) 独立接口层:指在协议设计时耦合两层或更多层,其不是为信息共享而创建的新接口,而是为实现各层间相互合作,在设计协议栈中的某层协议时需综合考虑其他层协议。由于没有创建新的接口,耦合层之间的协议设计必须同步。

　　(4) 层间垂直校正:又称层间垂直调整,这种跨层设计涉及所有层的参数调整。可以把应用层的性能看作一个函数,函数的变量为下层各子层与应用层性能相关的关键参数,与单独设置这些参数相比,联合调整这些参数能达到更好的性能。

可以将跨层设计的无线资源管理方法看作一个受限于所选条件的最优化问题,即综合考虑分散在各协议子层的参数、各业务的应用特征和 QoS 需求以及用户终端和系统的约束等限制条件,求最优化效用函数问题,如图 5-14 所示。

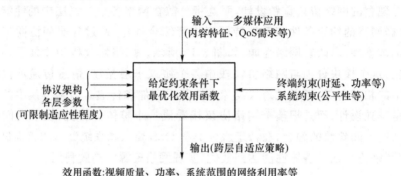

图 5-14　跨层设计优化示意图

5.2.3　业务切换技术

1. 波束切换类型

GEO 高通量通信卫星普遍采用多波束天线系统,移动用户通信中跨越不同波束时,需要进行波束切换。对于中低轨卫星,地面终端发起通信,首先会连接到头顶的可视卫星,卫星将呼叫请求转发到地面信关站,由地面信关站将星上物理信道分配给发起呼叫请求的地面终端,当地面终端从卫星覆盖区域移动到另一颗卫星覆盖区或者在同一颗卫星的不同波束间发生切换时,就必须要对用户进行切换管理。综上所述,可将波束切换分为以下三类。

(1) 星间切换(Intra-satellire Handover):地面用户终端从一颗卫星的覆盖区域切换到另一颗卫星的覆盖区域。

(2) 星内切换(Inter-satellite Handover):又称波束间切换,是指地面用户终端从同一颗卫星的一个点波束切换到另一个点波束。

(3) 信关站切换(Gateway Handover):地面用户终端虽然仍留在原卫星的覆盖区域内,但是信关站出了覆盖区域。

中低轨卫星间的切换相当于发生在不同卫星之间的波束切换,因此星间切换实质上也是波束间切换,只是切换信令的交互对象有所区别。假设相邻卫星覆盖区之间有足够的重叠区域以形成对地球表面的"覆盖走廊"。此时可将"覆盖走廊"表示为由波束小区覆盖的一维移动性模型,如图 5-15 所示。

高通量通信卫星更多地采用多波束系统,实现频率多次复用、通信容量提升、发射信

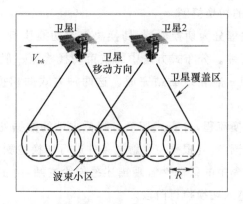

图 5-15　波束小区覆盖的一维移动性模型

号功率通量密度增大、地面终端天线尺寸缩小。其多波束覆盖区划分成多个波束小区，如图 5-16 所示。

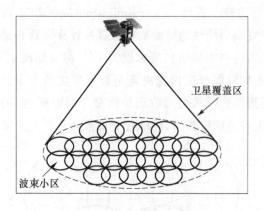

图 5-16　卫星多波束覆盖示意图

2. 波束切换机制

一般情况下，用户更能接受呼叫失败而不能忍受连接期间掉线情况。不同的切换策略会得到不同的切换时延、切换成功率、切换频率、QoS 质量和呼叫阻塞率。因此切换技术已经成为高通量卫星通信系统的关键技术。

高通量通信卫星覆盖波束的切换主要针对地面移动终端或机载终端，其切换场景类似地面移动通信中的蜂窝小区切换，因此高通量通信卫星的波束切换算法可参考地面蜂窝小区的切换。

在地面蜂窝移动通信系统中，由于移动终端在不同位置的接收信号强度变化显著，因此大多数波束切换机制主要利用接收信号强度作为切换检测因素。而在卫星通信系统中，移动终端从波束中心到边缘的接收信号强度变化相对不明显。GEO 卫星距地面距离 36 000 km，对应波束宽度 1.0°的波束，覆盖区直径为 63 km，移动终端从波束中心到边缘的增益变化一般为 1 dB。因此，在卫星的波束切换机制中，多采用基于地理位置的切换、基于最长服务时间的切换机制、负载均衡方案和综合加权方案。

（1）基于地理位置的切换机制

一般将波束切换过程分为切换检测、切换决策和切换执行 3 个阶段。将切换流程分为集中式和分布式两种。分布式方法中的波束切换检测一般在终端完成，而集中式方法中的波束切换检测一般在地面站完成。这两种方式的切换执行阶段都由地面站来控制。

相比于集中式的切换流程，分布式切换可降低主站的数据处理负担，由用户终端周期性地对当前位置进行测量，并根据位置触发条件进行切换检测，若检测到切换需求，则将切换需求通过控制信令中的移动性管理描述报告给主站，由主站进行切换决策，若主站下达了切换命令，则进入切换执行阶段。

在基于地理位置的切换机制中，切换检测阶段由地理位置的计算结果触发切换需求。图 5-17 为终端在波束内移动的示意图，$d_1 \sim d_5$ 分别为终端在当前时刻与不同波束中心之间的距离，假设终端目前的服务波束为波束 2，则终端会周期性地根据当前位置计算 $d_1 \sim d_5$，并与 d_2 进行比较。假设 urgencyindicator$(i) = d_i/d_2 (i=1,3,4,5)$ 的值为切换检测的判决参数，在终端周期性地检测当前位置并计算得到 urgencyindicator(i) 小于 1 时，终端将移动性管理描述符中的切换需求设为 1，并将目标波束等信息一同发给主站，主站则根据目标波束内的资源分配情况决定是否下发切换命令。若目标波束内暂无可用资源，则终端在检测到切换需求但未收到切换命令的时间内，仍周期性地向主站发送切换需求。当目标波束可分配资源时，终端收到切换命令并完成切换流程。

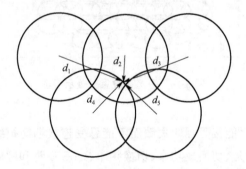

图 5-17　终端在多点波束内的移动示意图

（2）基于最长服务时间的切换排队机制

移动终端的类型多种多样，在同一系统中不同速度的终端（如汽车、高铁、飞机）竞争的是同一资源，然而某段时间内在波束重叠区域，可能有多个不同速度和不同轨迹的移动终端提出了切换申请，按照基于地理位置的切换机制，主站将会对终端提出的切换申请根据先来先服务的原则进行处理。在该机制下，靠近波束边缘的终端会获得较高的切换优先级，但忽略了终端的移动速度和方向等影响因素。实际上，还应考虑切换的紧急性（即在当前波束中剩余的驻留时间）来安排切换请求的优先级。

图 5-18 为终端在当前波束中的剩余时间计算示意图,假设当前波束中心点为坐标

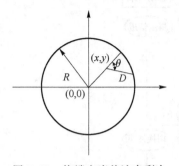

原点 $(0,0)$,移动终端当前坐标为 (x,y) ,则终端到波束中心的距离为 $d=\sqrt{x^2+y^2}$ 。假设终端的移动方向与终端和波束中心点连接线间的夹角为 θ ,波束半径为 R ,则终端在当前波束中的剩余距离可用 $D=\sqrt{R^2-d^2\sin^2\theta}-d\cos\theta$ 表示。此时,某 i 终端在当前波束内的剩余时间可表示为 $T_{\mathrm{res},i}=D/V_i$ (V_i 为 i 终端的移动速度),其可通过用户终端对自身位置的周期性检测计算得到。

图 5-18　终端在当前波束剩余
时间计算示意图

将终端在当前波束内的剩余时间作为切换的判决因素之一,与切换请求一起通过控制信令中的移动性管理描述符发送给主站,主站结合各终端的不同剩余时间对切换请求进行排队处理。

(3) 负载均衡方案

该方案就是选取潜在服务卫星中负载最小的卫星作为接入或者切换的目标星,以此达到整个星座卫星的负载均衡,避免出现单颗卫星过载的情况。

(4) 综合加权方案

由于信号衰减及遮蔽效应与仰角存在非线性关系,因此当仰角趋近最小仰角时,卫星信道出现严重恶化。在最长服务时间方案中,由于要优先接入服务时间最长的卫星,则接入时相对于最短距离方案,卫星仰角趋于低仰角的概率增大,因此需要设计一种综合的加权方案,既保留最长服务时间方案的优点,又避免较低仰角带来的信道恶化,同时还要尽量使通信业务量趋于均衡,避免呼叫繁忙的部分卫星过载。这可通过对服务时间、仰角和空闲信道数这三个变量分别加权来实现,覆盖时间和空闲信道采用线性加权,卫星仰角采用非线性加权,通过以下目标函数来计算卫星的切换优先级:

$$P=\alpha\times\frac{T_{\mathrm{over}}}{T_{\mathrm{max}}}-\beta\times\frac{\theta_{\mathrm{min}}}{\theta}+\gamma\times\frac{C_{\mathrm{free}}}{C_{\mathrm{all}}},\quad T_{\mathrm{over}}\leqslant T_{\mathrm{max}},\quad \theta_{\mathrm{min}}\leqslant\theta,\quad C_{\mathrm{free}}\leqslant C_{\mathrm{all}} \tag{5-6}$$

其中, α 为覆盖时间加权系数, β 为卫星仰角加权系数, γ 为空闲信道加权系数, T_{over} 为覆盖时间, T_{max} 为系统最大单星覆盖时间, θ 为卫星仰角, θ_{min} 为系统最小仰角, C_{free} 为空闲信道数, C_{all} 为单颗卫星信道总数。

通过对 α 、 β 、 γ 的合理取值,可使通信系统随时根据对覆盖时间、卫星仰角和空闲信道数的不同敏感程度和不同 QoS 准则来确定切换方案。

3. 波束切换过程

卫星波束切换有信关站切换和移动终端切换两种方式,其主要区别是发起切换主体不同。对于信关站切换,当信关站发现移动终端进入波束边缘时,通过信令让信关站进行切换;对于移动终端切换,则由移动终端根据自己的通信情况主动申请切换。

信关站切换的流程图如图 5-19 所示。切换过程中最关键的切换判决和波束选择都由信关站完成。信关站主动切换可有效减少对移动终端的要求,但信号丢失后无法做到自动恢复,另外切换的实时性相对较差,不利于频繁切换。

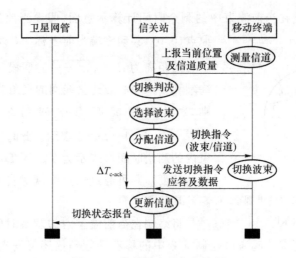

图 5-19　信关站主动切换流程

　　移动终端主动切换时,移动终端需要承担切换判决和波束选择的工作。其优点是可做到快速切换,但需要移动站具备高的数据存储、管理和运算能力,而且还需更新波束覆盖数据。

　　现有 IP 网络实现用户移动性管理的关键技术是移动 IP 技术(MIP)。它能保证移动节点跨 IP 网络移动和漫游时,用户无须修改 IP 地址便可享用原网络中一切服务。移动IP 主要分为 MIPv4 和 MIPv6,两种技术原理基本相同,但在具体实现上有所差别,MIPv6 更多依赖于 IPv6 本身的协议机制。以下简要介绍移动 IPv4。在移动 IPv4 中,使用了家乡代理、外地代理、转交地址和隧道封装技术来实现设备漫游。其中,转交地址指明了该移动节点在外网中的当前位置;家乡代理为移动节点提供移动支持,它截获发往外网中漫游的移动节点的数据包,将该数据包路由至该移动节点当前的转交地址;外地代理则为在外地网络中的移动节点提供接入、管理和报文转交功能。

　　信道切换完成后,移动终端就具备了在新网络中工作的条件,剩下就是数据重新路由的问题。大部分卫星网络都采用静态路由的机制,在移动终端 IP 地址没有发生改变的情况下,即使移动终端进入了新的波束,IP 数据包仍按原路由关系投送到原有的波束中。

　　所有发往移动站的数据都会经过家乡代理,并由家乡代理进行转交地址的 IP 包头封装,在家乡代理和移动节点之间形成了一条单向的隧道。移动站发出的数据可直接使用数据真实的目的地址,这样数据就直接由漫游网络以最快的路径找到目标终端,但会造成"三角路由"的问题。信关站发往移动终端的分组必须经过家乡代理,而从移动终端发往信关站的分组是直接发送的,两个方向的通信不是同一路径,会产生"三角路由"问题,这在移动终端远离家乡代理、信关站与移动终端相邻的情况下效率尤其低下。为避免"三角路由",也可采用返向的技术将数据通过隧道发给家乡代理,这对于加密传输、卫星性能增强应用方面具有重要意义。

　　用户的移动性管理涉及的网络实体主要包括:移动节点、家乡代理、外地代理和通信节点。具体过程为：

① 移动节点移动到新的接入点后，从外地代理的广播消息中获得转交地址。

② 移动节点通过移动 IP 的信令消息向家乡代理注册转交地址，同时请求外地代理为其提供服务。

③ 家乡代理接收到发给移动节点的数据包后，根据移动节点的转交地址对数据包进行封装，通过隧道将数据包发往转交地址。在转交地址节点解封装，将原始数据包送给移动节点。

在该机制中，卫星网络所有卫星移动用户使用一个统一的家乡代理，每个波束内使用一个外地代理，外地代理和家乡代理都可集成在 IP 业务处理设备中实现，如图 5-20 所示。

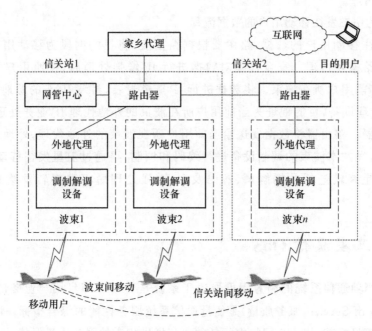

图 5-20　移动切换示意图

外地代理可从网管中心获得本网内唯一的家乡代理的 IP 地址等信息，网管中心根据移动节点的实时位置信息，通知家乡代理移动用户当前所在的外地代理的 IP 地址等信息，保证家乡代理和外地代理之间正常通信。

移动用户开通后，首先向网管中心注册当前的位置信息，网管中心将这一信息通知移动节点的家乡代理。用户在移动过程中基于当前位置进行检测，在检测到可能发生切换时，向网管中心发送切换请求。网管中心做出切换决策，通知移动节点家乡代理当前移动用户所在外地代理的 IP 地址等相关信息，移动节点家乡代理后续发往移动用户的数据包，都先发送到新的外地代理。网管中心把切换后波束的物理层与逻辑资源详细信息发送给移动用户。移动用户在新的波束重新调整发射和接收载波进行通信。

在用户移动的过程中，业务数据的通信流程涉及移动节点（包括用户、IP 业务处理模块和调制解调模块）、信关站的调制解调器、外地代理和家乡代理。下面以移动用户初始位于信关站 1 所在的波束为例,对移动用户的通信流程进行详细说明。

(1) 移动用户发往目的用户的数据流程

移动卫星终端收到本地的 IP 业务数据后,进行 QoS 调度和 TCP 加速等处理后发送给本地调制单元,经调制和编码后,通过卫星发送到信关站 1。

经信关站 1 的调制解调设备将数据解码、解调后,发送给本波束的外地代理,外地代理的 IP 业务处理设备检测到业务数据包的源 IP 地址为移动网段的 IP 地址时,则将数据进行 IP 隧道封装,封装 IP 头的源地址为外地代理 IP 业务处理设备,目的地址为家乡代理 IP 业务处理设备,然后将数据发送到路由器。

路由器将数据转发给家乡代理进行解封装和 IP 业务增强处理等,然后将数据转发到最终目的用户。

(2) 目的用户发往移动用户的数据流程

对于发往移动用户的数据,路由器根据路由表,将目的网段为移动用户标识网段的数据转发给家乡代理。家乡代理对数据进行 IP 增强处理后,按照用户当前的位置信息,查找当前用户所在波束。将数据进行 IP 隧道封装,封装 IP 头的源地址为家乡代理 IP 业务处理设备,目的地址为当前用户所在波束的外地代理 IP 业务处理设备,然后发送给路由器。路由器将数据发送给当前用户所在波束的外地代理,外地代理进行数据解封装后,发往本波束的调制设备进行编码和调制;再通过卫星发往移动用户终端,移动用户卫星终端进行数据解调、解码及 IP 增强处理后将数据转发给最终的用户终端。

5.2.4 卫星通信 QoS

用户对当前通信系统的满意程度取决于系统是否可以满足用户业务的质量要求,QoS(Quality of Service,服务质量)是衡量通信系统服务性能的综合指标。网络 QoS 控制技术的主要目标就是为 IP 网络中的各类业务提供相应的服务质量保障。

通信系统 QoS 通过带宽、时延、时延抖动和丢包率等一系列性能参数进行描述。带宽指通信系统中传输设备的吞吐量,QoS 技术不能产生额外的附加带宽,而可通过一定策略提高带宽的利用率。时延表示分组从源端经过网络各节点后到达目的端的时间间隔,受链路传播时延、交换和路由时延、排队时延以及跳数等多因素的影响。音视频等实时性业务对时延较敏感。时延抖动指相邻分组之间的时延差值。由于分组在网络中路由的不确定性,各分组的时延不等,有些业务对于分组时延的波动程度比较敏感,应该采取 QoS 技术降低时延抖动。丢包率指分组在传输过程中被丢弃的比率。造成丢包的原因主要有网络拥塞、缓冲区过小、传输路径错误等。对可靠性要求高的业务,丢包率指标尤其重要。

不同类型的业务对 QoS 的要求也不尽相同,表 5-1 列出了几种常见业务类型对 QoS 参数的要求。

表 5-1　常见业务类型 QoS 要求

参　数	业务类型		
	语音/视频	FTP	Telner
时延	高	低	中
带宽	低/中	中/高	低
时延抖动	高	低	中
丢包率	高	高/中	中

IETF 针对通信网络的 QoS,在 1994 年和 1998 年分别提出了综合服务模型 (Integrated Services,IntServ)和区分服务模型(Differentiated Services,DiffServ)。

1. 综合服务模型

IntServ 模型基于业务流进行端到端 QoS 控制。业务流指拥有相同源和目的地址、协议号、区分标识以及 QoS 要求的连续数据包。IntServ 在业务传输前,根据业务 QoS 要求,从源端到目的端逐节点进行资源预留(缓冲区和带宽等资源),从而满足业务流的 QoS 要求。

IntServ 模型采用标准的资源预留协议(Resource Reservation Protocol,RSVP)作为信令协议。RSVP 进行资源预留的基本过程如图 5-21 所示,首先,发送端向接收端发送一个包含 QoS 要求的路径状态信息(PATH 消息),收端收到该消息后,生成相应的 RESV 消息(资源预留请求消息)作为响应,在响应过程中每个收到该 RESV 消息的网络节点都对其处理。若路径中的节点接受请求,则为该业务分配网络资源,并将业务流的状态信息存入节点中,RESV 消息经过的所有节点均预留资源后,发端便可发送数据;若路径中的节点拒绝该 RESV 消息,则向接收端返回失败消息,最后接收端会结束该资源预留过程。

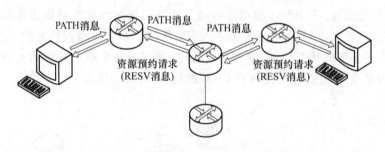

图 5-21　RSVP 过程

IntServ 模型具有以下优点。

(1) IntServ 模型可以为业务流提供绝对的 QoS 保障。其使用 RSVP 为业务进行资源预约,预约成功后,路径上的所有节点均为其预留资源,所以业务流从源端到目的端的整个路径中均可获得其要求的 QoS。

(2) IntServ 模型中预留的资源进行周期性的刷新,可以防止网络资源独占等问题,能够有效利用网络资源;另外,该模型可以将被预留资源和数据源分离,接收方预留资源后,可以切换到另一数据源,并保存现有路径上的预留资源对新的数据源仍然有效的一部分,所以该模型具有较好的传输灵活性。

IntServ 模型的缺点在于可扩展性差、对路由器有信令协议的限制、信令系统复杂,因此 IntServ 模型适用于网络规模较小、业务质量要求较高的边缘网络,不适合核心网络。

2. 区分服务模型

为克服 IntServ 模型的不足,进一步解决骨干网络上的 QoS 问题,研究者提出了 DiffServ 模型,该模型将所有复杂的功能都集中在网络边缘节点,而在核心节点仅实现快速转发功能,从而为不同业务流提供不同等级的服务。与 IntServ 模型不同,DiffServ 模型并不在网络节点中为每个数据流预留资源,它将所有数据流分成几个汇聚流,并在网络核心节点只保存汇聚流的状态信息,从而克服了可扩展性问题。DiffServ 模型适于大型网络的集中式通信处理,提供粗粒度的 QoS 保障。

DiffServ 模型根据业务的 QoS 要求进行分类处理,该模型不需要预先进行资源预留,网络节点也不需要维护数据流的状态,每个数据包分配一个表示优先级的 QoS 标识,网络节点只需根据数据包携带的 QoS 标识提供相应等级的服务。QoS 标识一般放入 IP 头部的 8 位 ToS(Type of Service)域中,并更名为 DS 字段,其中 6 个为可用字节,2 个为保留字节,形成 DSCP(Differential Services Code Point),如图 5-22 所示。

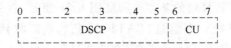

图 5-22　DS 字段编码格式

DiffServ 模型中引入域的概念,一个 DiffServ 域的组成如图 5-23 所示,主要包括边界路由器(Edge Router,ER)和核心路由器(Core Router,CR)。CR 位于 DiffServ 域内部,只负责对到来的分组进行快速转发,而 ER 是不同域的连接通道,不同 DiffServ 域之间通过 ER 进行连通。DiffServ 模型尽可能把网络的复杂性放在网络边缘处,从而简化网络内部节点的处理逻辑,当有业务流进入 ER 后,ER 对业务流进行分类、标记、流量整形等,并保存业务流的状态信息,然后将分组转发给 CR,CR 收到分组后查看 IP 头部的 ToS 值,并根据 ToS 值选择相应的 PHB(逐跳行为)转发分组。

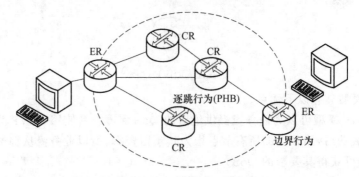

图 5-23　DiffServ 域组成

Diffserv 针对不同 DSCP 标识的 IP 数据包进行不同的转发处理,即逐跳行为(Per

第 5 章　高通量卫星通信组网技术

Hop Behavior，PHB），通过 PHB 将用户终端的带宽和缓存在各业务等级之间进行分配。PHB 可看成是用于转发的数据包队列、当队列超出限制条件时的丢弃可能性、分配给队列的缓冲、带宽资源以及为队列服务的频率。在域内的每个节点，PHB 决定分组的时序和丢弃优先级。

CR 每收到一个分组便会查看 IP 头部的 ToS 值，然后根据 ToS 值进行相应的 PHB 处理。PHB 主要有 3 种处理方式。

（1）加速转发（Expedited Forward，EF）：优先级最高，预留专门的带宽和缓存，数据包离开用户终端的速率须不小于事先约定的速率，用户终端需为此类业务预留专门的带宽和缓存。

（2）确保转发（Assured Forward，AF）：保证最小带宽和缓存，相对较为复杂，细分为 4 类，每一类还分为 3 种丢弃等级。

（3）默认转发（Default Forward，DF）：优先级最低，等同于尽力而为（Best Effort）业务。

DiffServ 模型具有模型实现简单、扩展性好、不影响路由等优点；其缺点主要是只能做到一定程度的 QoS 保障，不能提供绝对的 QoS 保障。

5.3　卫星通信多址接入方式

多址接入方式设计的主要任务是将卫星有限的资源（时间、频率、功率、空间等）以某种方式进行划分，解决系统内终端以何种方式共同占用卫星资源的问题，实现卫星资源的共享。目前，卫星通信系统中基本的多址接入方式有：频分多址（FDMA）、时分多址（TDMA）、码分多址（CDMA）和空分多址（SDMA），随着通信技术和应用需要的发展，也可将多种基本多址方式相结合（如 MF-TDMA、CFDAMA 等）通过混合多址方式实现用户终端更加灵活的接入。

5.3.1　基本多址接入方式

1. FDMA

频分多址接入（FDMA）是卫星通信中较早应用的固定分配方式，是一种简单的多址接入方式，如图 5-24 所示。在 FDMA 中，频带被分割成若干等间隔的频段，称为信道，这些频段分配给不同的用户使用。在上下行链路中同时存在多个载波，接收站需要通过滤波分辨出发往本站的载波。为避免邻道干扰，子带间需设有保护间隔。

对于带宽为 W 的加性高斯白噪声 AWGN 信道，假设有 K 个用户，每个用户的平均功率为 P，$\frac{1}{2}N_0$ 为加性噪声的功率谱密度，则每个用户的容量为：

$$C_K = \frac{W}{K}\log_2\left(1 + \frac{P}{\left(\frac{W}{K}\right)N_0}\right) \tag{5-7}$$

K 个用户的总容量为：

· 179 ·

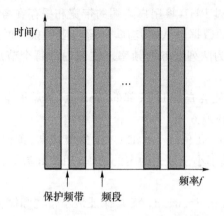

图 5-24　FDMA 帧结构

$$C = KC_K = W \log_2 \left(1 + \frac{KP}{WN_0}\right) \tag{5-8}$$

由此可见,对于固定带宽 W,随用户数量 K 的线性增加,W/K 降低,分配给每个用户的容量会逐渐变小。

FDMA 的优点是技术成熟、设备简单、操作灵活,相对于其他体制所需发送功率较低。其缺点是:转发器以多载波方式工作时,容易产生互调干扰,转发器利用率低,不适合大规模组网应用。

2. TDMA

时分多址接入方式(TDMA)是周期性的突发方式,其采用帧结构进行数据传输,将时间资源划分成帧和时隙,各用户终端在系统分配的固定时隙内,通过上行链路向卫星发射信号,转发器将其透明转发至接收用户。

一帧代表一个地面站相邻两次突发的时间间隔或者一个重复周期。在每个 TDMA 帧中可以允许多个用户发送自己的突发信息,这类突发称为一个分帧,每个分帧还划分为若干时隙,用来接收每次突发中包含的多路信息。通常第一个分帧为参考分帧,由系统中的参考地面站发送,用于时隙网络同步,其他分帧为数据分帧,用于发送数据信息。每个分帧都包含用于帧和分帧同步的独特码(UW)、用于地面站解调的载波位同步恢复比特(CBR)和用于网络管理的控制字(C),这三部分称为报头。一般来说,参考分帧只包含报头部分,而数据分帧还包含数据时隙,通常一个数据分帧只由一个地面站进行发送。由于实际网络中同步的不准确性,在相邻的数据分帧之间还设置了一定的保护时隙,具体帧结构如图 5-25 所示。TDMA 系统必须实现全网同步,地面站才可以在指定的时隙内发送用户信号,以避免对其他时隙的干扰。

时分多址方式以单载波方式工作,卫星转发器可工作在近饱和状态,提高了功率利用效率,还避免了 FDMA 的载波间互调问题。

对于带宽为 W 的加性高斯白噪声 AWGN 信道,假设有 K 个用户,每个用户的平均功率为 P。每个用户在 $1/K$ 的时间内发送数据,单个用户在 $1/K$ 时间内分配的带宽为 W,其容量为:

$$C_K = W \log_2 \left(1 + \frac{P}{WN_0}\right) \tag{5-9}$$

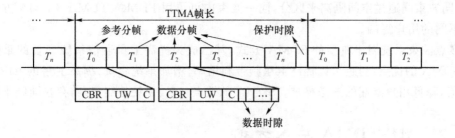

图 5-25　TDMA 帧结构

有 K 个用户情况下,系统以平均功率为 KP 发送信号。因此,系统的总容量为:

$$C = W \log_2 \left(1 + \frac{KP}{WN_0} \right) \tag{5-10}$$

可见 TDMA 系统与 FDMA 系统具有相同的系统容量。

TDMA 接入方式具有组网灵活、系统容量大、转发器功率效率高等优点,其主要缺点是需要实现复杂度较高的系统同步,还要求用户终端具有较大的 EIRP。

3. CDMA

码分多址(Code Division Multiple Access,CDMA)是利用地址伪随机码(Pseudo Random,PN)的正交性来区分用户,即发端利用 PN 码对用户信号进行扩频调制,接收端以本地产生的地址码作为参考进行解扩解调,各个用户的发送信号在时域和频域可以重叠,PN 码的个数决定了系统容量。主要的扩频方式有直序列扩频(DS)和跳频扩频(FH)。

在码分多址接入(CDMA)方式下,用户终端所采用的载波同时存在于相同的频带内,这些载波通过独特的地址码(也称 PN 码)进行区分。

实现 CDMA 需要具备三方面条件:要有足够多且相关性好的地址码;用地址码对信号进行扩频调制,以便信号在传输过程中能最大限度地占用频带;为对信号进行相关性检测,接收端需产生与发送端相同的本地地址码。

CDMA 基于扩频技术,频带利用率一般较低;而扩频通信具有较高的扩频增益,可使信号功率谱密度降低,有效克服卫星信道的开放性缺点,因而在军事通信、隐蔽通信等应用中具有重要意义。

CDMA 系统的发送端首先进行信息调制,然后再使用 PN 码对调制信号进行扩频调制,从而将频谱扩展到可用的射频带宽内。由于 PN 码的码片速率远大于信息速率(通常为信息速率的整数倍),因此 PN 码调制后的信号频谱远大于原基带信号频谱。

CDMA 的优点包括:各用户终端之间无须进行频率和时间上的协调,接收灵活方便;由于扩频带来的增益,具有一定的抗干扰能力;信号功率频谱密度低,隐蔽性好,具有一定的抗截获能力;通过分集接收技术可在一定程度上克服多径传播所带来的不利影响。CDMA 的缺点包括:需要对网内用户终端进行严格的功率控制;地址码选择较难,捕获系统复杂。

4. SDMA

空分多址接入(SDMA)通过卫星指向不同空间的波束来区分不同区域内的用户终

端,不同波束间通过空间隔离来区分,同一波束内可再用 FDMA、TDMA、CDMA 方式来区分不同的用户终端。

多点波束系统属于典型的 SDMA 方式,其已成为提高卫星通信系统容量的重要手段。SDMA 的优点包括:可以提高卫星频带利用率,增加系统容量;提高卫星的 EIRP 和 G/T 值,降低用户终端的发送要求。SDMA 的缺点包括:系统控制复杂,存在同频干扰。

5.3.2 MF-TDMA 接入方式

多频时分多址接入(Multi-Frequency Time Division Multiple Access,MF-TDMA)是将 FDMA 和 TDMA 相结合的一种混合多址接入方式,从频域和时域二维空间对卫星资源进行分配,在保证卫星资源使用效率的同时,还能保证卫星资源分配的灵活性。MF-TDMA 在一定程度上弥补了 TDMA 的不足,可随着业务量的增加逐步增加载波数,无须一开始就占用整个转发器。MF-TDMA 已成为目前高通量卫星通信系统的主要多址接入方式。

所有用户终端共享一系列不同速率的载波,每个载波进行时隙划分,通过时频二维资源综合调度,达到资源的灵活分配。根据终端的业务需求分配不同的载波和时隙,实现对多种速率业务需求的灵活支持。结合多波束天线技术,通过频率复用,还可将 MF-TDMA 与 SDMA 相结合,进一步提高系统的容量。

MF-TDMA 体制具有以下优点:具备一点到多点通信能力,可灵活组成各种网络结构,具有高速数据通信能力,可对信道资源进行动态分配,实现对 IP 多媒体业务的灵活支持。MF-TDMA 的缺点包括:多载波需要全网同步,多载波间产生互调噪声,资源分配算法复杂。

图 5-26 给出了 MF-TDMA 原理示意图。在 MF-TDMA 系统中,每个载波是时分复用的,每个载波的 TDMA 速率可以相同也可以不同,甚至同一载波在不同时隙的载波速率也可以不同。与传统单载波 TDMA 系统相比,MF-TDMA 由于载波速率降低,大大地降低了对用户终端的发送能力要求。通过不同速率载波的组合应用,可构成能兼容大小用户终端且组网灵活的高通量卫星通信系统。当 MF-TDMA 系统的空中接口速率逐步提高,载波数逐渐减小到 1 时,对应的就是传统的高速 TDMA 体制;当 MF-TDMA 系统的载波数逐渐增多,空中接口速率逐步降低到用户终端速率时,对应的就是 FDMA 体制。

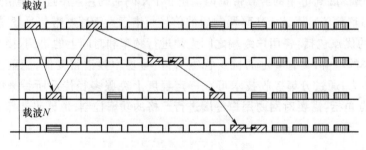

图 5-26　MF-TDMA 示意图

　　根据用户终端的跳频能力,MF-TDMA 可分为静态和动态两种。静态 MF-TDMA 如图 5-27 所示,是指用户终端在连续发送信号的过程中,载波速率、时隙宽度及突发的配置(调制编码方式等)都保持不变,即静态 MF-TDMA 不能在不同速率载波上连续跳频,只能在速率相同、频点不同的载波上进行跳频,而且载波时隙的大小、突发的配置一样;如果用户终端需应用不同速率的载波,则需网控中心进行配置,此时用户终端需中断通信,调整后恢复正常工作。动态 MF-TDMA 如图 5-28 所示,在连续发送信号过程中,载波速率、时隙宽度、突发的配置都可以实时灵活改变,即动态 MF-TDMA 可在不同速率的载波上连续跳频,可有效适应不同宽带业务的通信需求。

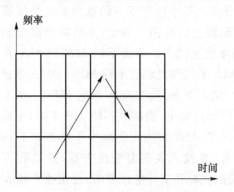

图 5-27　静态 MF-TDMA 示意图

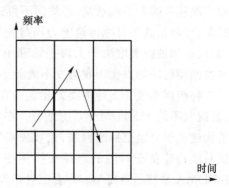

图 5-28　动态 MF-TDMA 示意图

1. MF-TDMA 工作方式

　　根据用户终端的频率切换速度,动态 MF-TDMA 可分为快速跳频(Fast Hop)和慢速跳频(Slow Hop)。快速跳频指终端可以在连续的时隙上跳频,利用时隙突发中的保护时间进行频率切换,通常根据实际情况保护时间为几个到十几个符号长度。慢速跳频指终端无法在连续的时隙间跳频,频率切换需要至少 1 个时隙的时间,但通常切换时间不超过 1s。慢速跳频终端相对简单;快速跳频终端相对复杂,但可灵活适应宽带通信业务需求。对于慢速跳频终端,一帧内的时隙通常连续分配在同一个载波内,即在帧内不跳频。

　　MF-TDMA 通信系统组网时,根据站型能力配置载波速率,对业务量大的站点配置高速载波,对业务量小的站点配置低速载波。通过载波跳频实现变频和变速率,不仅可提高系统网络容量,还使信道分配更加灵活,实现不同站型的灵活组网。

　　根据发送端和接收端是否跳频,可分为以下三种组网系统:发跳、收不跳 MF-TDMA,收跳、发不跳 MF-TDMA,收发都跳 MF-TDMA。

　　(1)发跳收不跳 MF-TDMA 组网系统

　　目前的 MF-TDMA 卫星通信系统大都采用发跳收不跳方式,发送载波的时隙可以在不同频点上跳变,接收载波固定在不同的频点上。设计时将所有远端站进行分组,一组由多个站构成,并为每个组分配一个固定的接收载波,称为值守载波。各站间进行通信时,接收站在值守信道上接收其他站发送的信息,发送站将突发信号发送到接收站值守载波上,并根据所处的不同值守载波而在不同的载波上逐时隙跳变发送信号。

（2）收跳发不跳 MF-TDMA 组网系统

组网设计时同样将所有用户站进行分组，并为每组站分配一个固定的发送载波。发送方在固定载波的指定时隙位置发送信息，接收方根据发送方的载波不同而逐时隙跳变接收。

与发跳收不跳组网方式相比，收跳发不跳系统大口径站的最高发送载波速率高于发跳收不跳系统，而小口径站的发送和接收载波最高速率相同。

（3）收发都跳 MF-TDMA 组网系统

在此系统中，各站发送和接收突发信号都可根据所处载波的不同而跳变，不同于发跳收不跳和收跳发不跳系统，各站间不再进行分组。基于收发双方的收发能力分配载波和时隙，即根据其不对称传输能力而分配不同载波上的时隙。因此，多类站型混合组网时，载波速率的配置取决于大口径站和小口径站收发能力。收发都跳 MF-TDMA 系统的多类站型组网能力优于收跳发不跳 MF-TDMA 系统和发跳收不跳 MF-TDMA 系统。

三种组网系统在支持多类站型混合组网的能力方面，收发都跳系统 MF-TDMA 最强，发跳收不跳 MFTDMA 系统最弱。在实际应用过程中，发跳收不跳 MF-TDMA 系统能够构建基于分组交换的网络，而收发都跳 MF-TDMA 系统和收跳发不跳 MF-TDMA 系统只能构建基于时隙的电路交换网络。另外，在技术实现复杂度方面，发跳收不跳 MF-TDMA 系统最为简单。综合三种组网系统的优势和实际应用需求，发跳收不跳 MF-TDMA 系统得到了广泛应用，但其支持多类站型混合组网的能力需要提升。

2. MF-TDMA 信号帧结构

MF-TDMA 卫星通信系统是一种带宽动态按需分配的系统，所有用户均能共享同一个公共资源池，这个资源池是一个频率与时间的二维资源池，通常用 TDMA 基本帧来表示，基本帧包括多个载波信道，每个载波信道由若干个时隙组成。多个 TDMA 帧可以构成超帧，如图 5-29 所示。

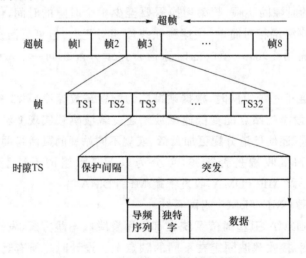

图 5-29　MF-TDMA 帧结构示意图

MF-TDMA 卫星通信系统中，卫星信道资源按时间被分为 TDMA 帧、时隙两级结构。其中每个 TDMA 帧为资源分配的周期，而时隙则是信道资源的基本申请分配单位。

MF-TDMA 系统通信时,先通过业务站提出业务申请,中心站根据申请分配信道资源后,下发时隙分配计划(TDMA 帧计划),最后由业务站执行该帧计划,在各自分配的时隙内收发突发数据。

(1) 超帧

超帧是通信资源分配的基本单元。由于卫星覆盖区内通常会有多个相对独立的网络,这些网络分属不同的服务提供商,为便于管理,通常将一个服务提供商网络分为一个或若干个组,每组用户共同使用一组不同速率的载波,组内的用户以统计复用的方式共享上行链路资源,这一组载波所占用的时频资源称为一个超帧,用超帧 ID 来表示,如图 5-30 所示。每个超帧 ID 都通过超帧计数器进行计数,超帧长度决定系统资源分配的最小单位。一般来说,超帧的长度就是分配资源的周期。

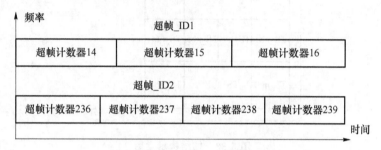

图 5-30　MF-TDMA 中的无线资源分割

(2) 帧

超帧由若干帧组成,帧是介于超帧和时隙中间的单位,它的引入是为了前向信道信令的高效传输和缩短最小分配时延。超帧内的帧通常按照先频率后时间的规则进行编号,如图 5-31 所示,编号从 0 开始,最大不超过 31,一个超帧内最多有 32 个帧,各帧在时长、带宽、时隙的分配上可能有所不同,也有可能各帧长度相同,这种情况下各帧只是在频率上对一个超帧进行了划分,例如一个超帧中有三个载波,每个载波就相当于一个帧。帧也有 ID 号,主要用于标识帧内时隙的排列方式,例如,ID=0 表明帧内有 10 个业务时隙,ID=1 表明前一帧内前 5 个是业务时隙,后 5 个是信令时隙。

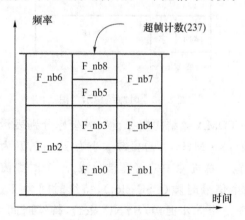

图 5-31　超帧结构示意图

（3）时隙

帧由若干时隙组成，通常情况下一帧内的时隙都在一个载波上，但个别情况下这些时隙也可以在不同的载波上，即一个帧也可能包含多个载波，如图 5-32 所示。一帧内时隙按照先频率后时间的规则进行编号，一帧中时隙的个数一般不超过 2 048。每一个时隙可以由超帧_ID、超帧计数器、帧计数器和时隙计数器进行标识，这要纳入时隙突发计划表（TBTP）中。

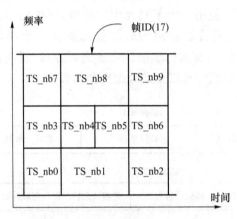

图 5-32　帧结构示意图

（4）突发

终端在时隙内以突发（burst）的形式发送上行链路数据，即一个时隙内发送一个突发，突发一般由前导（由导频序列和独特字构成）和实际有效数据净荷组成，如图 5-33 所示。考虑到终端同步存在一定的误差以及突发调制存在功率上升和下降时间，因此每个时隙的突发前后都留有一定的保护时间。

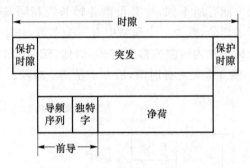

图 5-33　时隙结构示意图

图 5-34 给出了 MF-TDMA 帧结构模型，横、纵坐标分别表示时间和频率，整个资源看成一个时间-频率平面（$\mu s \cdot MHz$）。总资源大小为 $T \times W$，T 为帧的时长，W 为帧的带宽，W_t 为每个时隙的带宽。总资源中的带宽被分成 y_f 个时隙流，一个时隙流包含许多时隙，其排列顺序为：一个信号时隙（CSC slot），持续时间为 T_{csc}；一个确认时隙（ACQ slot），持续时间为 T_{acq}；x_{sync} 个同步时隙（SYNC slot），持续时间为 T_{sync}；x_{trf} 个业务时隙（TRF slot），持续时间为 T_{trf}。因此 $T = T_{csc} + T_{acq} + x_{sync} T_{sync} + x_{trf} T_{trf}$。

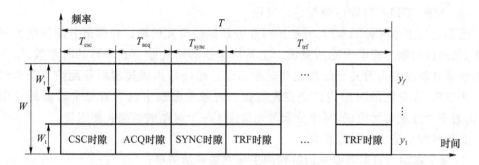

图 5-34　MF-TDMA 帧格式

3. MF-TDMA 信道分配

（1）MF-TDMA 信道分类

MF-TDMA 卫星通信系统的多个载波信道中，有一个称为主载波信道，这个主载波信道由参考突发时隙、测距时隙、申请时隙和数据时隙构成，其他载波信道由申请时隙和数据时隙构成，如图 5-35 所示。根据需要，主载波数据时隙可以全部用作申请时隙。主控终端通过参考突发时隙为所有 TDMA 终端提供用于系统同步的时间基准，生成全网时隙分配帧计划。在参考突发时隙内，只有主载波信道发送突发，其他信道都处于空闲状态。测距时隙用于终端系统测距以及系统同步保持。申请时隙用于业务终端向主控终端申请业务时隙资源。

目前的 MF-TDMA 卫星通信系统大都是发跳收不跳系统，每个用户站除接收主载波外，还有一个固定的接收信道，此信道称为值守信道。用户站大部分时间都在值守信道上等待接收其他站发来的信息，只有时间到达参考突发时隙时才切换到主载波信道接受参考突发信息。

一个用户站开机进入运行状态后，首先接收主载波信道，解析参考突发，获取帧计划；然后通过测距突发时隙，进行测距，完成系统同步；用户站同步后，在值守信道上接收信息。

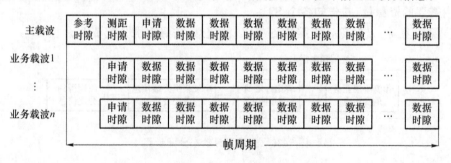

图 5-35　MF-TDMA 信道分配示意图

用户站需要向其他站发送数据时，先通过申请时隙向主控终端发送业务时隙请求，主控终端收集所有请求，从请求对应的接收站值守信道时隙池中选择空闲时隙分配给申请站，所有分配结果构成帧计划，此帧计划为发送帧计划。用户站收到帧计划后，在帧计划分配的时隙内发送数据。如果接收站在不同的信道，那么发送端需要通过跳频发送；如果接收站在同一信道，那么发往接收站的数据可以组合在一个突发中发送。

（2）MF-TDMA 时隙申请与分配过程

远端站与主站时钟同步后，开始进行业务数据的突发传输。在信道分配集中控制方式下，信道的时隙分配由中心站完成。主站根据远端站的能力及申请的时隙数、服务质量保证等在载波组内为其分配载波和时隙信道。远端站再通过解析分配结果获得时隙的使用权限，在分配的时隙内发送突发数据。时隙分配表中包含着每个时隙的使用规划，由若干个分配单元组成，每个分配单元描述了一个时隙的类型和使用者。

具体时隙申请和分配过程为：

① 每个远端站根据其业务的特性向主站发送申请信息；

② 主站的时隙分配表生成单元根据收到的每个远端站申请信息进行时隙分配表生成计算，得到时隙分配表后，通过参考突发下发至全网各远端站；

③ 远端站接收到参考突发后，对时隙分配表进行解析，获得本站的数据时隙分配情况；

④ 在分配的数据时隙内，各远端站发送业务数据。

（3）MF-TDMA 资源分配

MF-TDMA 系统根据业务量的大小动态申请和分配卫星信道资源，具有突发性。传统的"FIFO"传输策略将不同类型的业务混杂在一起分享带宽资源，对实时性要求不高的文件传输业务影响不大，但对实时性要求极高的话音和视频等流类型业务来说影响相当明显，可能会出现因带宽受限导致的话音或视频传输抖动、断续等现象。因此，MF-TDMA 须设计合理的 QoS 保证机制，采用合理的信道分配算法。

资源动态分配过程及原理如图 5-36 和图 5-37 所示，主要包括以下 3 个步骤。

步骤 1：在 η 时刻，ST 计算出时间段 $[\eta+d, \eta+d+T_i]$ 内的队列长度，预测业务的到达率和优先权系数，把这些参数传送到 NCC 中，其中 T_i 为用户终端周期性上报参数的时间间隔，d 为往返时延。

步骤 2：在 $\eta+d/2$ 时刻，NCC 基于 ST 发送的信息，计算出 ST 在 $[\eta+d, \eta+d+T_i]$ 时间内需要的资源量，并告知各个 ST。

步骤 3：在 $\eta+d$ 时刻，ST 接收到 NCC 的信息，按照需求分配资源。

图 5-36　卫星资源动态分配步骤

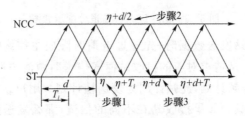

图 5-37　卫星资源动态分配过程

资源分配管理中心需要周期性地更新信息,例如注册 ST 的数量(定义为 R)、活跃的 ST 数量(定义为 A)、注册 ST 的资源需求(定义为 $D=[D_1,D_2,\cdots,D_R]$)。注册的 ST 的数量必须每帧发送给管理中心,活跃 ST 的状态必须在每次分配前进行验证。所有的分配不能有重叠,即单个终端不能有两个不同频率和时间上重叠的分配,即频率不能相同,时间也不能重叠。

5.3.3 CFDAMA 接入方式

传统的固定分配接入方式是将每帧分成固定长度的时隙,并把这些时隙按规定周期性地提供给用户。高通量卫星通信系统所承载的业务大多是高速率业务,传统接入控制方式的固定性造成了用户在高负荷的突发数据信道没有被充分利用,对信道资源造成了浪费。高通量卫星通信系统的接入控制方式大都在原有方式上进行了基本帧结构和调度方式的改进,在保证 QoS 的前提下提高了吞吐量性能和信道利用率。

混合自由/按需分配多址接入方式(Combined Free Demand Assignment Multiple Access,CFDAMA)在 TDMA 帧结构基础上,将按需分配方式和自由分配方式进行了结合,其首先对用户的数据传输预约请求进行按需分配,然后将系统内剩余的时隙资源以自由分配方式逐个向处于卫星波束内的用户终端进行分配,这样可以确保资源分配的合理性和公平性。

1. 上下行链路帧结构

CFDAMA 的上下行链路帧结构如图 5-38 所示,上行帧包括控制部分和数据部分,控制部分的时隙主要用来装载用户发出的预约请求;而数据部分的时隙主要用来装载用户发送的数据信息,系统通过按需或者自由分配方式为用户分配时隙数目,每个用户都在由系统分配的相应时隙中发送信息。下行帧同样包括控制部分和数据部分,控制部分用来装载资源调度器给每个用户分配的时隙响应信息,该信息包含了用户的预约时隙请求分配响应信息和自由分配响应信息,用户在收到该信息后,确定数据从哪一帧的哪一个时隙中发出以及应该发出的数据量;而数据部分的时隙同样用来承载用户发送的数据信息。上下行链路帧之间有一个延迟,代表星上处理过程中的时延。

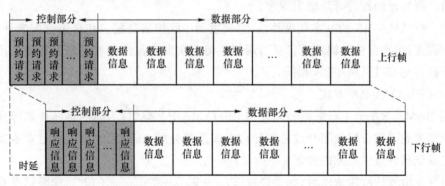

图 5-38 CFDAMA 上下行链路帧结构

2. 协议类型

CFDAMA 基本协议类型有预定预约接入 CFDAMA-PA(Pre Assigned)、轮询预约接入 CFDAMA-RR(Round Robin)、随机接入 CFDAMA-RA(Random Assigned)和捎带接入 CFDAMA-PB (Piggy Backing)等。

（1）CFDAMA-PA 方式

CFDAMA-PA 的上下行链路帧结构和基本 CFDAMA 相同,都由控制部分和数据部分组成,不同的是协议中的每一个用户在上行链路都有自己的预约请求时隙,系统将该时隙固定地分配给相应的用户,用户在这个固定的预约请求时隙中发出请求消息进行预约。上行帧结构如图 5-39 所示。

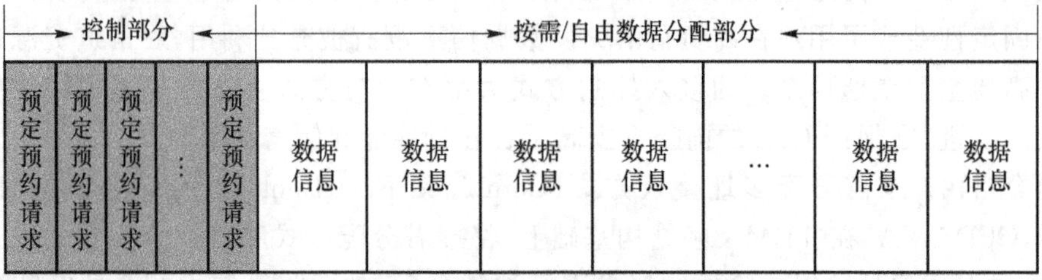

图 5-39　CFDAMA-PA 上行链路帧结构

用户在每次发出预约请求消息后能获得的预约时隙数目为：

$$\text{slots}_{\text{required}} = \text{packets}_{\text{queued}} - \text{slots}_{\text{allocated}} \tag{5-11}$$

其中, $\text{packets}_{\text{queued}}$ 为用户当前发送队列中排队的数据包数目; $\text{slots}_{\text{allocated}}$ 为用户已预约成功但还没占用的时隙数目。每当用户发出一次预约时隙请求消息并且成功分配后, $\text{slots}_{\text{allocated}}$ 都会增加 $\text{slots}_{\text{required}}$ 。

（2）CFDAMA-RR 方式

CFDAMA-RR 的上行链路帧与 CFDAMA-PA 协议类似,主要差别在于控制部分的预约时隙为轮询预约时隙,每个用户都有相应的预约请求时隙,只不过预约请求时隙的位置不再像 CFDAMA-PA 具有固定性,而是由调度器在下行链路发送控制响应分组来通知用户所发出的预约时隙请求顺序。

在 CFDAMA-RR 的基本调度算法中,调度器中除按需分配表和自由分配表外,还有一张轮询表,用来存放轮询预约信息。用户在每一次发出预约请求消息后能够获得的预约时隙数目与 CFDAMA-PA 相同。

（3）CFDAMA-RA 方式

CFDAMA-RA 上下行链路帧同样与 CFDAMA-PA 类似,不同的是其控制部分的预约时隙不再是固定分配给用户或者以轮询方式进行分配,而是用户终端通过竞争预约的方法来获取预约请求时隙的位置。

用户发出预约时隙请求后,如果经过 $T_{\text{delay}} = T_{\text{RTD}} + T_{\text{process\_delay}}$ 的时间间隔仍没有收到调度器对随机接入预约时隙请求的 ACK 应答分组,则表明此次预约时隙请求不成功,会将当前预约请求累积到下一个上行帧进行发送。此处, T_{RTD} 为往返时延, $T_{\text{process\_delay}}$ 为星上处理过程延迟。对于随机接入 CFDAMA 方式,用户在每一次发出预约请求消息后能够获得的预约时隙数目与 CFDAMA-PA 相同。

（4）CFDAMA-PB 方式

CFDAMA-PB 的上行链路帧不再划分为控制部分和数据部分,而是由一系列的数据信息时隙组成,数据信息时隙里面包含按需分配时隙和自由分配时隙,它们随机安排在上行链路帧中,每一个数据信息时隙都对应一个业务分组,各用户的预约时隙请求信息附带在相应业务分组上以捎带的方式发送给集中调度器,如图 5-40 所示。

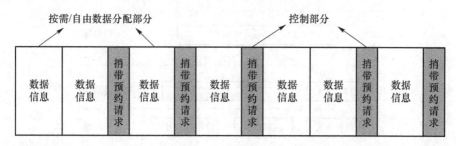

图 5-40　CFDAMA-PB 的上行链路帧结构

在基本的调度算法中,如果用户在下一帧到来时有预约时隙请求,不管当前用户的业务分组是通过按需分配方式(上一时刻有时隙请求消息)还是自由分配方式(上一时刻没有时隙请求消息)发送的,都会在分组后面捎带时隙请求消息。CFDAMA-PB 的星上处理过程和下行帧结构与预定预约接入方式类似。

用户在每一次发出预约请求消息后能获得的预约时隙数目为:

$$slots_{required} = (packets_{queued} - 1) - slots_{allocated} \tag{5-12}$$

因为预约时隙请求是通过捎带的方式发送给卫星的,所以当第一个预约时隙请求发送出之后,用户当前发送队列中的排队数据包的数目应该为$packets_{queued} - 1$。由于星上的处理过程和下行链路帧结构与预定预约接入方式类似,因此每一次成功分配后,$slots_{allocated}$ 都会增加 $slots_{required}$。

5.4　卫星通信组网协议

本节简要介绍因特网 TCP/IP 协议,并结合卫星通信网络系统特点,阐述 TCP/IP 协议用于卫星通信网络的改进方法,包括 TCP 增强、性能增强代理和 DTN 协议。此外,还阐述了卫星通信常用的组播应用协议。

5.4.1　TCP/IP 协议

1. TCP/IP 协议参考模型

互联网基于 TCP/IP 协议体系,为用户提供多样化的服务,支持光纤、电缆等多种形式物理设备间的互连。Internet 网络体系结构以 TCP/IP 为核心，TCP/IP 是一组用于实现网络互连的通信协议。TCP/IP 协议模型分为应用层、传输层、网络层、数据链路层和物理层五个层次，如图 5-41 所示。

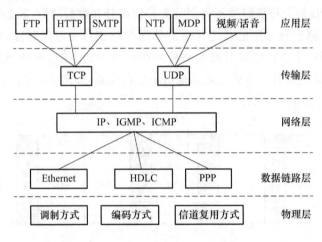

图 5-41　TCP/IP 协议体系

（1）应用层

应用层对应于 TCP/IP 参考模型的高层，为用户提供所需的各种服务。应用层不仅提供直接的应用程序接口，还提供常见的网络应用服务，如远程登录协议（Telnet）、简单邮件传输协议（Simple Mail Transfer Protocol，SMTP）、文件传输协议（File Transfer Protocol，FTP）、超文本传输协议（Hyper Text Transfer Protocol ，HTTP）等。

（2）传输层

传输层（Transport Layer）为应用层实体提供端到端的通信功能，保证数据包的顺序传送及数据完整性。因网络层不能保证可靠服务，且用户也不能直接对通信子网加以控制，因此在网络层之上，增加一个传输层以改善传输质量。该层定义了两个主要协议：传输控制协议（TCP）和用户数据报协议（UDP）。TCP 协议提供的是一种可靠的、通过三次握手连接、四次握手断开连接的数据传输服务；而 UDP 协议提供的则是不保证可靠的（并不是不可靠），无连接的数据传输服务。

TCP 传输层的主要功能包括：①通过端口号来标记不同的进程，例如，FTP 服务使用的 TCP 端口号是 21，HTTP 使用的 TCP 端口号是 80，Telnet 使用的 TCP 端口号是 23；②当应用层提交给传输层的数据较大，一个报文段无法容纳时，进行数据的分段与重新组装，即先将数据进行适当分割，在接收端再还原成原始的应用层数据；③提供端到端的流量控制、差错控制及恢复等服务。

（3）网络层

网络层（Network Layer）的主要任务是进行 IP 逻辑地址编址，建立网络连接，进行网间路由和交换节点选择，确保数据及时传送，提供可靠、无连接的数据报传递服务。网络层将数据链路层提供的帧组成数据包，网络层处理单位是包（Packet），逻辑地址即 IP 地址。该层有三个主要协议：网际协议（IP）、互联网组管理协议（IGMP）和互联网控制报文协议(ICMP)。

（4）数据链路层

数据链路层(Data Link Layer)的主要任务是对物理层数据添加物理地址信息和必要的控制信息,形成该层的处理单位——帧(Frame),并进行无差错的传送。该层的作用包括物理地址寻址、数据组帧、流量控制、数据的检错和重发等。典型的数据链路层协议包括 Ethernet、HDLC、PPP、STP、帧中继等。数据链路层寻址采用的是物理地址,在以太网中指的是 MAC 地址,其固化在网卡上,全球唯一,用 48 位二进制数标识。

（5）物理层

物理层(Physical Layer)的主要任务是规定通信设备的机械、电气、功能和过程的特性,建立、维护和断开物理链路连接,完成相邻节点间信息比特的传输,涉及信号、接口及传输方式等。典型的物理层协议有 EIA/TIA RS-232、EIA/TIA RS-449 等。

2. TCP 包数据结构

传输层 TCP 协议可将网络层信息可靠地传输到应用层。为了实现这种端到端的可靠传输,TCP 将相关功能集成在了 TCP 协议数据单元中,包括传输层的连接建立与断开方式、数据传输格式、确认方式等。

TCP 的协议数据单元被称为段(Segment),通过段的交互来建立连接,传输数据,发出确认,进行差错控制、流量控制及关闭连接。

TCP 段分为段头和数据两部分,所谓段头就是为实现端到端可靠传输所加上的控制信息,而数据则是来自高层的数据,如图 5-42 所示。TCP 数据封装在 IP 数据中。

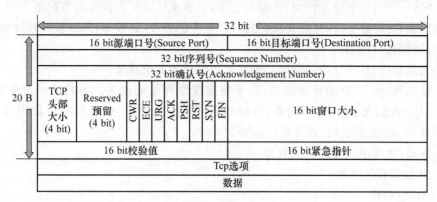

图 5-42　TCP 的协议数据单元格式

段头中的字段内容说明如下。

- 源端口号:表示主叫方的 TCP 端口号。
- 目标端口号:表示被叫方的 TCP 端口号。
- 序列号:表示该段在发送方的数据流中的位置,其为报文段中的第一个数据字节。
- 确认号:表示目标端所期望收到源端的下一个数据字节号,只有 ACK 标志为 1 时,确认号字段才有效。顺序号和确认号共同用于 TCP 服务中的确认和差错控制。

- 头部大小：表示 TCP 段的头长，给出数据在段中的起始位置，单位为 32 B。
- 预留位：TCP 协议还未使用的 6 bit。
- 编码位：表示 TCP 传输过程的控制信息，每个编码占 1 位，置"0"或"1"。具体见表 5-2。

表 5-2　编码位说明

编码位	说　明
CWR	拥塞窗口减少标志；表示发送方接收到了设置 ECE 标志的 TCP 包，通过降低发送窗口大小来降低发送速率
ECE	响应标志；TCP 三次握手时，通过 TCP 发送方说明该 TCP 传输过程是否具备 ECN（显式拥塞通告）功能
URG	紧急标志；该标志置 1 时，紧急指针有效，目前已很少使用
ACK	ACK 确认包标志；该标志置 1 时，表示确认序号有效，说明该 TCP 包已被确认
PSH	缓存标志；该标志置 1 时，表示发送方缓存中已没有待发送的数据，接收方应尽快将报文段交给应用层
RST	复位标志；在发生异常或错误时会触发复位 TCP 连接。该标志置 1 时，重建连接
SYN	同步序列号标志；用于三次握手建立 TCP 连接。该标志置 1 时，表示连接请求或同意连接请求
FIN	结束标志；用来结束一个 TCP 连接。该标志置 1 时，发送端完成任务，释放一个连接

- 窗口大小：用于流量控制，单位为字节，表示发送方可以接收的数据量大小。
- 校验和：对整个 TCP 报文段（包括 TCP 头部和 TCP 数据）进行校验和计算，并由目标端进行验证。
- 紧急指针：给出从当前顺序号到紧急数据位置的偏移量。
- 可选项：是 TCP 的补充协议，用于拥塞控制算法的改进。常见的可选项有最大 TCP 段的大小设定、时间戳、选择确认项等。此外，当可选项的位数不足 32 bit 或 32 bit 的倍数时，需要进行补齐。
- 数据：指高层传输的协议数据。

3. IP 包结构及封装

（1）IP 包结构

IP 包结构由包头和数据净荷构成，IPv4 的包头长度为 20 B，IPv6 的包头长度为 40 B。
IPv6 对 IPv4 的报文格式进行了较大修改，IPv6 主要字段的功能如下。

- 版本字段：IPv6 为 6，IPv4 为 4。
- 优先级字段：用于对具有不同实时传输需求的报文进行区分。
- 流表示字段：用于区分数据流，允许源端和目的端建立具有特殊性能和需求的伪连接。
- 负载长度字段：表示首部后面的净荷数据字节数，IPv4 表示总长度。
- 跳数上限字段：用于限制报文生命周期的计数器，以防止报文无限期存在于网络中，相当于 IPv4 中的生存时间字段。

• 源地址和目的地址字段：表示报文发送和接收方，是 IPv4 地址长的 4 倍。

（2）IP 报文封装

为实现卫星链路上的 IP 传输，卫星通信网络需要设计数据链路层的帧结构，将 IP 包封装到数据帧。TCP 传输层在应用层数据基础上，增加 TCP 头，封装成 TCP 数据；IP 层在 TCP 数据基础上，增加 IP 头，完成传输层和 IP 数据的封装；链路层在 IP 数据基础上，增加帧头和帧尾，封装成数据链路层的协议数据单元——帧，完成传输数据的封装。封装示意如图 5-43 所示。

图 5-43　TCP 分节的封装

对 IP 报文进行封装，帧结构可以采用标准的数据链路层协议，也可定义专门的 IP 报文封装格式。图 5-44 给出了以太网的帧封装格式，其有 6 B 的目的地址和 6 B 的源地址；最小数据帧长为 46 B，最大数据帧长为 1 500 B；数据类型包括 0800（IP 数据）、0806（ARP 请求/应答）、8035（RARP 请求/应答）。

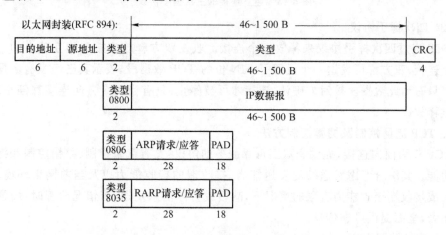

图 5-44　以太网的封装格式

当 IP 报文过大而无法封装到单个数据帧中时，IP 报文将分成较小的报文段封装到多个数据帧中，接收方通过重组这些数据段来恢复原始的 IP 报文。这时，封装过程引入了附加的处理过程和开销，会对网络性能带来一定影响。

4. TCP 连接和释放协议

TCP 是面向连接的协议，发送数据前，需要先在双方之间建立连接。建立一条连接需要 3 次握手过程，如图 5-45 所示。终止 TCP 连接，需要四次挥手过程。

（1）三次握手协议

① 客户端（请求端）向目的端发送一个 SYN＝1 和本机 TCP 分组包的初始序列号 seq＝x 的 TCP 数据段，然后等待应答。

② 目的端收到请求连接的数据段时，向客户端发送确认数据段，包括建立己方连接

的请求 SYN＝1,以及本机的 TCP 分组包初始序列号 seq＝y 和对客户端上一次发送的序列号的答复 ACK＝x＋1。

③ 客户端收到回复后,向目的端发送确认包 ACK＝y＋1,以及本机下一个 TCP 分组包的序列号 seq＝x＋1。这时,客户端和目的端进入连接状态,并分别通知上层进程。

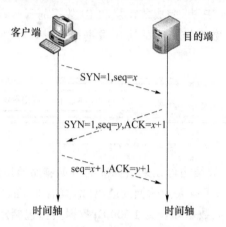

图 5-45　建立连接的三次握手协议

（2）四次挥手协议

TCP 经过四次挥手协议来释放一个连接。收发双方释放连接是相互独立的。为释放一个连接,双方都可发送一个设置了 FIN 位的 TCP 数据段,表示其已经没有数据要发送了。只有当此数据段被对方确认,连接才可被停止;只有当两个方向连接都停止时,连接才被释放。

5. TCP 流量控制及拥塞控制方法

TCP 作为面向连接,提供全双工可靠服务的协议,具有流量控制、差错控制和拥塞控制等功能。其综合考虑发送端的发送能力、接收端的接收能力以及当前网络环境,在网络拥塞或接收端接收能力有限的情况下,减缓或暂停消息发送,当情况改善时,增强消息发送能力,全面提供可靠传输。

（1）流量控制方法

如果发送端发送数据太快,接收端来不及接收,可能会丢失数据。所以流量控制是让发送端不要发送太快,要让接收端来得及接收。流量控制以动态调整发送空间大小（滑动窗口）的形式来反映接收端接收消息的能力,并反馈给发送端以调整发送速度,避免发送速度过快导致丢包或者发送速度过慢降低整体性能。

流量控制是通过大小可变的滑动窗口机制实现的,发送端窗口大小不能超过接收端窗口大小的值,TCP 窗口的单位是字节。在滑动窗口机制下,每次发送完成后,不用等待收到确认消息就可继续发送。

TCP 滑动窗口协议可由图 5-46 说明。图中,接收端公告窗口是目的端通知源端可以发送的数据段长度,示例中包含了编号为 4～9 的 6 个数据段,即窗口尺寸大小为 6;序号为 1～3 的报文段是发出并已经确认的报文段;窗口中序号为 4～6 的三个报文段已发出,但未被确认;序号为 7～9 的报文段可立即发送;而序号为 10 及其以后的报文段不能发送,只有数据段 4 或 4～6 被确认之后,窗口向右滑动,数据段 10 或 10～12 才能发送。

窗口左边界的右移表明已发出的数据段被确认,即源端已收到目的端的确认信号;窗口右边界的右移,表明源端可以发送更多的数据。窗口允许缩小或关闭,大小由接收进程来控制。

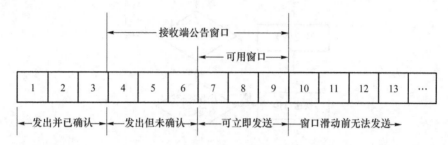

图 5-46　滑动窗口协议示意图

(2) 拥塞控制方法

当网络承受的负载超过其处理能力时,拥塞就会发生。拥塞控制就是考虑当前的网络环境,动态调整窗口大小。拥塞控制的目的是提高网络利用率,降低丢包率,并保证网络资源对每条数据流的公平性。如果没有发生拥塞,窗口增大;如果发生拥塞,窗口减小。如此往复,最终接近接收端的窗口大小。

TCP 协议的拥塞控制机制由慢启动(Slow Start)、拥塞避免(Congestion Avoidance)、快重传(Fast Retransmit)和快恢复(Fast Recovery)等算法构成。

① 慢启动和拥塞避免

TCP 协议通过动态维护窗口的大小来实现拥塞控制。每个发送方维护两个窗口:拥塞窗口 CWND 和接收方准许的窗口 RWND。这两个窗口分别是发送方和接收方认为没有问题的窗口,发送方可以发送的字节数是这两个窗口大小中的最小值。拥塞控制算法中还有一个重要参数为慢启动门限值,初始时为 64 KB。

开始发送信息时,由于不知道具体的网络环境,为避免大量信息造成拥塞,此时的拥塞窗口以最小值(即拥塞窗口和接收端窗口中的较小值)进行数据发送,并设定门限值作为慢启动算法和拥塞避免算法的分割点。慢启动是指发送方的拥塞窗口按指数形式递增,达到门限值后,以拥塞避免算法,即线性递增方式增大拥塞窗口。递增的时间间隔为一个往返时间 RTT。

在上述过程中,窗口大小无论是按指数递增还是线性递增,当发生拥塞时,将门限值更新为当前窗口大小的一半,拥塞窗口大小变为最小值,再重复上述递增过程。TCP 慢启动及拥塞控制的流程及原理如图 5-47 和图 5-48 所示。

② 快重传

快重传是指,并不是等超时了才重传,而是连续收到 3 个重复的 ACK 报文就开始重传。快重传算法要求接收方每收到一个失序的报文段就立即发出 ACK 重复确认,发送方只要连续收到 3 个同样的确认报文就立即重传数据报文,表示该数据段已经丢失,不必等待报文段的重传计时器到期。收到接收端的 ACK 确认信息,说明数据段只是单纯的丢失,而不是网络拥塞导致,不需将拥塞窗口更新为最小值进行慢启动。

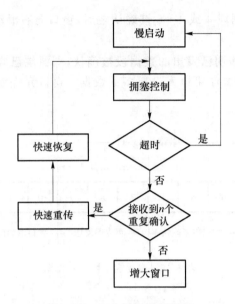

图 5-47   TCP 拥塞控制流程

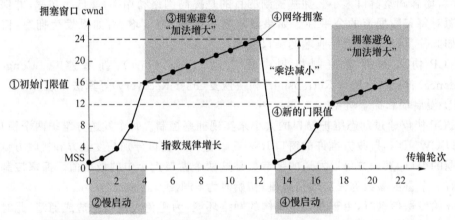

① 初始门限值ssthreth = 16
② 慢启动: cwnd = MSS，接着以指数形式增加，即cwnd的值为1,2.4,8,16。
③ 若cwnd=16 > ssthreth=16时，开始拥塞避免，cwnd+1，加法增大，线性增长，
   即cwnd的值为16,17,18,19,20,21,22,23,24
④ cwnd为24时发生网络拥塞: ssthreth = cwnd/2=12 > 2,cwnd = 1, 新门限值
   ssthreth = 12执行慢开始，重复①

图 5-48   TCP 拥塞控制原理

③ 快恢复

快恢复是指，当出现需要重传的情况时，并不把 cwnd 置为 1，而是置成原来大小的一半，ssthresh 也置为原来的一半。将慢开始门限减半，即乘法减小；将 cwnd 设置为新的慢开始门限值，继续执行拥塞避免算法，即加法增大。快恢复机制可较好地保证网络系统数据流之间的公平性，一旦出现丢包，立即减半退避，可给其他新建的数据流留出足够的空间。

6. IP 协议

（1）IP 路由协议

IP 域内路由协议（IGP）使用最多的有 RIP（Routing Information Protocol）协议和 OSPF（Open Shortest Path First）协议。具体的 IP 路由协议内容见 3.4.2 小节。

（2）IP 数据包发送协议

当源端有数据包要发送，且已知目的端 IP 地址时，IP 协议首先检索路由表中是否有与目的端 IP 地址完全匹配的项。如果有，则获得下一跳节点的 IP 地址。如果没有，再检测是否有与目的端网络号相匹配的项。如果有，则将数据包发送至目的端所在网络，再由目的端所在网络的路由器负责转发。如果没有找到与目的端网络号的匹配的项，协议再检测是否有默认项。如果找不到默认项，则将数据包丢弃。IP 数据包发送协议流程如图 5-49 所示。

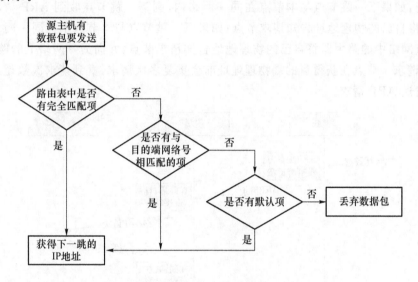

图 5-49　IP 数据包发送协议流程图

7. 地址解析协议（ARP）

在卫星通信网络中，网络层主要基于 TCP/IP 协议，链路层主要基于以太网协议，在网络层采用 IP 地址进行寻址，在链路层采用 MAC 地址进行寻址。在源端，网络层的协议数据单元（Protocol Data Unit，PDU）封装成链路层 PDU；在以太网帧中，需要封装目的端的 MAC 地址。

ARP 协议工作在网络层，实现 IP 地址到链路层地址的映射。这是因为网卡是根据以太网地址来发送和接收数据帧，而不是通过 IP 地址。

ARP 报文作为普通数据直接封装在链路层帧中进行传输，图 5-50 给出了某卫星链路帧的 ARP 报文封装格式。ARP 报文中的硬件类型字段值为 1 时，表示 MAC 地址；协议类型字段值为 0x800，表示 IP 地址，此即为 IP 地址与 MAC 地址的映射。操作字段用于区分不同类型的报文，1 表示 ARP 请求报文，2 表示 ARP 应答报文。最后 4 个字段用于表示通信双方的网络层 IP 地址和链路层 MAC 地址。

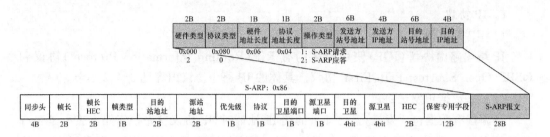

图 5-50　某卫星链路帧中 ARP 报文的封装格式

ARP 协议流程如图 5-51 所示。在取得了下一跳节点的 IP 地址后,ARP 协议首先检索自己的高速缓冲区上的索引表,检查是否有匹配项,如果没有,再检查是否在外部设定导入的文件中。如果没有找到匹配的物理地址,则会广播发出 ARP 请求。这时有以下两种情况:如果下一跳节点与本节点在同一网络内,则下一跳节点收到 ARP 请求后,直接回复,将自己的物理地址告知请求节点;如果下一跳节点与本节点不在同一网络内,则请求节点网络中的路由器将自己的物理地址告知请求节点,并向另一网络上的路由器转发 ARP 请求。节点在获得目的端物理地址前会重复多次请求,直到请求次数超过限度,则停止发送 ARP 请求。

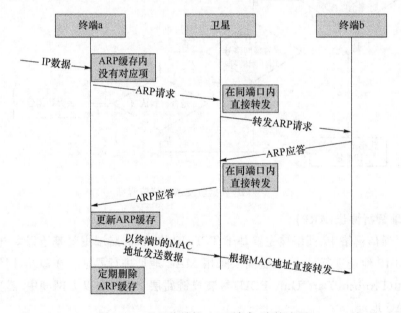

图 5-51　卫星终端间 ARP 请求/应答流程

8. IP 组播协议

IP 报文的传输方式有单播、多播和广播。单播是从单个源端向单个目的端传输数据,如从服务器下载 Web 网页到用户的浏览器,或者从服务器复制文件到另一个服务器;多播是从单个源端向多个目的端传输数据,或从多个源端向多个目的端传输数据,如视频会议,每个参会者都可以看作源端,在视频会议中向其他参会者进行多播;广播是从单个源端向域内(如局域网或卫星波束)所有接收者传输数据。

多播允许通信网络中的源端节点同时向多个目的端发送数据,而实际上只将数据的一份副本发送到网络上。之后,网络将对数据进行复制,并在需要时将数据分发给接收者。因此,多播能够节省网络带宽,如果要将报文发送到 100 个接收者,源端只需进行一次报文发送。网络负责将该数据转发到所有目的端,只有在需要时才对报文进行复制。这样,在网络的任意链路上都只有每个报文的一份副本,因此总的网络负载与 100 个单播连接相比大大减小。这对资源受限的卫星网络而言非常有利。此外,源端主机不需维持每个接收者的通信链路状态信息,因此还能降低源端节点的处理负荷。

多播可以是尽力而为的传输,也可以是可靠的传输。尽力而为的传输是指没有机制来保证任一组播源发出的数据会被所有或任一个接收者接收。通常,源端在组播地址上传输 UDP 包时,会采用尽力而为的方式。

对于单播来说,路由器根据 IP 报文首部中包含的源地址和目的地址,将报文从源端发送到目的端。此处理机制不适用于多播传输,因为数据源端可能并不知道终端希望何时何地接收到多播报文。因此,IP 地址空间专门保留了一段用于多播的 D 类地址:224.0.0.0 到 239.255.255.255。多播地址并不关联于任何物理网络号或主机号,只用于标识一个多播组,组中所有成员都会收到发往该地址的多播报文,多播路由器使用该地址将 IP 多播报文发送到注册为多播组成员的所有用户。终端通过 IGMP 协议注册到多播组。

（1）IGMP 协议

IGMP（Internet Group Management Protocol,多播协议或者组播协议）是 TCP/IP 协议簇中进行联网设备节点多播成员管理的协议,包括多播组成员关系的搭建和维护等。

IGMP 协议实现双向功能:一方面,主机通过 IGMP 协议通知本地路由器希望加入并接收某个特定组播组的信息;另一方面,路由器通过 IGMP 协议周期性地查询局域网内某组播组的成员是否处于活动状态（即该网段是否仍有属于某个组播组的成员）,实现对网络组成员关系的收集与维护。路由器中记录的信息是某个组播组在本地是否有组成员,而不是组播组与主机之间的对应关系。

到目前为止,IGMP 发展了三个版本。其中,IGMPv1(RFC1112)中定义了基本的组成员查询和报告过程;IGMPv2 在 IGMPv1 的基础上添加了组成员快速离开的机制;IGMPv3 进一步增加了成员可指定接收或不接收某些组播源报文的功能。

IGMP 协议支持三类消息:报告、查询和离开。终端通过 IGMP 协议向网络提出接收多播组数据的请求,在报告中指定想要加入的多播组的 D 类 IP 地址。路由器利用多播路由协议来确定一条到达源端的路径。路由器为确认接收多播信息的终端状态,有时会向所属网络中的终端发出 IGMP 查询报文。当终端收到查询报文时,会为其每个组成员身份设置单独的定时器。如果某个定时器超时,终端可发送 IGMP 报告来声明它仍希望收到该多播组的数据。为防止对同一 D 类地址发出重复的报告,如果终端已收到本网的另一个终端对该组发出的报告,则会停止相应的定时器,不再发出报告,由此来避免 IGMP 报告在子网中产生洪泛。当终端想要终止接收多播数据时,需要发出 IGMP 离开请求。如果子网的某个组中的所有成员都已经离开,路由器将不再向那个子网发送任何多播报文。

在卫星通信网络中,通常有大量的多播接收者,过多的 IGMP 报告可能导致卫星网络被大量 IGMP 数据流占用而引起泛洪,因此需要对 IGMP 协议进行改进。例如,静态配置多播信道,使报文通过卫星链路传输到每一个下游路由器,IGMP 数据流只在路由器和用户终端之间传输;只有当某波束中存在一个或多个接收用户时,多播信道才会通过卫星链路传输多播报文(与传统的地面网络一致);如果在网络下游没有配置路由器来连接用户终端,则可以使用 IGMP Snooping 的方式将多播数据转发给组成员,以避免在空中接口传输 IGMP 数据流。

研究和应用卫星通信网络的可靠多播协议,保证从源端发出的多播数据被所有接收者正确收到,并确保报文的按序到达和无重复传输,同时在扩展性、吞吐量、流量控制和拥塞控制方面进行优化。可靠多播协议属于传输层,提供端到端服务。高效多播比高效单播更加复杂,目前已为各种特定应用开发了多种多播协议,如实时应用(要求低时延和可接受的丢包率)和多播文件传输(要求无丢包,但对时延不敏感)等。

(2) IP 多播路由

组播路由可以分为两类:源分发树(Source Tree)和共享分发树(Shared Tree)。

源分发树是指以组播源作为树根,将组播源到每一个接收者的最短路径结合起来构成的转发树。由于源分发树使用的是从组播源到接收者的最短路径,因此也称为最短路径树(Shortest Path Tree,SPT)。对于某个多播组,网络要为任何一个向该组发送报文的组播源建立一棵树。源分发树的优点是能构造组播源与接收者之间的最短路径,使端到端的延迟达到最小;但付出的代价是,在路由器中必须为每个组播源保存路由信息,会占用大量的系统资源,路由表的规模也比较大。

共享分发树以某个路由器作为树根,该路由器称为汇集点(RP),将 RP 到所有接收者的最短路径结合起来构成转发树。使用共享分发树时,对应某个组,网络中只有一棵树,所有的组播源和接收者都使用这棵树来收发报文,组播源先向树根发送数据报文,然后报文向下转发到达所有的接收者。共享分发树的最大优点是路由器中保留的状态数据可以很少,缺点是组播源发出的报文要先经过 RP,再到达接收者,经由的路径通常并非最短,而且对 RP 的可靠性和处理能力要求很高。

与单播路由一样,组播路由也分为域内和域间两大类。域内组播路由目前已经发展得很成熟,域间组播目前仍然处于研究发展阶段。在众多的域内路由协议中,PIM-DM(密集模式协议无关组播)和 PIM-SM(稀疏模式协议无关组播)是目前应用最多的协议。PIM-DM 协议采用反向路径组播机制来构建分布树;PIM-SM 通过建立组播分发树来进行组播数据包的转发。

运行 PIM-DM 协议的路由器周期性地发送 Hello 消息,以发现邻接的 PIM 路由器,并负责在多路访问网络中选举指定路由器(DR)。PIM-DM 协议假定组播源发送组播数据时,域内所有的网络节点都需要接收数据,因此采用"扩散/剪枝"的方式进行组播数据包转发;组播源发送数据时,沿途路由器向除组播源对应的 RP 接口外的所有 RP 接口转发组播数据包。这样,PIM-DM 域中的所有网络节点都会收到这些组播数据包。为完成组播转发,沿途的路由器需要为组 G 和源 S 创建相应的组播路由项(S,G),其包括组播源地址、组播组地址、入接口、出接口列表、定时器和标志等。

运行 PIM-SM 协议的路由器周期性地发送 Hello 消息,以发现邻接的 PIM 路由器,并负责在多路访问网络中进行 DR 的选举。DR 负责为与其直连的组成员向组播树根节点的方向发送"加入/剪枝"消息,或是将组播源的数据发向组播分发树。PIM-SM 通过建立组播分发树来进行组播数据包的转发,组播分发树分为以下两种:以组 G 的 RP 为根的共享树和以组播源为根的最短路径树。PIM-SM 通过显式的加入/剪枝机制来完成组播分发树的建立与维护。

5.4.2　卫星通信 TCP/IP 协议改进

1. TCP/IP 协议在卫星通信网络中存在的问题

(1) TCP/IP 协议对链路误码率的影响

Internet 网中,卫星链路比地面链路有更高的链路误码率(BER)。地面传输中的误码率一般在 10^{-12} 甚至更低,但卫星通信中的误码率一般在 $10^{-6} \sim 10^{-4}$,达不到 TCP/IP 协议最高 10^{-8} 的要求。TCP/IP 协议最初是为地面网络设计的,其将发生错包的丢弃情况认为是网络发生了拥塞,而采取拥塞控制措施。TCP/IP 协议用于卫星链路时,因错误的链路响应导致数据误码而发生丢弃情况时,卫星网络实际上并未发生拥塞,而此时 TCP/IP 协议认为网络出现了拥塞,会采取拥塞控制措施,带来数据吞吐量的降低。

(2) TCP/IP 协议对长往返时间的影响

卫星通信往返时间(RTT)是指发出一个 TCP/IP 协议数据段到接收到相应的 ACK 确认信号所经历的时间间隔,是指从地面用户端 a 经卫星到地面用户端 b,然后再经卫星最后返回到地面用户端 a 的路径。对于 GEO 卫星来说,从地面用户到卫星的距离约 36 000 km,那么往返路径为 36 000×4=144 000 km,空间传输时延为 $144\ 000/(3 \times 10^5) = 0.48$ s,再考虑星上和地面电路及网络时延 50 ms,RTT 取值为 530 ms;对于轨道高度 10 000 km 的 MEO 卫星,RTT 取值为 138 ms;对于轨道高度 1 000 km 的 LEO 卫星,RTT 取值为 63 ms。

TCP/IP 协议层发送方要收到 ACK 确认信号,必须等待一个 RTT 的时长,只有收到 ACK 信号后它才能发送新的数据段,这样将会降低吞吐量。

可用下式计算 TCP 业务的吞吐量(即传输速率):

$$b = \text{CWND}/\text{RTT} \tag{5-13}$$

其中,b 为最大 TCP 业务速率,CWND 为 TCP 业务接收窗口尺寸。TCP 业务窗口一般在 8~64 kB,其最大数据传输速率为 64k×8/0.5=1 024 kbit/s,远小于卫星信道的发送速率,因此限制了通信速率的提升。

(3) 卫星链路的非对称性对 TCP/IP 协议性能的影响

卫星下行链路和上行链路间存在较大的带宽不对称性。在非对称网络上运行 TCP/IP 协议时,上行链路容易导致大量的应答信息拥塞网络,增加数据包的往返时间,导致 ACK 不能及时到达发送端,从而影响发送端拥塞窗口的增加,降低了链路的传输效率。上行链路的拥塞还可能造成确认信息的丢失,使发送端的定时器超时,从而导致发送端误认为网络发生拥塞,直接减小拥塞窗口的大小,影响 TCP/IP 协议在卫星网络的吞吐量。

(4) 拓扑频繁变化对 TCP/IP 协议性能的影响

卫星通信网络中,特别是低轨卫星通信网络中,拓扑变化非常快,导致链路状态频繁变化。而地面有线通信网络中,链路状态相对稳定,很少发生快速变化。

传统 TCP/IP 协议中,使用 OSPF 协议计算更新路由信息。OSPF 协议是一种链路状态路由协议,内部使用 Dijkstra 算法。节点间通过交互链路状态信息,从而获得网络中所有的最新链路状态信息,从而计算出到达每个目标的精确网络路径。OSPF 路由器会将自己所有的链路状态全部发给邻居,邻居将收到的链路状态全部放入链路状态数据库(Link-State Database),邻居再发给自己的所有邻居,并且在传递过程中,不会进行任何更改。通过这样的过程,网络中所有的 OSPF 路由器都拥有网络中所有的链路状态,并且所有路由器的链路状态应能描绘出相同的网络拓扑。

在地面有线通信网络中,链路状态稳定,节点间的链路信息交互较少,不占用宝贵的链路资源。而在卫星通信网络中,由于拓扑变化频繁,一旦发现链路变化,节点就需更新自己的链路状态数据库,并将更新后的信息发送给邻居节点,直到网络全部完成更新。频繁的链路变化会对传统 TCP/IP 协议性能带来两个方面影响:一是卫星网络中的节点将产生大量的链路更新数据,占用宝贵的带宽资源;二是由于链路变化过快,全网更新不同步,节点间链路状态信息库可能不一致,导致节点中计算出的路由表失效,进而会导致大量的数据包丢失。

2. TCP 增强协议

为了缓解吞吐量的降低和更充分地利用带宽,开发出了不同版本的 TCP 增强协议,这些增强协议都保留了 TCP 端到端语义及网络分层原则,以下介绍几种典型的 TCP 协议改进方案。

(1) TCP New Reno

TCP Reno 是目前地面网络中使用最广泛的 TCP 版本之一,其拥塞控制算法主要由慢启动(SS)、拥塞避免(CA)、快重传(FT)和快恢复(FR)四部分组成。Reno 算法通过逐渐增大 cwnd 来不断地试探网络拥塞状态的底线,是一种被动的拥塞控制算法。其算法为:

$$W_{cwnd}(i+1)=\begin{cases} W_{cwnd}(i)+1 & \text{SS} \\ W_{cwnd}(i)+1/W_{cwnd}(i) & \text{CA} \\ W_{cwnd}(i)/2 & \text{FR} \end{cases} \tag{5-14}$$

在 SS、CA 过渡阶段,有一个 cwnd 的门限值,称为慢启动阈值。

New Reno 对 Reno 方法进行了改进。在只有一个数据包遗失情况下,两种拥塞控制机制是一样的;当同时有多个数据包遗失时,New Reno 主要修改了 TCP Reno 的快恢复算法。New Reno 在收到 Partial ACK 时,并不立即结束快恢复;相反,New Reno 的发送端会持续地重复发送 Partial ACK 之后的数据包,直到将所有遗失的数据包重发完后才结束快恢复。但该协议并不区分数据段的丢失是由拥塞还是其他原因引起,默认将数据丢失当作拥塞来处理。

(2) TCP Vegas

TCP Vegas 对 Reno 算法进行了改进,采用了新的拥塞避免机制。Vegas 算法根据实际吞吐量与期望吞吐量的差值控制 cwnd 尺寸,目的是保持网络链路中始终有适当的空余。

期望吞吐量和实际吞吐量可表示为:

$$\begin{cases} Q_{exp} = W_{size}/R_{min} \\ Q_{act} = W_{size}/R \end{cases} \tag{5-15}$$

其中,W_{size} 为窗口尺寸,R、R_{min} 分别为 RTT 及检测到的最小 RTT。

定义新变量:

$$D = (Q_{exp} - Q_{act}) \cdot R_{min} \tag{5-16}$$

做出调整:

$$W_{cwnd}(i+1) = \begin{cases} W_{cwnd}(i)+1, & D \leqslant \alpha \\ W_{cwnd}(i), & \alpha < D < \beta \\ W_{cwnd}(i)-1, & D \geqslant \beta \end{cases} \tag{5-17}$$

其中,α、β 为参数。

实际吞吐量与期望吞吐量的差值越大,表明链路渐趋拥塞,这就需要通过调整 β 值值来减小传输速率;与之相反,若两者的差值越来越小,则表明链路还有较大可用资源,这时可通过调整 α 值来增大传输速率。

(3) TCP Hybla

TCP Hybla 是基于大时延网络提出的,符合卫星网络的特点。Hybla 算法将传输速率独立于网络时延之外。当某个数据流的 RTT 值小于既定的参考值 RTT(R_0)时,Hybla 算法将采用与地面标准 TCP 相同的策略,否则 Hybla 会增加拥塞窗口,以补偿由 RTT 增大而带来的吞吐量降低的问题。其算法为:

$$W_{cwnd}(i+1) = \begin{cases} W_{cwnd}(i)+2^\rho-1 & SS \\ W_{cwnd}(i)+\rho^2/W_{cwnd}(i) & CA \end{cases} \tag{5-18}$$

其中,$\rho = RTT/RTT(R_0)$,当 ρ 接近 1 时,表明网络拥塞最低,无须补偿传输速率。

(4) TCP Westwood

TCP Westwood 针对卫星网络的高误码特点性能良好。其方法是发送端通过 TCP 连接上返回确认的平均速率对端到端可用带宽做出估计。

当网络发生拥塞时,发送方使用带宽估值,与传统 TCP 将 cwnd 盲目减半的方法相比,此恢复机制可将 cwnd 设置得更准确,特别是在高误码环境中能取得较高的链路利用率。其算法为

$$S_{stresh} = \hat{b} \cdot R_{min}$$

$$W_{cwnd} = \begin{cases} S_{stresh}, & W_{cwnd} > S_{stresh} \\ 1, & \text{其他} \end{cases} \tag{5-19}$$

其中,$\hat{b}$ 为估计带宽。

3. 性能增强代理

性能增强代理(Performance Enhancement Proxy,PEP)起源于基本的 TCP 协议增强,用于改善基于 TCP 协议的业务传输性能,可满足卫星网络的高性能通信需求。

PEP 设备在卫星宽带网络中通常同时配置在信关站和远端站,对于只有单向信道的卫星网络可以单端配置。其中,信关站由于数据通信量大,对设备处理能力要求高,通常采用独立的性能增强网关设备来实现;而远端站的 PEP 功能模块通常集成在卫星终端中。中心站和远端站的卫星终端直接与本地路由相连的 PEP 设备通常只对发往卫星的数据进行处理。PEP 设备在卫星通信网络中的部署位置如图 5-52 所示,卫星网络中的业务信息和控制信息数据包在发往卫星链路上之前,通常需进行加密。而 PEP 设备中的 TCP 加速、访问控制等功能需要对业务数据的 TCP 报文头部、IP 头部进行访问,因此 PEP 设备需要在业务数据加密之前对数据进行处理。

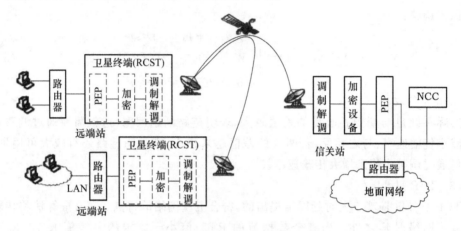

图 5-52　PEP 设备在卫星网络中的部署

PEP 的优势在于,终端系统感觉不到 PEP 的存在,也无须针对 PEP 做任何更改。PEP 的实现方法很多,根据层次不同可分为基于链路层 PEP、基于传输层 PEP 和基于应用层 PEP。其中,基于传输层 PEP 应用最为广泛,其主要通过 TCP 进程之间的交互实现对 TCP 性能的增强。根据实现方式的不同,PEP 还可分为 TCP 欺骗(TCP spoofingg)和 TCP 分段(TCP splitting)两种。

（1）TCP 欺骗技术

TCP 欺骗的主要思想是屏蔽卫星信道的长传播时延来加速增大 TCP 发送窗口的大小,主要做法是通过位于发送端的 PEP 向发送端发送针对 TCP 报文的 ACK,过滤掉来自接收端的 ACK,使得发送端认为到接收端的传播时延很短,使滑动窗口稳定增加,从而使发送速率提高。TCP 欺骗主要针对卫星信道长传播时延,克服慢启动算法带来的影响,但破坏了 TCP 原有的基于端到端连接的特性,而且传输性能仍受到滑动窗口大小和信道误码的影响。

TCP 欺骗方法的主要优点在于只需要在发送端安装 PEP,适用于星状网的应用场景。通过在中心站安装 PEP 可提高从中心站到远端站的吞吐量。图 5-53 为 TCP 欺骗的协议栈结构,PEP 将端到端的 TCP 连接分为两段,其中 TCP 发送端和 PEP 之间、PEP 和 TCP 接收端之间的通信均采用标准 TCP 协议。当位于发送端的 PEP 收到一个数据包并且把它传送给接收端时,在不考虑是否能收到来自接收端确认信息的情况下应反馈一个确认信号给发送端,目的是促使发送端继续发送数据,从而提高整个 TCP 端到端链路的吞吐量。TCP 欺骗与标准 TCP 的主要区别在于 PEP 处采用了本地确认和重传机制。

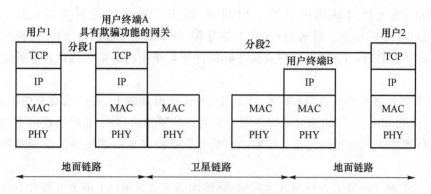

图 5-53　TCP 欺骗的协议栈结构

（2）TCP 分段技术

TCP 分段的基本原理是把卫星部分链路从网络中分离出来,地面上依旧采用 TCP 协议,在星地链路和星间链路之间采用更适合卫星传输的协议,也就是在地面用户和卫星链路之间增加一个网关,网关间通信采用规定的卫星传输协议,它们与用户的接口完全服从 TCP 协议,从而使得在地面用户看来,与传统的 TCP 没有区别。

TCP 分段方法的关键是确定适于卫星链路传输的协议及其与 TCP 互相转化的机制。卫星段采用的可以是 TCP 改进协议也可以是新的传输层协议,该协议可根据实际需要承载 1 条或多条 TCP 连接。TCP 分段的好处在于,通过在通信双方安装 PEP,使 TCP 吞吐量在两个传输方向上均得到提高,适合点对点的应用场景,且随终端处理能力的增强,PEP 功能可以软件形式嵌入终端。如果中心站安装 PEP 服务器,TCP 分段也可应用于星状网应用场景。

图 5-54 给出了 TCP 分段实现的协议栈结构,可以看出,PEP 将端到端的 TCP 连接分为 3 段,其中两个 PEP 之间(即卫星段),采用改进的 TCP 协议或新型传输层协议。TCP 分段过程除要完成发送/接收终端的功能外,还要完成 TCP 欺骗中的本地确认功能。

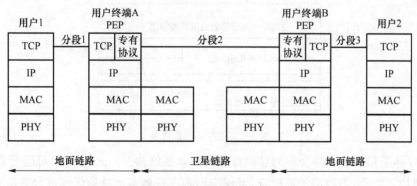

图 5-54　TCP 分段的协议栈结构

4. DTN 协议

为了解决在具有长时延、高误码率、连接频繁中断等特征的卫星通信问题,在 TCP/IP 协议的基础上,开发人员提出了多种改进方案,但多数并不能完全适应于缺陷网络。Kevin Fall 博士针对缺陷网络的应用问题,提出了延迟容忍网络(Delay Tolerant Network,DTN)的概念。针对 DTN 在卫星通信等领域的应用意义,因特网研究任务组(IRIF)成立了 DTN 工作组,旨在解决在异构网络环境中的通信架构设计和通信协议实现问题。

DNT 协议体系的核心是在标准 TCP/IP 协议模型基础上,在传输层与应用层之间,引入一个"Bundle 层"作为连接不同中断容忍网络的覆盖层,采用此层协议的节点通过发送 bundle 数据包消息进行通信。它将端到端多跳链路变成由逐跳确认的单跳链路组成的链路。

DNT 架构支持缺陷网络与其他网络(缺陷网络或常规网络)间的互操作,DTN 协议运行在网络协议栈上,采用非交互式消息传输机制,DTN 在应用层上以代理形式实现,不同网络之间的互操作通过网络边界上的 DTN 网关实现。Bundle 协议体系主要思想是屏蔽不同类型网络的底层协议和链路环境,不对上层产生影响。

(1) DTN 协议的架构

DTN 协议体系结构如图 5-55 所示,在传统 TCP/IP 协议的应用层之下添加了一个 Bunble 层和连接 Bunble 层与下层不同传输介质的汇聚适配层(Convergence Layer)。汇聚适配层为下层网络提供了统一的接口,是 DTN 协议能在各种异构网络上运行的重要保证。Bundle 层传输的协议数据单元称为 Bundle 或消息,数据长度任意,该层功能与传统 Internet 中的网关类似。DTN 协议包括层路由器选择、层保管传输、层端到端可靠性、层认证、层加密等内容。

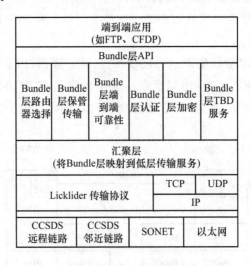

图 5-55　DTN 协议体系

DTN 体系结构是一种面向消息的可靠网络体系结构。Bundle 协议可运行在不同类型的底层协议之上,与底层协议配合,可使应用程序跨越多个异构区域进行通信。

图 5-56 为 DTN 协议与 TCP/IP 协议传输流程的对比。在传统的 TCP/IP 协议体系中，每条 TCP 连接均有且只有两个端点，在端点上运行 TCP 协议，而 IP 协议则贯穿整个传输网络。在 DTN 网络中，改变了 TCP/IP 协议中原有的端到端传输方式，采用逐跳传输的方式进行通信，在每个 DTN 节点上均部署了 Bundle 层协议。由于采用了汇聚传输层，在整个传输过程中不需要保证所有的底层传输协议一致；同时，逐跳传输也使得发送方与接收方不需提前建立连接来保证可靠传输；发送方和接收方之间的链路延迟和中断由中间节点进行处理。

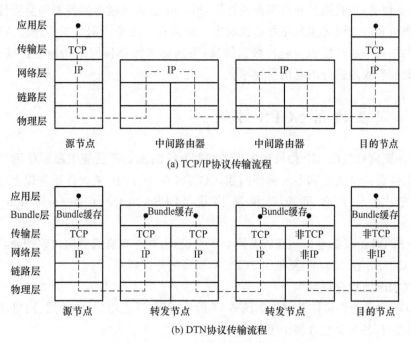

(a) TCP/IP协议传输流程

(b) DTN协议传输流程

图 5-56　DTN 协议与 TCP/IP 协议传输流程的对比

（2）DTN 的特点

在卫星通信网络协议体系中，Bundle 协议与其他协议体系有很大区别：首先，Bundle 协议并不像 TCP/IP 协议那样假设存在源端到目的端的端到端路径，它采用的是存储转发 Bundle 数据包，对数据包以监管传输的方式进行逐跳发送；其次，Bundle 协议引入了连接不同受限网络的 Bundle 层，使下层网络的不同情况对应用层来说是透明的。Bundle 层提供了类似于互联网网关的功能，有自身独特的路由协议，但其主要面向消息转发而非分组交换。DTN 提出了"网络中的网络"的概念，将整个网络分为几个独立的区域，每个区域都有自己独立的协议栈。DTN 节点（边缘网关）通过 Bundle 层的监管转移和重传功能保证了端到端通信的稳定性；内部网络可采用 TCP/IP 协议进行通信。

Bundle 协议的主要特点如下。

①监管传输：Bundle 层按照 Bundle 路由协议向目的节点靠近，通过不断的数据复制进行节点间的数据转移。接收到复制 Bundle 数据的中间节点就被称为 Bundle 监管节点。监管节点会确认被监管的 Bundle 数据被下一节点正确接收，且监管责任被确认移

交后才会将本节点中的 Bundle 数据删除,否则监管节点会维持对 Bundle 数据的监管并持续发送。监管传输可以实现较快的 Bundle 重传,这种传输策略通过保证点到点传输的可靠性来实现整个通信端到端传输的可靠性。

②处理断续连通的能力:为解决卫星通信网络断续连通的问题,采用了一种类似于电子邮件的传输方式,当监管节点找不到下一跳链路时,会先将 Bundle 数据缓存起来,等到链路连通后再发送。Bundle 协议通过将端到端路径转变为可靠的单跳点到点路径,可在断续连通的链路上提高数据包的成功投递率。

③能支持确定的、随机和可预测的连接:Bundle 协议通过存储转发和监管传输,能适应确定、随机和可预测等多种拓扑连接状态。随机式连接是指网络拓扑连接情况随机变化,节点利用每一次连接机会进行数据转发;可预测连接是指网络拓扑连接情况可预先估计,由此能有效地提升消息的投递率。

5.4.3 卫星通信 SCPS 协议

针对地面网络 TCP/IP 协议的慢启动和拥塞控制机制不适应卫星通信网络长时延、高误码率、链路持续变化和不对称等问题,CCSDS 在 TCP/IP 协议体系基础上,进行了改进和扩充,制定了空间通信传输协议 SCPS(Space Communication Protocol Specification)。

整个 SCPS 协议都是以地面因特网为原型设计,并与现有因特网协议相兼容,具有互操作性。CCSDS 在 2006 年发布了 SCPS 协议栈的协议规范。

1. CCSDS 协议分层结构

CCSDS 定义的协议体系结构如图 5-57 所示,其包括应用层、传输层、网络层、数据链路层和物理层,各层又包含多个可组合的协议。

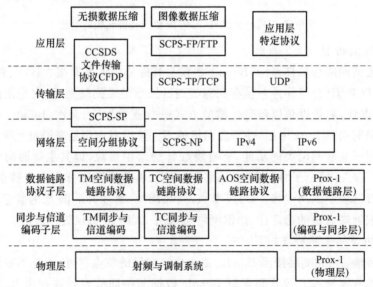

图 5-57　空间通信协议体系模型

（1）物理层

物理层由射频与调制系统、Prox-1 两部分组成，其中 Prox-1 是一个跨层协议，定义了邻近空间链路的物理层协议。

（2）数据链路层

数据链路层包括两个子层，第一个是数据链路协议子层，该层规定了数据帧的传输方式；第二个是同步与信道编码子层，分别用于封装和帧操作，规定了数据帧的编码方式和同步方式。

数据链路协议子层包含以下四种协议：遥测（TM）空间数据链路协议、遥控（TC）空间数据链路协议、高级在轨系统（AOS）空间数据链路协议和邻近空间（Prox-1）链接协议。以上协议提供了通过空间链路发送数据的功能。

CCSDS 同步和信道编码子层包含以下三种协议：TM 同步与信道编码、TC 同步与信道编码、Prox-1（编码与同步层）。

（3）网络层

为了实现空间网络的路由功能，CCSDS 规定了两个网络层协议：空间分组协议和 SCPS-NP。空间分组协议基于无连接，不保证数据的顺序发送和完整性。空间分组协议的核心是提前配置 LDP（Logical Data Path），并用 path ID 代替完整的端地址来表示 LDP，从而提高空间消息的传输效率。因特网 IPv4 和 IPv6 可通过空间数据链路协议进行传输，与空间分组协议和 SCPS-NP 多路复用或独用空间数据链路。

（4）传输层

CCSDS 为传输层开发了 SCPS 传输协议 SCPS-T，保证了端到端的可靠通信。CCSDS 文件传输协议 CFDP 既提供传输层的功能，也提供应用层文件管理功能。传输层数据一般由网络层协议传输，有时也可直接由链路层协议传输。因特网的 TCP 和 UDP 可运行在 SCPS-NP 之上。SCPS 安全协议 SCPS-SP 和因特网安全协议 IPSec 可与传输层协议配合应用，提供端到端的数据保护功能。

（5）应用层

CCSDS 的应用层提供了多种空间应用服务协议，如 SCPS 文件协议 SCPS-FP、CCSDS 文件传输协议 CFDP、无损数据压缩协议、图像数据压缩协议等。

2. SCPS 协议体系

SCPS 协议主要包含 SCPS-FP（文件传输协议）、SCPS-TP（传输层协议）、SCPS-SP（安全协议）、SCPS-NP（网络层协议）。SCPS 与 TCP/IP 协议的对应关系如图 5-58 所示。

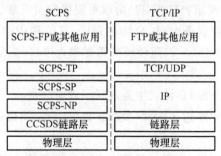

图 5-58　SCPS 协议分层模型

(1) SCPS-NP 协议

SCPS-NP 协议以 IP 协议为基础,针对空间传输特点进行了改进。与 IP 协议相比,SCPS-NP 协议主要有以下特点。

① SCPS-NP 协议结构如图 5-59 所示,与 IP 头部固定的 20 个字节长度不同,SCPS-NP 支持的最大报文长度为 8 196 字节,其头部提供了灵活的配置方式,长度在 4~46 B 之间,方便用户在效率和功能之间进行选择,并且对头部进行压缩,以减小不必要的传输开销,提高传输效率。

② 支持以下多种路由方式:传统的最优路由选择方式、将数据包同时转发给最优和次优路由的双路由洪泛方式、将数据包同时转发给所有端口的洪泛模式。

③ 提供了 16 种独立于服务类型的优先级操作,可对数据包进行优先级区分,通过时间戳或基于跳数方式对分组生存时间进行控制。

④ 在继承 ICMP 的差错和询问等处理机制基础上,进行相应改进,增加了链路中断和信道质量下降的指令,以区分报文段丢失原因,便于传输层进行不同的重传处理。

SCPS-NP 协议的缺点是不能与 IP 完全兼容,为实现兼容和互操作,地面网络的 IP 协议需将 SCPS-NP 包封装在 IP 包中进行传输,或进行协议转换。

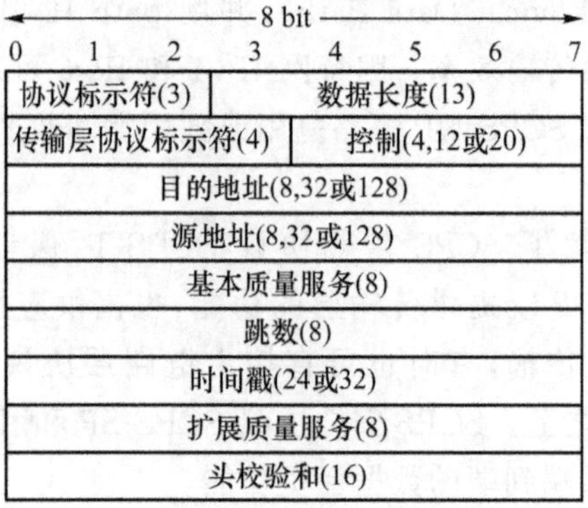

8 bit	
协议标示符(3)	数据长度(13)
传输层协议标示符(4)	控制(4,12或20)
目的地址(8,32或128)	
源地址(8,32或128)	
基本质量服务(8)	
跳数(8)	
时间戳(24或32)	
扩展质量服务(8)	
头校验和(16)	

图 5-59　SCPS-NP 协议结构

(2) SCPS-TP 协议

SCPS-TP 协议针对空间传输特性,对 TCP 协议进行了一系列改进和扩展,增加了部分功能增强选项,并与 TCP 协议保持良好的兼容和互操作性。SCPS-TP 协议已成为国际标准化组织的标准(ISO15893:2000)以及美国军用标准(MIL-STD-2045-44000)。

根据空间传输的不同要求,SCPS-TP 协议可提供完全可靠、高可靠、低可靠三种传输方式。其中,完全可靠传输服务由 TCP 协议完成,高可靠传输服务由 SCPS-TP 协议完成,低可靠则由 UDP 协议完成。前两种服务需要建立连接,当使用低可靠服务时不需要建立连接。

与 TCP 协议相比,SCPS-TP 协议主要进行了以下改进。

① 启用了 TCP 协议中多达 40 个字节的扩展域,为空间通信网络提供了端到端的数据传输。

② 扩大了 TCP 传输窗口,将窗口长度由 16 bit 扩展到 30 bit,以适应空间通信长延

时、大带宽的特点。

③ 减少了 TCP 启动时的三次握手信号,加快了数据传输的启动。

④ 提供了选择应答(Selective Acknowledge,SACK)和否定应答(Selective Negative Acknowledge,SNACK)功能。当发送序列中的某个数据包丢失时,采用 SNACK 机制,只重发丢失的数据包,提高数据传输效率;在高比特率情况下确认大数据包时,采用 SNACK 机制,数据接收端通知发送端哪些数据没有接收到,并在一个 SNACK 中包含多个数据段传输的错误信息,提高了链路利用率。

⑤ 利用时间戳选项,提供往返时延测量功能。

⑥ 采用 Vegas 机制,对拥塞控制进行了改进,同时对网络拥塞、高误码率及链路中断造成的包丢失,分别采取不同的重传策略。

⑦ 对包头进行了相应压缩,以减少数据应答包的大小。

SCPS-TP 协议的包格式如图 5-60 所示。

More 1 bit	TS1 1 bit	TS2 1 bit	RB 1 bit	SNACK 1 bit	Push 1 bit	S 1 bit	A 1 bit
Opts 1 bit	Pad 1 bit	URG 1 bit	ACKR 1 bit	ECE 1 bit	RST 1 bit	CWR 1 bit	FIN 1 bit
URG：紧急指针(2字节)				A：窗口(2字节)			
A.ACK：确认号(4字节)							
S：次序号(4字节)							
SNACK(4字节)							
TS1：时间戳选项(长度取决于格式)							
TS2：时间戳回应选项(长度取决于格式)							
Opts：未压缩的TCP 选项长度(1字节)		Opts：未压缩的TCP选项 (长度取决于数据)				Pad：填充选项 (1字节)	
校验和(字节1)				校验和(字节2)			
数据							

图 5-60　SCPS-TP 协议数据包格式

(3) SCPS-FP 协议

SCPS-FP 协议是 SCPS 系列协议中的应用层协议,是在 FTP 协议基础上,针对空间传输特性改进而来,支持文件传输和指令传输。其规定了以下三种文件组织形式:文件由连续、无内部结构的字节序列构成;文件由连续的记录组成;文件由能单独检索的页面组成。

SCPS-FP 协议根据用户业务需要和网络状况,提供多种协议实现方式,包括最简 FP(提供最基本的传输业务)、完整 FP(实现协议全部功能,可完成大部分空间数据的传输业务)等。SCPS-FP 协议也需要传输层使用 TCP 协议来保障数据端到端的可靠性。

考虑星上处理和存储资源有限、存储介质易受单粒子影响及数据传输存在非连续性

等特点,SCPS-FP 协议对 FTP 主要进行了以下功能扩充:

① 支持读取记录与更新,即只传输文件更新部分,而不需要续传整个文件;

② 支持文件的完整性检验;

③ 支持压缩性应答文本;

④ 支持自动文件传输、人工传输控制和自动传输恢复。

(4) SCPS-SP 协议

SCPS-SP 协议是 SCPS 协议栈的安全协议(Security Protocol),与 IPSEC-ESP 协议类似,为空间数据传输提供可选的端到端保护。SCPS-SP 协议在网络层为数据传输提供完整性检查、机密性机制和身份认证服务。

SCPS-SP 协议与 IPSEC-ESP 协议的区别主要包括:

① SCPS-SP 协议是 SCPS 协议体系中唯一涉及数据安全的协议,而因特网在不同层具有不同的安全协议;

② IPSEC 协议需要 10 个字节,而 SCPS-SP 协议将开销缩减为 2 个字节;

③ 对于重传攻击的保护由上层的 SCPS-FP 协议序列号提供,而不是由 SCPS-SP 协议提供;

④ IPSEC 协议对每一个通信地址允许有多个同时存在的安全关联,而 SCPS-SP 协议只允许有一个激活的安全关联;

⑤ SCPS-SP 协议提供了最优比特效率,以最小开销对空间数据进行保护。

SCPS-SP 协议的数据单元包括明文头、保护头、用户数据和完整性检验四部分,如图 5-61 所示。

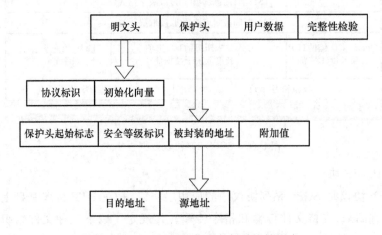

图 5-61 SCPS-SP 协议的数据单元帧格式

5.4.4 卫星通信 DVB 标准

DVB 是欧洲电信标准协会(ETSI)组织研究并发布的数字电视广播系列标准,包含 DVB-S(卫星电视广播)标准、DVB-C(有线电视广播)标准、DVB-T(地面移动电视广播)标准、DVB-H(地面手持电视广播)标准等,在 DVB-S 基础上又发展了 DVB 交互式卫星通信标准 DVB-RCS。目前 DVB-S2/DVB-RCS 协议标准已成为国内外主流高通量卫星通信标准,如 Visat 的 Surbeam2 通信系统、Hughes 的 HN 通信系统、iDirect 的 Intelligent Platform 通信系统等。

1. DVB-S2 协议标准

从 1994 年 ETSI 发布 DVB-S 的第一个版本以来,DVB-S 标准在世界范围内得到广泛应用,成为卫星广播电视领域的主流传输标准。2005 年 3 月,ETSI 在 DVB-S 协议标准的基础上发布了 DVB-S2 标准,即卫星数字广播电视卫星第二代标准。2014 年,DVB 指导委员会批准了 DVB-S2 的扩展版本 DVB-S2X,成为第三代数字卫星电视广播标准。

(1) DVB-S2 标准

DVB-S2 标准选用 MF-TDMA 接入方式,采用了新的信道编码模式、高阶调制技术、自适应编码与调制技术等卫星数字传输的新技术,使得 DVB-S2 标准相对其他卫星传输技术标准,可获取更高的链路数据传输效率,扩展了应用领域,可有效满足远程医疗、远程教育、新闻采访等交互式业务需要。DVB-S2 能支持更多的传输业务类型及信源格式,具有更优的信道编码增益,以及更高的信道频谱利用率和传输效率。DVB-S2 相比 DVB-S 的改进主要体现在应用和技术两个方面。在应用层面上,增加了相关个性化应用服务类型,主要包括如下几个方面。

① 标清和高清电视广播(SDTV 和 HDTV)业务。

② 交互式业务,包括因特网接入的有关用户服务。

③ 数字电视分配和新闻采集等专业应用。

④ 数据信息分配和因特网中继服务。

在技术层面上,DVB-S2 的进步主要体现在如下几个方面。

① DVB-S2 统筹兼顾最佳的传输性能、最大的灵活性、合理的接收机复杂度。

② DVB-S2 采用工具箱的工作模式,具有较大灵活性,适用于各种应用和传输条件。

③ 为达到最佳传输性能,采用了 LDPC 和 BCH 编码技术。以 LDPC 作为内码,支持 1/4、1/3、2/5、1/2、3/5、2/3、3/4、4/5、5/6、8/9、9/10 等多种内码码型,适应多样化的业务需求;以 BCH 作为外码,传输容量可提高 30%,非常接近香农信道容量极限,同时解码器复杂度适中。

④ 可采用自适应编码和调制(ACM)技术,并采用高度灵活的帧结构,根据线路传输条件,在帧与帧之间可对每个用户采用最佳的参数进行传输。在保证传输性能前提下,大大地提高了频谱利用率,降低了 IP 业务运营成本。ACM 和灵活的帧结构保证了恶劣条件下的同步要求。调制模式可灵活选用 QPSK、8PSK、16APSK 和 32APSK,并能保证卫星转发器的非线性要求。频谱成形中的升余弦滚降系数可在 0.35、0.25、0.2 中选择。

⑤ DVB-S2 系统能处理各种先进的视音频格式,可接收单个数据流,也可接收多个数据流。

(2) DVB-S2X 标准

DVB-S2X 为专业应用提升了 20%～30% 的频谱效率,在某些情况下,频谱效率可提升 50%;此外,增加了像通道绑定这样的新业务模式的灵活性。DVB-S2X 标准具有更高的频谱效率、更大的接入速率、更优的移动性能、更强健的服务能力和更小的成本。

DVB-S2X 的主要技术特点如下。

① 采用了更小的滚降系数和高级滤波技术,提升了频谱效率。滚降系数采用 0.15、0.10、0.05,高级滤波将频谱左右两边的旁瓣滤除,使各相邻物理频道间的间隔小到符号率的 1.05 倍。

② 采用了更高阶的调制技术,可达 256APSK。

③ 面向低速及高速移动的陆地、海洋和航空应用,采用了 VLSNR(极低信噪比)技术。

④ 采用了更小的编码调制(MODCOD)粒度,并考虑了线性和非线性 MODCOD,可实现最佳调制。

⑤ 增强了宽带转发器单载波技术,提升了频谱效率。

⑥ 物理层重新定义了扰码序列,更好地解决了同信道干扰(CCI)问题。

2. DVB-RCS 协议标准

DVB-RCS 是由 ETSI 2000 年制定的世界第一个双向宽带卫星通信标准,目前已成为世界上广泛采用的高通量卫星通信标准。

DVB-RCS 作为一种卫星宽带接入技术,采用 DVB 广播和 MF-TDMA 多点回传的工作方式,信关站和远端站以非对称的前向和返向链路速率实现双向通信。

(1) 系统参考模型

DVB-RCS 用于交互业务通信的系统模型如图 5-62 所示,其在业务中心到用户间建立了广播信道和交互信道。广播信道是业务中心到用户的单向宽带广播,包括视频、话音和数据等业务;交互信道是业务中心与用户间的双向交互式传输,由返向交互链路和前向交互链路组成。返向交互链路从用户到业务中心,用于向业务中心做出响应、进行应答或传输数据;前向交互链路从业务中心到用户,业务中心通过前向交互链路向用户传输信息以及业务交互必需的控制信息。

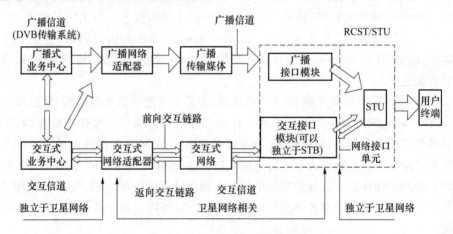

图 5-62 交互业务通信系统模型

卫星交互网络参考模型如图 5-63 所示,由下列功能模块组成。

① 网络控制中心(NCC):主要完成监测和控制功能,产生卫星交互网络所需的控制和同步信号,并经由一个或多个馈电站发送。

② 业务网关(TG):接收 RCST 远端站反馈信号,提供交互服务以及与外部公共和专用服务中心和网络的连接。

③ 馈电站:传输前向链路信号,包括用户数据和卫星交互网络必需的控制和同步信息,该链路为标准卫星数字电视广播(DVB-S/S2)上行链路。

④ RCST 远端站。

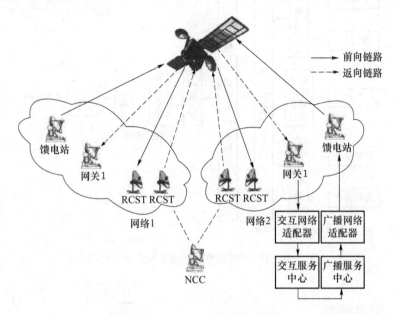

图 5-63　卫星交互网络参考模型

(2) 传输体制

DVB-RCS 前向传输链路符合 DVB-S/S2 标准,在此基础上增加了网控信令通道,该通道与其他 DVB 数据广播业务在 MPEG-2 传输流中复用。DVB-RCS 前向链路主要由前向信令通道、网络结构信息通道以及业务数据通道构成,其传输结构如图 5-64 所示。

DVB-RCS 返向链路采用 MF-TDMA 传输方式,各远端站用户在指定的时隙发送突发信号,具体的时隙划分及突发安排由网络控制中心(NCC)完成。DVB-RCS 返向链路按照超帧、帧、时隙的层级结构进行组织,信道上频率相邻的几个载波可构成卫星交互网的一个子网链路,每个子网链路由一个超帧 ID 标识。同一超帧 ID 管理下的载波在时间上被划分为连续的超帧,并标以连续的数值作为超帧计数值,超帧在频率和时间上被划分为若干帧,帧又划分为若干时隙。帧的引入可有效提高信道的分配效率,在一个超帧中各帧按照先频率后时间,从低到高的顺序编号,一个超帧最多可划分为 32 个帧。时隙是返向链路信道划分的最基本单元,一个帧中最多可包含 2 048 个时隙。在这种层级结构下,每个时隙由超帧 ID、超帧计数值、帧 ID 以及时隙 ID 唯一标识。返向链路基带物理层处理流程如图 5-65 所示,包括突发组帧、加扰、信道编码、I/Q 突发调制和同步控制等流程。

(3) DVB-RCS2 标准

2012 年,ETSI 正式发布了第二代双向交互式数字视频广播标准 DVB-RCS2。

DVB-RCS2作为数字视频广播卫星系统的一个扩展标准,旨在提供标准化的宽带交互连接,其定义了卫星运营商和用户终端之间空中接口的物理和MAC层协议,以及终端管理者对用户的高层控制管理协议。

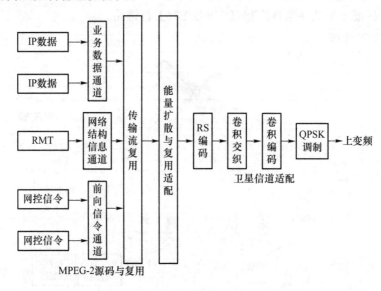

图 5-64　DVB-RCS 前向链路传输系统示意图

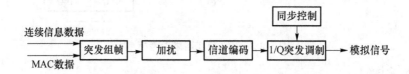

图 5-65　DVB-RCS 返向链路基带信号处理流程

DVB-RCS2主要针对移动互联网接入应用进行了优化,可实现更高的封装效率和频谱利用率,支持更多样的站型及应用场景(小型移动终端)。DVB-RCS2相比于DVB-RCS的扩展主要体现在高层控制管理协议、传输体制、接入流程三个方面。

在高层控制管理协议方面,DVB-RCS2标准不仅定义了系统的低层协议(物理层和链路层),还定义了高层协议,包括网络管理、服务质量保证、运营支持的强制规范,使用户接入IP、Internet及其他网络更加规范化,拓展了业务应用,其协议栈模型如图5-66所示。DVB-RCS2还增加了功率控制功能,通过功率控制系统支持可选控制模式,对用户的有效传输功率进行控制。

传输体制方面,DVB-RCS2前向链路采用DVB-S2标准,在传输条件允许的情况下,可采用高阶调制和先进编码方式,大大提高了信道利用率,且使传输容量非常接近香农信道容量极限。DVB-RCS2采用通用流封装(GSE)来替代传输流(TS),从而支持不同类型的基带帧,且不要求数据连续,包长度可变,每个包的传输参数(调制方式、编码速率等)均可调整。这将有效节省开销,从而实现传输效率最大化,且技术符合新一代系统对IP数据的传输要求。DVB-RCS2返向链路增加了三种调制方式,改进了编码方式,提高了小站的传输效率。

接入流程方面,为提高通信链路利用率和适应不同业务需求,DVB-RCS2 通信系统可采用透明卫星网络、再生卫星网络两种网络拓扑架构,设计了包括初始化、登录、TDMA 同步、同步监测、退网等全新接入流程。DVB-RCS2 将第一代 RCS 的粗同步过程与精同步过程合并为 TDMA 同步过程,优化了入网流程。DVB-RCS2 增加了随机接入和长时间不确定性接入,为突发小数据提供了灵活的接入方式,大大地提高了小站的自主性。

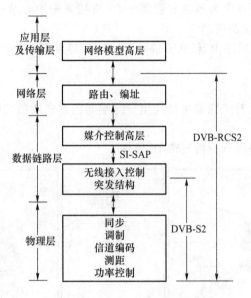

图 5-66　DVB-RCS2 协议栈模型

5.4.5　卫星通信 IPoS 标准

IPoS(IP over Satellite)是美国 Hughes Network Systems 公司(休斯网络系统公司)基于双向卫星通信系统提出的卫星通信系统标准,于 2003 年被美国电信工业协会(TIA)认可并作为标准(TIA-1008)发布,是通过双向卫星信道专门提供 IP 宽带服务的唯一行业标准。IPoS 协议规定了利用 GEO 卫星透明转发器实现信关站和远端卫星终端间 IP 业务传输的分层体系结构和协议,其定义了 GEO 卫星通信网中的物理层和链路层协议,包括对信息、管理、控制和物理层的定义。2006 年对该标准进行修订,推出了 IPoS V2 (TIA-1008A)版本;2012 年又进行了全面更新。

IPoS 系统通过 GEO 卫星提供"实时在线"的 IP 服务,包括宽带互联网接入和广域网络服务,以及音视频流和远程教育等多播服务。

IPoS 协议主要应用于 GEO 卫星透明转发的接入网络中,也可通过扩展支持星上处理转发的接入网。该标准具有与地面 IP 网络的互操作性,具有可扩展性和较强的适应性,易于配置。

1. IPoS 网络结构

IPoS 协议采用了以主站为中心、远程终端为端点的星状卫星网络结构,主要由主站、空间段和用户终端三部分组成,如图 5-67 所示。

(1) 主站(Hub)

主站支持大量用户终端通过卫星进行 Internet 接入,主要由大型的中心站和网络管理中心及终端系统组成。

IPoS 中心站:可访问多颗卫星资源,支持大量用户终端的通信,利用集中式数据库进行配置和管理。

IPoS 网络管理中心:作为单独的管理中心,直接管理中心站和用户终端,与 IPoS 配合来完成整个 IPoS 系统的管理。

IPoS 终端系统:包括路由器、防火墙和 DNS 等,提供 IPoS 与 Internet 等外部公共网络间的接口。

(2) 空间段

由高通量卫星转发器来完成主站与用户终端间的双向通信功能。

(3) 用户终端

每个用户终端能提供远端的宽带 IP 通信。

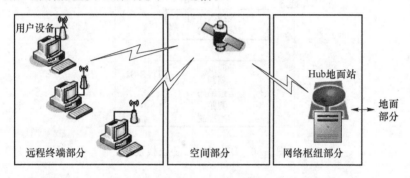

图 5-67　IPoS 系统结构图

从上述网络结构可见,IPoS 协议主要支持用户间通过主站的双跳通信,因此两个用户间通信时,延时会增加一倍之多。现行的 IPoS 协议主要支持通过 Hub 连接到地面互联网主干网的业务,因此星形网络结构是最为简单可行的网络结构。

2. IPoS 协议模型

IPoS 协议是一个多层对等协议,提供了中心站与远程终端之间进行 IP 数据和信令信息传输的机制,其协议模型如图 5-68 所示,分为卫星依赖层、卫星独立层和外部层。

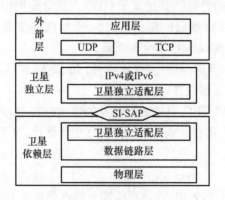

图 5-68　IPoS 协议模型图

为提高系统的灵活性和可扩展性,IPoS 协议体系结构中对依赖于卫星的功能和与卫星无关的功能进行了分割,这二者通过卫星独立服务接入点 SI-SAP 进行联系。SI-SAP 位于 ISO 分层模型的数据链路层和网络层之间,为用户应用开发提供了一种开放式平台,使 SI-SAP 以上部分的应用开发更容易植入。

模型中的卫星独立层和外部层,即 ISO 分层模型中的传输层和网络层部分,不属于 IPoS 协议的定义范围。也就是说这两层可与地面网络一样,但是在 IPoS 系统中采用的是改进的 TCP 协议。卫星依赖层,即 ISO 分层模型中的物理层和数据链路层部分,负责处理系统时钟、卫星接入方法、调制和编码等。

从传输控制机制上来说,IPoS 协议采用了端到端解决方案中的 PEP 与链路层解决方案相结合的方法。IPoS 协议从根本上提出了适应卫星链路的 MAC 层控制机制,在卫星物理设备只能做有限更改的情况下,即可完成简单可行的控制,具有高容错和强生存能力,可实现有效的带宽管理,降低功耗,缓存容量和提高信道容量。目前的 IPoS 协议在出向信道上采用 DVB-S 标准封装,并未考虑星上处理情况;入向是 IPoS 自定义协议,可以实现高可靠的链路传输服务。

IPoS 协议中的接口根据平面、协议分层和传输方向进行划分和部署。其包含用户平面(U 平面)、控制平面(C 平面)和管理平面(M 平面)三个协议平面。

用户平面提供通过卫星接口可靠传输用户信息 IP 数据流所需要的协议;控制平面包括信令协议,用于支持和控制卫星接入和传输用户数据所需要的资源;管理平面处理与管理有关部分的功能,如用户计费、性能管理、告警等,还负责传输与远程终端启动有关的消息。

IPoS 协议的每个平面在逻辑上又分为物理层、数据链路层和网络适配层三个协议子层,将整个系统功能分解为三个抽象层次内的若干功能组。

(1) 物理层

物理层负责发送和接收已调制数据信号,包括初始接入、同步、测距及调制、编码、纠错、扰码、时钟和频率同步等步骤。物理层提供的服务和功能可以分成三个子部分:射频处理、出向信道上基带处理、入向信道上基带处理。射频处理部分规定了信道的射频参数,包括频带、发射功率、相位噪声和天线特征等。

(2) 数据链路层

数据链路层负责在物理层上发送和接收 IP 包,主要包括以下功能:入向信道上选择重传的无差错传输、因业务类型不同而变化的多种传输方法;出向信道上的 IP 报文加密、主站和远程终端间 IP 报文的按序传输。

数据链路层又分为两个子层:媒体接入层(MAC)和卫星链路控制层(SLC),层次模型如图 5-69 所示。MAC 层负责将用户业务信息和控制信息以特定的格式封装,然后插入物理层相应的数据包或突发中发送出去。SLC 层负责提供通信协议以保证可靠的传输和多用户间共享访问信道。

在出向和入向上,这两个子层又有各自不同的控制机制和传输方法,其中终端到主站方向是可靠传输,主站到远程终端方向是不可靠传输。

入向协议模型包括 MAC 和 SLC 两个子层。MAC 层负责请求和分配带宽、分割和重组 IP 包,提供帧格式用来封装用户业务信息和控制信息。SLC 层负责 IP 报文在远程终端与主站之间进行端到端的发送和接收。

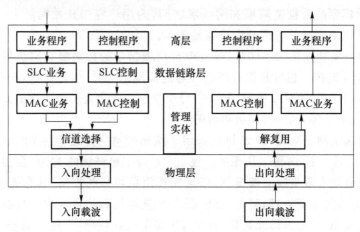

图 5-69　数据链路层协议模型

出向协议模型采用统计复用的 DVB 广播方式,由复用层来负责完成。由于该方向上的误码率很低,所以出向信道的数据传输采用非确认方式,每个包只传送一次,对错包或丢包不进行重传。因此,出向信道的数据链路层没有 SLC 层。

(3) 网络适配层

网络适配层控制用户接入卫星所需的无线资源,提供 IP 报文传输、数据流管理、PEP、多播代理服务器等功能。网络适配层不属于 IPoS 空中接口规范的部分。

IP 报文传输功能主要包括根据报文类型、应用类型、目的地址和内部配置来确定 IP 报文业务类型所需的相关功能。

数据流管理功能主要提供在 IP 数据包提交给 IPoS 传输之前的数据流管理功能。

PEP 主要为改善卫星链路的传输质量,减轻由于卫星链路时延和误码导致的 TCP 应用在吞吐量方面的性能恶化。PEP 通常位于中心站,对端到端的 TCP 传输进行分割,并作为虚拟的 TCP 发送或接收者。PEP 功能多是定制且可选的。

多播代理服务器主要功能是使 IP 多播协议(如 PIM-SM)能适应 IPoS 传输服务的需求。

5.5　卫星通信网络安全

卫星通信链路无线信道的开放性及通信信号的广播性,决定了其易受到信息窃取、实体假冒等多种攻击,因此卫星通信的安全传输问题一直是人们关注的焦点。卫星通信系统面临的安全威胁主要有以下几类。

(1) 信息窃听:卫星通信网络信息采用无线链路传输,未采用加密技术或加密强度太弱的信息容易被攻击者窃听。

(2) 信息篡改:指攻击者把截获到的信息进行恶意接收,并重新发给接收者。

（3）非法接入：卫星通信网络只为可靠用户提供服务，如果通信系统未采取有效的接入认证机制，攻击者会伪装成合法用户，以获取服务或破坏系统。

（4）重放攻击：指攻击者将截获的信息在一定时间间隔后重新发送来达到欺骗的目的。攻击者可利用重放攻击来入侵通信系统，破坏网络的可用性。

（5）流量分析：指攻击者通过截获报文对包头地址进行分析以判断出信息的来源或目的地，进而开展下一步攻击。

（6）信号干扰：指攻击者发送相应频率的大功率信号，对卫星或地面站的正常通信进行干扰。

相应地，卫星通信系统需具备以下安全需求：身份认证、数据保密性、数据完整性、抗重放及抗干扰性。

卫星通信安全技术包括信息安全技术和信道安全技术。信息安全技术是对传输的信息加以变化、伪装和隐蔽，保证即使信息被截获，也无法获知真实内容，是卫星安全通信的主要技术手段，如通信密码等。信道安全技术是将信息的传输途径隐蔽或保护起来，使外人不能从信道上截获所需要的秘密信息。

5.5.1　卫星通信安全策略

对应于 TCP/IP 网络模型的层次结构，链路层、网络层、传输层和应用层可进行加密处理，但每层采取的安全机制各不相同。安全措施如果在应用层实现，用户可参与安全操作；如果在底层实现，对用户来说，安全措施是透明的。卫星通信网络可根据系统和用户需求，采用不同层次的安全机制。图 5-70 给出了各层常用的安全机制。

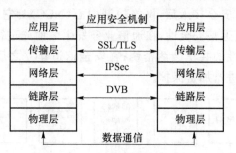

图 5-70　卫星通信的安全机制

链路层加密可避免卫星链路遭受数据流分析，可避免卫星网络配置遭受非法更改，可以对卫星终端进行身份验证。链路层加密的不足是，只能保证卫星链路段的安全，无法提供端到端的安全保证。链路层加密的典型实例是 DVB-S 和 DVB-RCS。

网络层加密与上层协议无关，可避免遭受网络数据流的重路由操作及对网络配置的非法更改。采用网络层加密时，应对网络层数据中除同步头之外的所有数据（包含帧头和净荷数据）进行加密，避免 IP 地址暴露。网络层加密的典型实例是 IPSec 协议。

传输层加密主要用于保护 TCP 连接的安全。在这种安全机制中，IP 地址在传输过程中是暴露的，易受到数据流分析的攻击。传输层加密的典型实例是 SSL（Secure

Socket Layer),以及在此基础上提出的 TLS(Transport Layer Security,RFC2246)。

应用层加密是提供系统安全性的理想方法。在应用层,安全服务由每个应用提供,并嵌入应用代码中。应用层的安全服务与底层协议无关,因此即使数据传给错误的用户,也没有危险。

各层的安全机制在解决安全问题时各有特点:

(1) DVB-RCS 中的安全机制能在用户终端间以及终端与网关间,提供安全通信保证。

(2) 网络层 IPSec 机制已广泛用于安全防火墙、VPN 网络,为用户远程接入提供了安全保证。IPSec 可用于主机、卫星终端和网关,具有较大的灵活性。

(3) SSL/TLS 基于 TCP 协议,提供了一种高效的端到端安全保证和用户认证机制,可用于包含卫星链路和不包含卫星链路的通信网络中,其不足是不支持多播和 UDP 协议的安全操作。

(4) 应用层安全机制需要为每个应用进行定制,可提供高效的端到端安全保证和用户认证机制。

5.5.2 卫星通信认证及加密

卫星安全通信主要涉及以下几个安全过程:用户终端入网认证、用户终端间通信认证和通信加密。其中,入网认证过程在网络节点和信关站/网络控制中心之间进行,而端到端认证过程和通信加密过程在网络节点之间进行。

卫星网络安全通信过程如图 5-71 所示,首先业务双方通过入网认证,安全动态地接入卫星网络;在业务双方安全接入后,网络控制中心(NCC)为它们分配业务信道和可选的共享会话密钥;为提高通信安全性,在通信业务发生之前先进行端到端认证,同时协商确定具有完全前向保密性的共享会话密钥;在安全信道建立之后,通信双方使用共享会话密钥对业务通信数据进行加密保护。

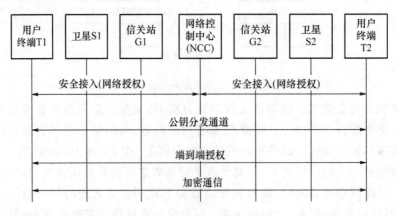

图 5-71 卫星网络安全通信过程

1. 通信数据加密模型

基本的通信数据加密模型如图 5-72 所示。

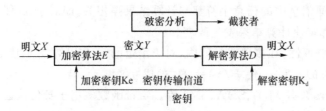

图 5-72　数据加密模型

卫星通信数据加密包含密码算法和密钥两大要素。在发送端,信源产生明文数据 X,利用加密算法 E 和加密密钥 Ke 变换成密文 Y,此变换过程记为:

$$Y = E_{Ke}(X) \tag{5-20}$$

加密算法是一个数据变换处理方法,加密密钥 Ke 是变换参数。密钥是由预先选定的保密的较短字符或数字序列,其相当于密码箱的钥匙。在加密和解密过程中,密钥作为算法的关键参数,实施对变换过程的控制。

生成的密文可以通过不保密的通信信道传输到接收端。接收端的合法接收者可以利用解密密钥 Kd 对收到的密文进行解密变换,其变换过程记为:

$$X = D_{Kd}(Y) \tag{5-21}$$

2. 主要加密方法

主要加密体制有消息验证码方式、哈希函数方式、对称加密方式、非对称加密方式、数字信封方式等。

（1）消息验证码方式

消息验证码（MAC）是指原始消息被一个受密钥控制的公开函数压缩后生成的具有认证功能的定长字符序列,常用于数据完整性保护和实体身份认证。

使用时,通信双方 A 和 B 会预置一个共享密钥 K。当 A 发送消息 m 时,首先计算由密钥 K 控制且算法公开的压缩函数 $MAC = C_K(m)$;然后 A 将级联消息 $m \| MAC$ 发送给 B;收到消息后,B 采用同样的方法计算 MAC,并比较计算得到的 MAC 与原始消息中的 MAC 是否相等。假设仅收发双方知道密钥 K,如果两个 MAC 值相等,则可得出以下结论:

① 接收方收到的消息未被篡改,因为攻击者在没有密钥的情况下,即便能篡改消息,也无法生成与之对应的新 MAC;

② 发送方不是冒充的,因为该密钥仅有收发双方知道,攻击者无法给伪造消息级联正确的 MAC。

（2）哈希函数方式

哈希函数（Hash）又称为杂凑函数或散列函数,是一种消息压缩函数,能通过连续的哈希变换（或散列变换）,将任意长度的消息 m 压缩成一串固定长度的比特序列 $H(m)$,输出结果称为消息摘要（或哈希值）,通常表示为 $H:\{0,1\}^* \rightarrow \{0,1\}^n$,$n$ 是输出结果的长度。一个性能优异的哈希函数需要满足以下特性。

① 单向性:在多项式时间内,对于给定的 $H(\cdot)$,已知 $y = H(x)$,给定 x,容易计算 y;但给定 y,难以计算出 x。

② 散列性：原消息中的任意字符都与计算结果强相关，即对于 x，任意改变其中的一个或几个比特，都将使计算结果发生改变。

③ 抗强、弱碰撞性：在多项式时间内，对于给定的 x，难以寻找 y，使 $H(x) = H(y)$ 成立；难以寻找任意的 x 和 y，使 $H(x) = H(y)$ 成立。

常用的哈希函数有 MD5、SHA、SM3 等。哈希函数多用于身份认证。

（3）对称加密方式

对称加密是指解密使用的密钥可以从加密密钥中通过复杂的数学公式推理得出。在大多数对称算法中，加密和解密经由复杂的非线性变换实现，且多数情况下加密和解密采用同一密钥。传统加密算法要求通信双方在交换信息之前约定好一个私有的密钥。加密算法的安全性主要依赖于密钥本身的保密性，密钥一旦被窃取，就意味着加密算法被完全破解。

对称密码算法可分为序列加密算法和分组加密算法，两种密码体制如图 5-73、图 5-74 所示。序列加密算法在对明文加密的过程中，每次只对单个比特数据进行加密操作。分组加密算法将消息分为固定长度的数据块，密码算法一次处理一个分组，通常产生的会话密钥都是一次一密，即使攻击者窃取了会话密钥，在以后的通信中也会失效，这大大地增强了网络的抗捕获性。分组加密包括电子密码本（ECB）模式、密码分组链接（CBC）模式、密码反馈（CFB）模式、输出反馈（OFB）模式等，其中 ECB 模式实现简单、可并行加密、硬件实现速度快。分组加密速度快，易于软硬件实现，安全性好。常用的对称分组加密方法有 AES。

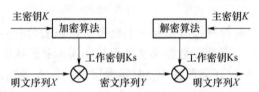

图 5-73　序列密码体制示意图

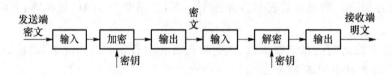

图 5-74　分组密码体制示意图

（4）非对称加密方式

非对称加密又称为公钥加密体制，是指在加密和解密中使用一对密钥，一个是公用密钥，对外公开；另一个是私用密码。加密消息时使用公钥，解密消息时使用自己的私有密钥。公钥和私钥相互独立，两个密钥不存在某种可推导的关系，因此非常安全。尽管公钥在整个网络中对所有节点公开，只要用户的私有密钥没有被窃，通信数据就是安全的。其缺点是加密效率低。常用的非对称加密方法有 RSA、EIGamal 等。

（5）数字信封方式

数字信封技术主要用于保证数据的安全传输，其将对称加密体制和非对称加密体制有效结合,继承两者优点,既解决了对称加密中密钥分发管理上的困难,又克服了非对称加密体制加解密效率低的问题,充分提高了算法整体的灵活性和高效性,确保了信息安全。

数字信封技术的基本思想是先使用效率较高的对称加密算法对要发送的数据进行加密,接着用善于管理和分发密钥的公钥加密算法对对称加密算法的密钥进行加密,最后把经过加密的数据和密钥一同发送出去。

3. 主要认证鉴权方法

认证鉴权的目的在于鉴别双方的身份,协商业务双方的通信密钥,保证会话的私密性和完整性。

(1) 通信认证机制

通信认证机制包括完整性认证、新鲜性认证和身份认证。完整性认证用于防止数据损毁和恶意篡改,常用技术是散列函数校验或消息码认证;新鲜性认证可以抵御重放攻击,一般通过向通信报文中加入时间戳、序列号或随机数等新鲜因子实现;身份认证可以防止身份仿冒,如中间人攻击、非授权访问等。

消息码认证(带密钥的 Hash 函数)是密码学中通信双方使用的一种验证机制,是保证消息数据完整性的一种算法。构造方法由 M. Bellare 提出,安全性依赖于 Hash 函数,故也称带密钥的 Hash 函数。在通信之前,通信双方需预先协商一个用于计算消息摘要值的散列函数,发送节点通过使用会话密钥,从摘要值计算出认证码,然后将消息和认证码一同发送给接收节点。接收节点得到数据后,也用会话密钥计算摘要值,然后再使用预先协商好的散列函数计算摘要值,并进行比较,判断数据是否完整、是否被篡改。

(2) 通信认证协议

目前通信网络中主要存在 3 种认证协议,分别为 RADIUS 协议、TACASS＋协议和 Diameter 协议。RADIUS 协议是一种基于 C/S 架构和 UDP 传输协议的认证协议。TACASS＋协议是基于 C/S 架构与 TCP 传输协议的认证协议,支持认证、授权和账户管理的分离。TACASS＋对整个报文进行加密,而 RADIUS 只对用户密码进行加密。Diameter 是基于 Peer-to-Peer 架构与 TCP 传输协议的认证协议,支持应用层的确认机制,支持服务器端发起重认证请求,支持认证和授权的分离。

RADIUS 协议设备支持率较高,认证过程简单、有效、速度快、占用带宽小,且支持代理功能,通过共享密钥加密 RADIUS 服务器和客户端之间的认证消息,不允许通过网络来传输共享密钥。RADIUS 服务器支持多种认证方式,如基于密码认证协议(PAP)、挑战握手认证协议(CHAP)。RADIUS 协议合并了鉴权和认证的过程,一次认证接收包中包含了用户鉴权信息。

(3) 通信认证过程

用户认证分为入网注册认证和端到端认证。图 5-75 给出了用户注册过程,密钥分配中心保存每个注册用户的信息(身份标识 r 和 s 等),并维护用户的注册信息,承担公钥的分发任务。用户首先向密钥分配中心提交身份标识 ID,密钥分配中心把产生的会话密钥用公钥加密,然后任选一个数 $k \in [1, p-1]$,并用自己的私钥进行签名,然后将 (r, s) 以面对面的方式交给用户,用户再判断是否接受。

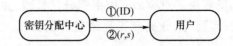

图 5-75　通信注册过程

端到端的认证协议需综合考虑安全性、协议交互次数和计算量等因素，可采用三次握手过程，使用基于椭圆曲线密码（ECC）的公钥方案，从而使协议具有较高的安全强度并具有较小的计算量；采用基于 ECDH 密钥交换的密钥协商形式，从而使认证协议具有完全前向私密性。

两用户间端到端的认证过程如图 5-76 所示，基本认证过程如下。

（1）用户 A 为获取卫星 B 的公钥 g^{s_b}，向密钥分配中心发送消息 (A,B)。

（2）密钥分配中心查询卫星 B 的私钥 s_b，并将 g^{s_b} 返回给用户 A。

（3）用户 A 任选一个数 k 且 $k\in[1,P-1]$，计算 $m=A\oplus B$，然后将 (g^k,mg^{ks_b}) 发送给卫星 B。

（4）卫星 B 利用私钥 s_b 及接收到的消息 g^k 求出 m，再通过计算 $m\oplus B$ 求出 A，即卫星 B 识别出与用户 A 进行认证；然后卫星 B 为获取用户 A 的公钥 g^{ks_a}，向密钥分配中心发送消息 (B,A,g^k)。

（5）密钥分配中心查询用户 A 的私钥 s_a，并将 g^{ks_a} 返回给卫星 B。

（6）卫星 B 将 $(g^{ks_b},mg^{ks_bs_a})$ 发送给用户 A，用户 A 利用私钥 s_a 和接收到的消息 g^{s_b} 求出 m，通过计算 $m\oplus A$ 求出 B。由于前后两次需要认证的用户标识均为 B，且 B 的公钥均为 g^{ks_b}，这样用户 A 就证实了其确与卫星 B 在通信。

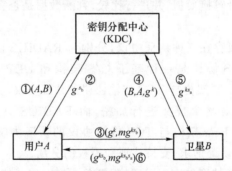

图 5-76　通信认证过程

端到端认证过程可以分为初始认证和后继认证两个子协议。在初始认证协议中，使用公钥签名的方式实现身份认证。在认证结束时，双方将各自拥有一对共享的认证密钥和会话密钥。初始认证过程会在通信双方第一次通信时执行，或者在认证密钥失效时执行。在后继认证协议中，通信双方使用共享的认证密钥进行身份认证，在认证结束时，双方将拥有一个新的共享会话密钥。

5.5.3　卫星通信安全系统

密钥保护机制结合相应密码算法共同组成了卫星通信安全系统，包括通信及广播数据加解密、存储保护加解密、密钥分发保护加解密和身份认证加解密。卫星通信安全体系如图 5-77 所示。

1. 卫星通信密钥体系

卫星通信密钥管理包括密钥的生成、分发、更新及销毁,是数据加密、身份认证等的基础保障。卫星通信系统中密钥管理的难点在于:如何在远距离、高时延、不稳定的无线链路中安全有效地分发密钥;如何在高动态的用户网络和星座网络中及时更新密钥。

卫星通信业务数据的加解密、身份认证、密钥分发等均需要大量的密钥,因此密钥的设计是卫星安全通信的关键。密钥的管理和分发一般采用分层保护机制来提高密钥的安全性,上一层密钥保护下一层密钥,上层密钥少,而下层密钥多,使管理的复杂程度由下而上逐层降低。

在通信安全系统中,可设计工作密钥、广播密钥、分发保护密钥、存储保护密钥、设备身份密钥五种密钥。所有密钥都处于身份认证的保护下进行分层保护,最后由工作密钥和广播密钥对业务数据进行保护,如图 5-77 所示。

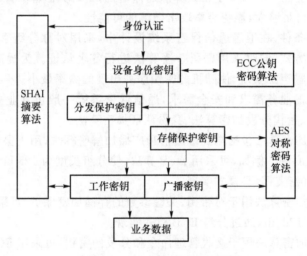

图 5-77　卫星通信安全体系

（1）工作密钥:两个用户终端或两个卫星站之间通信时使用的密钥称为工作密钥,工作密钥位于密钥层次的最底层,用于对业务数据的加解密保护。工作密钥的生存周期短,更新越频繁,通信越安全,但是频繁更新会给密钥管理和卫星信道带来更大负担。由于信道条件限制,一般不采取密钥协商方式,而由密钥管理子系统定时分发。

（2）广播密钥:广播密钥与工作密钥同等重要,主要用于卫星通信系统中广播业务数据信息传输过程的加解密。

（3）分发保护密钥:分发保护密钥主要用于密钥分发时,加密保护工作密钥和广播密钥,它处于设备身份密钥的保护下,一旦泄露,可能导致工作密钥、广播密钥泄露,以致数据泄露,因此,分发保护密钥的保密级别较高,临时生成,用完即毁。

（4）存储保护密钥:存储保护密钥位于密钥层次的较高层次,用于加密存储工作密钥、广播密钥以及其他关键参数等,生命周期长,一般不更换,泄漏存储保护密钥带来的危害大,需要在外部设备存储保管。

（5）设备身份密钥:设备身份密钥位于密钥结构的最高层次,具有标识身份的作用,主要用来保护存储保护密钥以及在密钥分发时的签名验证与加密保护。设备身份密钥安全性最高,一般公、私钥需要分开保护,并且明文存放的私钥需要分割保护,在外部设备存储保管。

综上所述,卫星通信安全系统的密钥保护层次分为三层,上层密钥对下层密钥提供加密保护,各层密钥独立生成,密钥的层次关系如图 5-77 所示。设备身份密钥实现对存储保护密钥和分发保护密钥的保护,存储保护密钥实现对工作密钥、广播密钥的存储保护,分发保护密钥实现对分发时的工作密钥和广播密钥的加密保护。工作密钥、广播密钥对信道传输的业务数据进行加密保护。

2. 卫星通信密码算法

卫星通信安全系统的密码体制应遵循以下原则:

(1) 密码体制易于软硬件实现,即加解密算法可方便高效地实现;

(2) 密码算法没有安全弱点,且符合国家密码部门的安全要求;

(3) 系统的安全性不应依赖于密码算法的保密性,密码算法应公开;

(4) 密钥空间要足够大,避免穷举攻击破解的可能性。

根据卫星信道条件,在卫星通信保密系统设计中,采用对称分组密码算法和非对称密码算法相结合的方式,同时采用密码杂凑算法进行签名认证。为提高密钥质量,随机数可采用硬件物理噪声源实现,使随机的密钥序列出现的概率最小。

根据卫星通信的业务需求和安全需求,通信保密系统一般包含业务数据加密算法、存储保护加密算法、密钥分发加密算法、身份认证加密算法。

(1) 业务数据加密算法包括端到端通信和广播加解密算法,用于保证通信数据安全,要求加解密实现速度快。例如,可采用 AES 算法,使分组长度为 128 bit,密钥长度为 128 bit,通过分组 CTS(密文挪用)模式实现。

(2) 存储保护加密算法用于对密钥、关键参数的存储加密保护,可采用 AES 算法,分组算法密钥长度为 128 bit,通过分组 ECB 模式实现。

(3) 密钥分发加密算法用于接收管理命令和分发的密钥,可采用 ECC、SHA1 和 AES 算法,通过数字信封方式,公/私钥长度可设为 512 bit/256 bit,分组算法密钥长度为 128 bit。

(4) 身份认证加密算法可采用 ECC 算法和 SHA1 算法,公/私钥长度可设为 512 bit/256 bit。

5.5.4 卫星安全通信 IPSec 协议

1. IPSec 体系结构

IPSec(IP Security)是 IETF 为解决 IP 网络安全问题而制定的一套 IP 安全框架,其集密钥交换技术、数据加密技术、哈希散列算法、数字签名技术等多种安全技术于一体,包括 AH(Authentication Header,认证头)、ESP(Encapsulating Security Payload,封装安全载荷)、ISAKMP(Internet Security Association and Key Management Protocol,互联网安全联盟及密钥管理协议)以及一系列用于认证和加密的算法等,其体系结构如图 5-78 所示。其中,AH 协议通过使用数据完整性检查,可判定数据包在传输过程中是否被修改;通过使用验证机制,终端系统或网络设备可对用户或应用进行验证,过滤通信流,还可防止地址欺骗攻击及重放攻击;ESP 协议包含净负荷封装与加密,为 IP 层提供的安全服务包括保密性、数据源验证、抗重放、数据完整性和有限的流量控制等;ISAKMP 用于对 IPSec 进行密钥管理,AH 协议和 ESP 协议分别用于提供认证和加密服务。

IPSec 可以提供以下的安全服务:数据保密性(Confidentiality)、数据完整性(Data Integrity)、数据源认证(Data Authentication)、抗重放(Anti-Replay)。

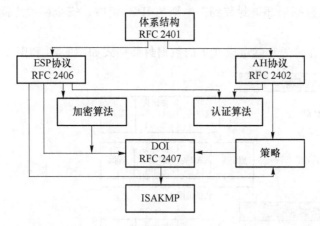

图 5-78　IPsec 体系结构

IPSec 提供了认证和加密两种安全机制。认证机制使 IP 通信的收方可以认证发方的身份是否合法,并能对来自发方的数据包进行认证,以确保在传输过程中数据没有被篡改。加密机制使 IP 通信的发方在发送数据前对数据进行加密运算,以保证数据的保密性,从而确保在传输过程中数据没有被窃听。

IPSec 安全框架中的 AH 协议定义了如何对数据进行认证,提供数据完整性保护和数据源认证;ESP 协议定义了如何对数据进行加密和认证(可选),提供数据保密性保护。

AH 协议(协议值为 51)提供数据完整性保护、数据源认证和抗重放功能,它能防止数据被篡改,但不能防止通信被窃听,适用于传输非保密数据。AH 的基本原理是在每一个 IP 包的标准 IP 头后面插入一个 AH 头,用于对数据的完整性进行校验。常用的认证算法包括 SHA-1(Secure Hash Algorithm)和 MD5(Message Digest)等。

ESP 协议(协议值为 50)不仅能提供数据完整性保护、数据源认证和抗重放功能,还能提供数据保密性保护功能。ESP 的基本原理是在每一个 IP 包的标准 IP 头后面插入一个 ESP 头,并在 IP 包尾部追加一个 ESP 尾。不同于 AH 协议的是,为了保证 IP 载荷数据的保密性,ESP 需要先对 IP 载荷数据进行加密,然后再封装到 IP 包中。常见的加密算法包括 AES、DES 和 3DES 等。同时,用户可以选择认证算法保证数据的完整性和真实性。

当进行 IP 通信时,根据实际的安全需求,可以选择只使用两种协议中的任意一种或者二者同时使用。当选择同时使用 AH 和 ESP 的时候,IPSec 先对 IP 包进行 ESP 封装,然后再进行 AH 封装,封装之后的 IP 包从外到内依次是外部 IP 头、AH 头、ESP 头和原始 IP 包。

2. 封装模式

IPSec 的工作模式包括传送模式(Transport Mode)和隧道模式(Tunnel Mode)两种。

(1) 传送模式

在传送模式下,仅传输层数据参与到 AH 或 ESP 头的计算中,AH 或 ESP 头以及经过 ESP 加密的数据被附在原始 IP 头之后。主机之间的 IPSec 通信通常采用传送模式。

(2) 隧道模式

在隧道模式下,整个 IP 分组都参与到 AH 或 ESP 头的计算中,AH 或 ESP 头以及经过 ESP 加密的数据全部被封装到一个新的 IP 分组中。安全网关之间的 IPSec 通信通常采用隧道模式。

AH 和 ESP 在传送和隧道模式下的数据封装格式如图 5-79 和图 5-80 所示。

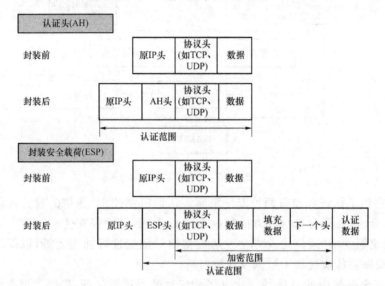

图 5-79　传送模式数据封装格式

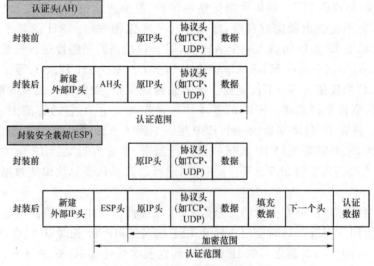

图 5-80　隧道模式数据封装格式

3. 认证算法与加密算法

（1）认证算法

认证算法主要通过杂凑算法来实现。杂凑算法能够对任意长度的输入产生固定长度的输出，该输出也称为消息摘要。若两个 IPSec 实体相同的数据载荷计算出的消息摘要相同，则证明数据载荷未被篡改。IPSec 主要使用以下两种认证算法。

① SHA-1：输入长度小于 264 bit 的数据，输出 160 bit 的消息摘要。

② MD5：输入长度任意的数据，输出 128 bit 的消息摘要。

SHA-1 算法的安全强度高于 MD5 算法，但 MD5 算法的运算速度快于 SHA-1 算法。

（2）加密算法

常用的对称加密算法有如下三种。

① AES（Advanced Encryption Standard）：使用长度为 128 bit、192 bit 或 256 bit 的密钥对明文进行加密。

② DES（Data Encryption Standard）：使用长度为 56 bit 的密钥对长度为 64 bit 的明文进行加密。

③ 3DES（Triple DES）：使用三个长度为 56 bit 的密钥对明文进行加密。

以上三个加密算法的安全性由高到低依次是：AES、3DES、DES，安全性越高的加密算法运算逻辑越复杂，运算速度越慢。

（3）身份认证方式

SA 的建立可通过 IKE（IPSec Key Exchange，自动密钥交换）自动协商：基于配置好的安全策略，由 IKE 自动完成 SA 的建立与维护。IKE 的协商包括两种模式：主模式和主动模式。其中，主模式的协商如图 5-81 所示，包括 SA 交换、密钥交换、身份验证三个阶段。第一阶段协商确认有关安全策略的参数；第二阶段交换 Diffie-Hellman 公共值和辅助数据，产生密钥；第三阶段交换 ID 信息和认证数据，进行身份认证，并对交换内容进行认证。而主动模式不提供身份认证，只通过三次握手协商出密钥，其协商过程如图 5-82 所示。

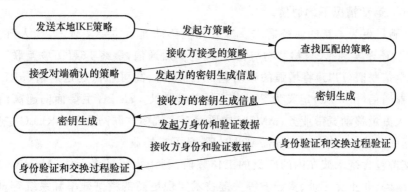

图 5-81　主模式密钥协商过程

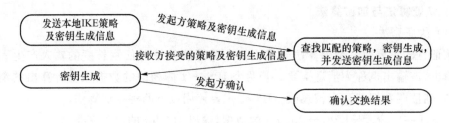

图 5-82　主动模式密钥协商过程

5.6　卫星通信网与 5G 的融合

近年来,低轨全球卫星通信星座取得了快速发展,其具有低时延、全球覆盖等特点,这为卫星通信网与 5G 的融合提供了有利条件。卫星通信在覆盖范围、可靠性和灵活性方面的优势能弥补地面移动通信的不足,卫星通信与地面 5G 的融合能为用户提供更为可靠的一致性服务体验,降低运营商网络部署成本,连通空、天、地、海多维空间,形成一体化的泛在网络格局。

将 5G 技术与低轨卫星通信相互接轨、融合,加强不同载体在信息方面的联系性,从一定程度上对 5G 技术进行完善,可提高 5G 技术的运用类型和实际服务效果。因此,将低轨卫星系统与 5G 技术融合,能带动信息系统的运行速率,为居民的生活提供便利;同时,5G 技术与低轨卫星系统融合,运用范围广,从根本上减少资源方面的消耗,在运行方面缩短了信息通信间的距离,实现远程快速通信。

1. 5G 技术概述

与前几代移动通信相比,第五代移动通信系统(Fifth Generation Communication System,5G)的性能大幅提高,峰值速率可达 $10 \sim 20$ Gbit/s,用户体验速率可达 100 Mbit/s $\sim$ 1 Gbit/s,连接数密度每平方千米可达 100 万,每平方米流量密度可达 10 Mbit/s,能够支持 500 km/h 运动情况下的通信。

5G 能满足更为丰富的业务需求。过去几代移动通信主要实现"人与人"的通信;而在 5G 时代,还要实现"人与物""物与物"之间的高效通信,最终实现"万物互联"。

国际电信联盟(ITU)将增强的移动宽带(eMBB)、高可靠低延迟通信(uRLLC)以及大规模机器通信(mMTC)定义为 5G 的三大应用场景。eMBB 主要面向超高清视频、虚拟现实等大流量移动宽带业务;mMTC 主要面对大规模物联网业务;uRLLC 主要面对无人驾驶、远程医疗、工业自动化等需要低时延、高可靠的业务。

5G 支持包含毫米波在内的广泛的工作频段,利用大规模多天线(Massive MIMO)、高效信道编码、非正交多址、多载波等关键技术实现更高的频谱效率和系统容量。在 5G 网络中,核心网的概念进一步弱化,网络功能下沉到网络边缘,从而降低数据平面与控制平面的传输延时,通过软件定义网络(SDN)/网络功能虚拟化(NFV)等技术实现控制与转发分离,以及网元功能与物理实体的解耦,实现网络资源的高效管控与分配。

2. 星地 5G 融合研究进展

随着 5G 技术的日益成熟,3GPP、ITU 等多个国际标准化组织成立专门工作组,开展了卫星通信与 5G 的融合研究。

(1) ITU 研究工作

针对卫星与地面 5G 融合的问题,国际电信联盟(International Telecommunication Union,ITU)提出了星地 5G 融合的 4 种应用场景,包括中继到站、小区回传、动中通及混合多播场景,并提出支持这些场景必须考虑的关键因素:多播支持、智能路由支持、动态缓存管理及自适应流支持、延时、一致的服务质量、NFV(Network Function Virtualization,网络功能虚拟化)/SDN(Software Defined Network,软件定义网络)兼容、商业模式的灵活性等。此外,ITU 还积极推进卫星与地面 5G 融合的频率使用问题,提出应探索新的可用频。

(2) 3GPP 研究工作

3GPP 从 R14 开始着手星地融合的研究工作,认为卫星网络可以在地面 5G 覆盖的薄弱地区提供低成本的覆盖方案,对于 5G 网络中的 M2M/IoT,以及为高速移动载体上的乘客提供无所不及的网络服务,借助卫星优越的广播/多播能力,可为网络边缘网元及用户终端提供广播/多播信息服务。

在 3GPP 的研究项目 TR22822"5G 卫星接入的研究"中,对与卫星相关的接入网协议及架构进行了评估。在这份报告中,定义了在 5G 中使用卫星接入的三大类用例,分别是连续服务、泛在服务和扩展服务;讨论了新的及现有的服务需求,卫星终端特性的建立、配置与维护,以及在卫星网络与地面网络间的切换问题;对卫星在 5G 场景中的传输延时、多普勒频移进行了估计;分析了非地面网络中 5G 新空口涉及的问题,包括卫星移动性带来的切换和寻呼、定时提前的调整、下行链路同步等问题,星地链路长延时对 HARQ、MAC/RLC 过程、物理层 ACM 及功率控制等问题,卫星小区尺寸过大对 PRACH 和随机接入响应消息中定时提前等问题,多径时延扩展带来的问题,双工模式问题,CP-OFDM 技术在卫星上的适用性问题等。

在 3GPP 的研究项目 TR38.811"面向非地面网络中的 5G 新空口"中,定义了包括卫星网络在内的非地面网络(Non-terrestrial Networks,NTN)的部署场景。按照 3GPP 的定义,5G 网络中的 NTN 应用场景包括 8 个增强型移动宽带(eMBB)场景和 2 个大规模机器类通信(mMTC)场景。借助卫星的广域覆盖能力,可使运营商在地面网络基础设施不发达地区提供 5G 商用服务,实现 5G 业务连续性,尤其是在应急通信、海事通信、航空通信及铁路沿线通信等场景中发挥作用。TR38.811 规定的 5G 网络中卫星网络架构如图 5-83 所示,主要由以下部分组成:NTN 终端、用户链路、卫星、星间链路、关口站、馈电链路。

(3) SaT5G

2017 年,BT、Avanti、SES、University of Surrey 等企业及研究机构联合成立了 SaT5G(Satellite and Terrestrial Network for 5G)联盟,旨在形成一种高性价比、与 5G 无缝集成的解决方案,并进行试用,为卫星产业链提供持续增长的市场机会。SaT5G 重

卫星
星间链路
馈电链路
用户链路
关口站
地面核心网
地面网络基站
NTN终端

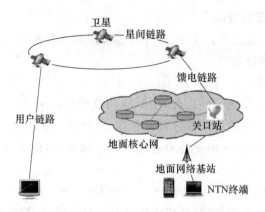

图 5-83　5G 网络中卫星网络架构

点研究星地 5G 融合的网络体系结构、商业运营模式、关键技术、标准化及演示验证。为实现卫星通信与 5G 的即插即用，Sat5G 提出了 6 大关键技术，如图 5-84 所示。

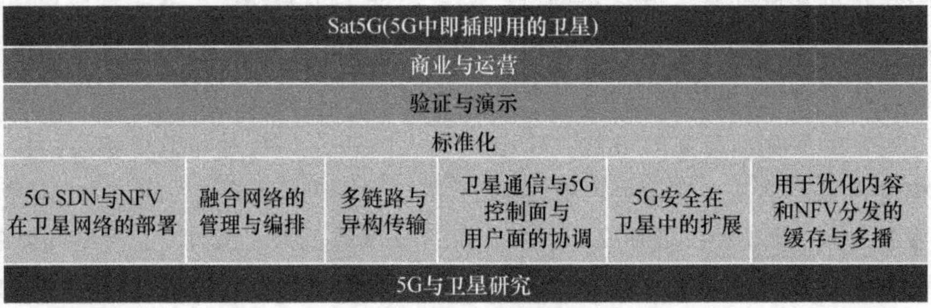

Sat5G(5G中即插即用的卫星)
商业与运营
验证与演示
标准化
5G SDN与NFV在卫星网络的部署
融合网络的管理与编排
多链路与异构传输
卫星通信与5G控制面与用户面的协调
5G安全在卫星中的扩展
用于优化内容和NFV分发的缓存与多播
5G与卫星研究

图 5-84　Sat5G 工作内容

在 2019 年欧洲网络与通信大会（EuCNC2019）上，SaT5G 项目宣布已成功进行了一系列卫星 5G 演示，包括：

① 利用 5G 多链路卫星和地面网络进行基于移动边缘计算（MEC）的无线分层视频流传输；

② 利用卫星视频无线组播实现缓存和实况内容分发；

③ 为航空乘客提供 5G 连接的视频演示；

④ 利用混合回传网络进行 5G 本地内容缓存演示；

⑤ 卫星网络 5G NR 视频演示；

⑥ 为农村市场和大型集会事件扩展服务的混合 5G 回传演示。

3. 星地 5G 融合方式

从市场发展来看，星地 5G 网络应以合作为主，卫星网络以提供回程服务、基站拉远等方式成为地面网络的补充。用卫星提供回程服务，解决“最后一公里”的问题，或将卫星接收设备作为小区“热点”，拓展现有的地面网络，用户可以使用现有的智能手机和平板计算机访问卫星网络。

卫星与 5G 的融合架构既有透明弯管转发模式，也有星上接入处理模式。两种模式在实现复杂度和应用场景上均不相同。长期看来，将地面基站的部分或全部功能逐步迁移到星上是发展趋势,能够有效地降低处理延时、提升用户体验。

为实现地面终端一体化和小型化,卫星与地面 5G 的空中接口将逐步趋向融合,非正交多址及多载波传输等技术在卫星通信中的应用将成为未来一段时间内的研究热点,但是受限于星上功率、处理能力以及星地链路长延时、大动态等特点,5G 新空口在卫星系统中的适应性改造及优化是需要解决的主要问题。

星地 5G 网络的融合主要体现在以下五个方面。

① 覆盖融合:卫星网络补充地面网络,但是两者仍相互独立,且提供不同的业务,使用不同的技术。

② 业务融合:卫星网络、地面网络仍独立存在,但是它们可提供相同的业务质量,且部分服务 QoS 指标达到一致。

③ 用户融合:用户通过使用唯一的身份可以依据需求选择使用卫星网络或地面网络,两者的计费方式是相同的。

④ 体制融合:采用相同的构架、传输和交换技术,用户终端、关口站可采用地面网络技术。

⑤ 系统融合:两者构成一个整体,给用户提供一致的服务,并实现两者的资源的协调调用,实现两者能提供相同的服务及质量,从而让用户感受到卫星网络、地面网络的无缝切换使用。

4. 星地 5G 融合关键技术

由于卫星通信与地面无线通信在传播距离、覆盖范围、功率能力等方面存在区别,实现两者的深度融合,在体系架构、波束覆盖及切换、空口波形、频谱共享、网络控制等方面存在诸多关键技术。

(1) 体系架构

在卫星 5G 融合的体系架构中,高低轨混合的卫星星座,应涵盖低频段(如 L、S 频段)和高频段(如 Ku、Ka 频段),兼顾中低速和宽带传输服务需求。卫星覆盖区随着星下点的移动而运动,终端用户在不同的蜂窝小区间切换。

低轨星座的星间链路由激光或微波链路构成,并且多颗卫星互联在一起,可构成一个以卫星作为交换节点的空间通信网络。星座通常采用极轨星座进行设计,这是由于相邻轨道面卫星之间有着较为稳定的相对位置关系,有利于保持星间链路并实现高纬度区域覆盖。此外,卫星的馈电链路业务在关口站落地,关口站实现卫星网与地面 PSTN、PLMN 以及互联网的互联互通,馈电链路多在 Ka 或者 Q/V 等频段实现。

星地融合网络主要有三种架构:星地互补网络、星地混合网络及星地一体网络。在星地互补网络架构下,5G 系统和卫星系统共用网管中心,但是各自的接入网、核心网保持独立性,接入网和部分核心网功能由卫星信关站提供,蜂窝和卫星中的任意一种或两种接入模式由终端进行支持。在星地混合网络架构下,地面系统和卫星系统共用网管中心,同时空口部分也尽量统一,保持各自核心网和所用频段的独立性,终端可以支持地面和卫星两种接入模式。星地一体网络架构的主要特征是:整个系统的接入点、频率、接入网、核心网完全统一规划和设计。星地一体网络是星地融合通信系统的最高阶段,面临着巨大的技术挑战。

（2）波束覆盖及切换技术

在星地融合移动通信系统中，通过调整其点波束和无线资源，为热点地区提供超过预定容量的话音和数据服务，这种灵活的功能是通过数字波束成形（DBF）技术来实现的。目前卫星通信的数字波束成形技术主要有地面 DBF、星载 DBF 和混合 DBF 三种形式，其中混合数字波束成形在性能和复杂度之间有很好的折中并得到了广泛的研究。当采用混合 DBF 时，地面网络控制中心根据波束调整需求和相应的策略，计算出优化后的波束成形矩阵，然后通过馈电链路将波束成形矩阵的参数发送到卫星，通过在星上进行多波束天线的重构，动态调整对地的波束覆盖。

由卫星或者终端移动带来的切换主要有两种：一种是卫星系统内部的切换；另一种是终端在地面 5G 网络与卫星网络之间的切换。对于低轨卫星而言，其相对地面位置快速变化，使得终端被同一颗卫星连续覆盖的时间只有十几分钟。因此为防止切换过程中数据丢失，卫星间或波束间的切换必须提前做好准备，并且快速执行。对于终端在地面 5G 网络与卫星网络之间的切换，需要考虑支持星上处理和弯管透明转发架构、时间同步、测量和信息协调等因素。在蜂窝网信号非常弱的情况下，终端才会由蜂窝网切换到卫星网络，否则就维持在地面网络的接入。

（3）空口波形设计技术

正交频分复用（OFDM）仍为 5G 系统的基本传输体制，但其中的载波间干扰（ICI）会造成系统性能的严重下降，这是由于正交频分复用技术本身对频率偏移十分敏感，频偏带来的子载波间的串扰会降低通信性能。为有效抵抗残余频偏对系统性能的影响，可采用可变子载波带宽的设计方案。对频带较窄的 L 频段来说，由于其支持的话音业务的码率低至 2.4 kbit/s，应采用 15 kHz 或者更窄的子载波设计。对 Ka 频段来说，可以采用的子载波宽度较大，这是由于用户往往是宽带上网，且最小仰角较大，可有效地降低多普勒效应的影响。

另外，5G 支持的非正交多址（NOMA）并不要求每个用户独占资源，用户可以在非正交的资源上同时收发信息，基于多用户联合检测，可以通过信号处理的手段避免用户间的互相干扰。相对于传统的正交接入方式，NOMA 技术的应用可以使频谱效率提高 3 倍以上。NOMA 技术利用复杂度换取频谱效率，通过大量的信令交互来动态控制用户接入参数，因此很难适用于长时延的 GEO 卫星通信场景。后续应针对卫星通信中的 NOMA 技术开展技术研究工作。

（4）频谱共享技术

无论对于卫星通信还是地面移动通信系统，可用频谱的匮乏都已成为亟待解决的问题。尤其是卫星通信和地面通信已在频谱资源方面形成了激烈的竞争态势，如卫星通信系统使用的 Ka 频段，已经被 ITU 授权给了地面 5G 系统。

通过星地协同规划实现优化配置，可提高频率资源的利用效率。通过构建星地联合的频谱感知系统，可以实现星地通信系统之间的频谱共享，提高频谱利用效率。与地面无线通信网络相比，认知用户对所处网络环境中所有频谱的检测难度大大增加，这是卫星通信覆盖范围的广域性引起的，频谱数据库更新的速度、波束形成、频谱感知的精确性与认知区域的描述都是这一技术的研究重点。从资源整合的角度来看，统一规划设计蜂窝通信和卫星通信,以"频谱共享"的方式解决干扰,可以促进频率资源的共享使用,可以为卫星通信系统与 5G 系统的深度融合提供基础。

(5) 网络控制

通过 SDN 和 NFV 技术实现了端到端的网络切片是 5G 系统中网络控制云最大的特征。SDN 和 NFV 技术分别实现了网络承载和控制的分离和核心网网元的软件化,它们为实现网络切片提供了坚实的基础。

在卫星通信系统与地面 5G 深度融合时,可将卫星核心网的控制功能和转发功能进行分离,从而使转发功能简化下沉,并且为支持高流量的传输要求和灵活均衡的流量负载调度,可将业务存储和计算能力从网络中心下移到网络边缘。

为了支持与地面的融合,除 3GPP 提供基本服务功能的 9 个网络功能外,还需要在5G 卫星核心网的用户平面上新增加非 3GPP 互联功能和用户平面功能。

参 考 文 献

[1] 孙智立. 卫星组网的原理与应用[M]. 2 版. 刘华峰,李琼,徐潇审,等译. 北京:国防工业出版社,2016.

[2] 续欣,刘爱军,汤凯,等. 卫星通信网络[M]. 北京:电子工业出版社,2018.

[3] 闵士权. 卫星通信系统工程设计与应用[M]. 北京:电子工业出版社,2015.

[4] 李晖,王萍,陈敏. 卫星通信与卫星网络[M]. 西安:西安电子科技大学出版社,2018.

[5] 潘申富,王赛宇,张静,等. 宽带卫星通信技术[M]. 北京:国防工业出版社,2015.

[6] 李晖,王萍,陈敏. 卫星通信与卫星网络[M]. 西安:西安电子科技大学出版社,2018.

[7] 张传福,赵立英,张宇. 5G 移动通信系统及关键技术[M]. 北京:电子工业出版社,2018.

[8] 秦勇,张军,张涛. 基于带宽按需分配的宽带卫星无线资源管理技术研究综述[J]. 计算机科学,2010(2):23-30.

[9] 覃落雨,陶滢,沈宇飞. 宽带卫星通信系统无线资源管理技术研究[J]. 空间电子技术,2017(1):25-30.

[10] 刘鑫,马正新,石荣. 基于 TDMA 卫星通信的上下行带宽分配策略分析[J]. 移动通信,2011(14):38-42.

[11] 赵惠惠. 基于 DVB RCS 的宽带卫星通信系统资源分配技术研究[D]. 西安:西安电子科技大学,2014.

[12] 王伟. 卫星互联网跨层调度及资源分配方法研究[D]. 哈尔滨:哈尔滨工业大学,2013.

[13] 宋春晓. 基于互联网协议的宽带多媒体卫星通信系统关键技术研究[D]. 西安:西安电子科技大学,2015.

[14] 石盛超,李广侠,李志强,等.LEO 卫星网络中波束间切换策略研究综述与展望[C]//第十二届卫星通信学术年会论文集.[S.l.:s.n.]:75-83.

[15] 柳绵,石云,程子敬.HTS 通信系统波束切换机制性能分析[J].电子设计工程, 2019(2):154-165.

[16] 陈炳才.中低轨道卫星网络切换管理算法的研究[D].哈尔滨:哈尔滨工业大学,2006.

[17] 胡俊祥,贺翔,唐劲夫.卫星移动通信中波束切换模型和方法研究[J].现代计算机,2018(19):28-32.

[18] 谷聚娟,张亚生.宽带卫星网络用户的移动性研究[J].无线电工程,2016(6):8-12.

[19] 邹钦羊.卫星通信网络高动态用户终端的接入与切换技术研究[D].成都:电子科技大学,2019.

[20] 白天宇.一种提供 QoS 保障的统一通信系统研究和设计[D].西安:西安电子科技大学,2015.

[21] 李芳.基于 DiffServ over MPLS 的空-地网 QoS 控制研究[D].开封:河南大学,2009.

[22] 杨丽圆.卫星网络中传输层确认机制的研究[D].沈阳:沈阳理工大学,2018.

[23] 黄先超.一种 MF-TDMA 卫星通信系统信道资源分配方法[J].电子世界,2017(16):48.

[24] 王书杰.MF-TDMA 卫星通信系统信道分配研究[J].中国新通信,2015(17):62-63.

[25] 王金海.MF-TDMA 卫星通信系统网管研究与设计[D].西安:西安电子科技大学,2011.

[26] 于佳,宗鹏.多终端在星上多频时分多址系统中的分配[J].中国空间科学技术,2013(1):75-83.

[27] 刘心迪.宽带卫星通信系统多址接入策略研究[D].重庆:重庆大学,2013.

[28] 郭爽,曹宝,刘心迪.宽带卫星通信系统 CFDAMA-PRI 改进协议性能分析[J].通信技术,2014(12):1375-1379.

[29] 王晓丽.IPoS 协议的性能分析与研究[D].哈尔滨:哈尔滨工业大学,2006.

[30] 郭秦超.卫星通信网络的 SCPS-TP 拥塞控制研究[D].沈阳:沈阳理工大学,2018.

[31] 冯少栋,李广侠,张更新.TCP 协议在宽带多媒体卫星通信系统中的性能分析与增强(下)[J].卫星与网络,2010(11):58-62.

[32] 张小亮,涂勇策,马匣太.一种适用于卫星通信网络的端到端认证协议[J].计算机研究与发展,2013(3):540-547.

[33] 孙国梁.中断容忍网络网络层协议研究[D].西安:西安电子科技大学,2014.

[34] 李连强,朱杰,杨宇涛,等.卫星 IP 网络的 TCP 拥塞控制算法性能分析[J].上海航天,2016(6):109-114.

[35] 范继,王宇.一种星地一体化路由设计的卫星 IP 网络[J].电讯技术,2010(4):92-95.

［36］　李远东,凌明伟. 第三代 DVB 卫星电视广播标准 DVB-S2X 综述［J］. 电视技术,
　　　　2014(12):28-31.

［37］　杨华,黄焱. DVB-RCS 卫星交互网通信体制研究［J］. 电视技术,2010(9):10-12.

［38］　何健辉,李成,刘婵. DVB-RCS2 通信网络拓扑与接入技术研究［J］. 通信技术,
　　　　2017(8):1696-1072.

［39］　武衡. 卫星安全组网认证关键技术研究［D］. 西安:西安电子科技大学,2019.

［40］　闫朝星,付林罡,王恒彬等. 宽带卫星通信网络安全认证技术研究［C］//第十三届
　　　　卫星通信学术年会论文集,［S. l. :s. n. ］:187-194.

［41］　高婧,朱晨光. 一种新型卫星网络安全认证方案的研究［J］. 现代电子技术,2011
　　　　(3):78-80.

［42］　陈思雨. 卫星网络多址接入协议与认证方法研究［D］. 南京:南京邮电大学,2017.

［43］　罗晋. IPsec 在卫星 IP 网络中的改进与应用［D］. 西安:西安电子科技大学,2012.

［44］　王亮. 基于 WSN 的 ECC 与 AES 混合加密算法研究［D］. 赣州:江西理工大
　　　　学,2013.

［45］　华道本. 基于 5G 的低轨道卫星通信系统传输技术研究［D］. 南京:东南大
　　　　学,2019.

［46］　汪春霆,李宁,翟立君,等. 卫星通信与地面 5G 的融合初探(一)［J］. 卫星与网络,
　　　　2018(9):14-21.

［47］　汪春霆,李宁,翟立君,等. 卫星通信与地面 5G 的融合初探(三)［J］. 卫星与网络,
　　　　2019(3):30-35.

［48］　翟华. 融合 5G 的卫星移动通信系统［J］. 空间电子技术,2020(5):71-76.

第 6 章

高通量卫星通信链路设计

卫星通信链路由上行链路、卫星转发载荷和下行链路 3 部分组成,上行链路指信号从地面站发射至卫星的过程;卫星转发载荷完成上行链路信号的接收、低噪声放大、频率变换、分路滤波、功率放大,然后再通过天线发射出去;下行链路是信号从卫星发射至地面站接收的过程。高通量卫星通常包括前向链路和返向链路,前向链路指从信关站上行,经卫星转发后下行至多波束内用户终端的通信过程;返向链路是从用户终端上行至卫星,经卫星转发后下行至信关站的通信过程。

通过通信系统链路设计,合理分配空间段与地面段指标,并留有一定的链路余量,使系统所占用的有效载荷功率资源与带宽资源相平衡,实现整个通信系统的性能和成本最优设计。在卫星工作频段和主要载荷性能初步确定后,通过系统链路计算,进一步确定地面天线的口径、调制编码方式等,满足各类用户要求。高通量卫星的通信链路设计在常规链路设计基础上,还需确定整个卫星通信系统容量、覆盖区波束数目、频率复用需求等。

误码率是衡量卫星通信系统性能的重要指标,其指错误接收的比特数 B_e 占传输总比特数 B_t 的比例,即 $P_e = \dfrac{B_e}{B_t}$。在卫星通信链路中,产生误码的主要原因有热噪声、码间干扰、比特失步和再生载波相位跳动等。对卫星固定通信业务链路,接收端连续 10 秒以上比特误码率超过 10^{-3} 或出现信号中断(即帧失步或定时丢失),则认为该卫星通信链路不可用。

在卫星通信信号的整个链路传输过程中,存在多种噪声和干扰,一般选用地面接收信号的载噪比 C/N 来衡量链路的性能。通过卫星通信系统正常通信所需的误码率可获得相应的 C/N 门限值,继而再计算获得上行链路和下行链路的相关设计参数。这些参数可以归为载波功率类参数、噪声功率类参数和速率带宽类参数,以下分别进行介绍。

6.1 通信链路载波功率

卫星或地面站的接收机输入载波功率一般被称为载波接收功率 C,单位通常为

dBW。假设载波发射端的等效全向辐射功率为 EIRP(dBW)，接收天线增益为 G_r(dBi)，自由空间传输损耗为 L_d(dB)，指向损耗为 L_t(dB)，大气损耗为 L_a(dB)，雨衰为 L_{rain}(dB)，极化误差损耗为 L_p(dB)，接收馈线损耗为 L_r(dB)，则接收机收到的载波功率表示为：

$$[C]=[EIRP]+[G_r]-[L_d]-[L_t]-[L_a]-[L_{rain}]-[L_p]-[L_r] \qquad (6\text{-}1)$$

其中，方括号表示 dB 形式。

1. 等效全向辐射功率

等效全向辐射功率(Equivalent Isotropically Radiated Power，EIRP)指卫星或地面终端(或地面站)在指定方向上发出的、等效于一个各向同性辐射的设备所发出的功率。其表示与全向天线相比，可由发射设备获得的在最大天线增益方向上的发射功率。EIRP是发射设备发射功率扣去衰减后(即全部向空间辐射的功率)与发射天线增益之积，可用对数表示为：

$$[EIRP]=[P_t]+[G_t] \qquad (6\text{-}2)$$

对卫星来说，P_t 表示转发器的输出功率(dBW)，G_t 表示天线从其输入端算起的增益(dBi)。

EIRP 是天线方位角的函数，其形状由天线的方向图形状所确定。当天线指向固定不变时，它是覆盖区各点位置的函数。因此，卫星对不同的地理位置，有不同的 EIRP 值。EIRP 还是频率的函数，因为转发器输出功率及天线增益均是频率的函数。对于采用行波管放大器的转发器，其输出功率有明显的饱和值，称为"饱和 EIRP"；对于采用固态功率放大器的转发器，其输出功率没有明显的饱和值，将其工作在设计工作点时的 EIRP 值称为"额定 EIRP"。

2. 天线增益

卫星通信中一般使用定向天线将电磁波能量聚集在某一个方向辐射，因此天线增益代表了天线汇聚电磁波能量的能力，并不是真正将信号功率放大。天线增益定义为：在输入功率相同的条件下，天线在某方向某点产生的场强平方与点源天线在同一方向同一点产生的场强平方的比值，表征了天线辐射能量在空间的集中程度及能量转换效率。天线增益的表达式为：

$$G(\theta,\varphi)=20\lg\frac{E(\theta,\varphi)\cdot\eta}{E_0} \qquad (6\text{-}3)$$

其中，$G(\theta,\varphi)$ 为天线增益函数；$E(\theta,\varphi)$ 是天线辐射方向图，即天线在 (θ,φ) 方向某点产生的场强；E_0 是全方向性点源天线在同一点产生的场强；η 为能量转换效率。

发射天线的有效面积定义为：在保持该天线辐射场强不变的条件下，设天线孔径场为均匀分布时的孔径等效面积。接收天线的有效面积则定义为：接收天线所截获的电磁波总功率与电磁波通量密度之比值。

天线增益与天线有效面积及工作波长的关系为：

$$G=\eta\frac{4\pi A}{\lambda^2} \qquad (6\text{-}4)$$

其中，A 为天线有效面积(单位为 m^2)，λ 为工作波长(单位为 m)，η 为天线效率。

3. 接收饱和通量密度

卫星接收饱和通量密度(Saturation Flux Density，SFD)指转发器推到饱和工作点时,上行载波信号功率经过空间传播到达接收点后,在接收天线口面达到的通量密度,其反映了卫星转发器对上行功率的敏感程度,单位为 W/m^2。其计算公式为:

$$SFD = P_t G_t / (4\pi d^2) \tag{6-5}$$

其中,d 表示收发端之间的距离,即地面终端(或地面站)与卫星之间的距离。

SFD 与 G/T 的关系为:

$$SFD = [constant] + [attn] - G/T \tag{6-6}$$

其中,constant 表示反映转发器增益的计算常数,其数值多在 -100 与 -90 之间,constant 越小,转发器的增益要求就越高;attn 为转发器的增益调整量,由地面遥控改变,用于调整 SFD 的灵敏度。

4. 空间传输特性

(1) 自由空间传输损耗

已知接收功率通量密度为 $W = P_T G_T / 4\pi d^2$,若接收天线的有效接收面积为 A_η,则接收到的功率 P_R 为:

$$P_R = W A_\eta = \frac{P_T G_T A_\eta}{4\pi d^2} \tag{6-7}$$

如果接收天线的增益用 G_R 来表示,则有:

$$P_R = P_T G_T G_R \left(\frac{\lambda}{4\pi d}\right)^2 = \frac{P_T G_T G_R}{L_f} \tag{6-8}$$

其中,$L_f = \left(\frac{4\pi d}{\lambda}\right)^2$,即为自由空间损耗。

$$[L_f] = 20 \times \lg\left(\frac{4\pi d}{\lambda}\right) = 92.45 + 20 \times \lg(d \cdot f) \tag{6-9}$$

其中,d 为传输距离,单位为 km;f 为工作频率,单位为 GHz。

(2) 指向损耗

指向损耗是由于卫星姿态指向控制精度、大气折射引起的波束指向起伏、地面站天线指向跟踪精度等原因,使得天线指向偏离理论方向,使得星地链路上并不是天线增益的最大值,相当于信号受到了损耗。指向损耗定义为:

$$L_T = \frac{G(0)}{G(\theta)} \tag{6-10}$$

其中,$G(0)$ 为天线增益最大方向的增益值,$G(\theta)$ 为天线方向图函数对应的增益值,θ 为天线增益最大方向与卫星方向的偏离角度。通常 $G(\theta)$ 可近似表示为:

$$G(\theta) \approx G(0) \cdot e^{-2.77 \times \left(\frac{\theta}{\theta_{1/2}}\right)^2} \tag{6-11}$$

其中,$\theta_{1/2}$ 为天线的半功率宽度。由此可知,指向损耗一般可由下式计算:

$$L_T \approx e^{2.77 \times \left(\frac{\theta}{\theta_{1/2}}\right)^2} \tag{6-12}$$

(3) 大气损耗

大气损耗是由于电磁波在大气中传输时,在电离层受到自由电子或离子的吸收,在对流层受到氧分子、水分子以及云、雾、雨、雪等颗粒的吸收或散射作用,而形成的相应损耗。大气损耗与电磁波频率、波束仰角等因素密切相关。

在 0.1 GHz 以下的频段,电离层中自由电子或离子对电磁波的吸收起主要作用,而且频率越低损耗越严重,0.01 GHz 时损耗可达 100 dB。而频率大于 0.3 GHz 时,电离层的影响可以忽略,目前卫星通信使用的频率大都高于该频率范围,因此可不考虑电离层中自由电子和离子的吸收引起的大气损耗。在 0.3～10 GHz 频段内,大气损耗最小,适于电磁波传播,近似于在自由空间中传播,因此该频段被誉为"无线电窗口"。

高频段电磁波在大气中传输具有"大气窗口"和"衰减峰值"两种现象,如图 6-1 所示。其中,"大气窗口"是指在 30 GHz、95 GHz、140 GHz 和 220 GHz 附近的频段,电磁波在大气中传输受到的衰减较小,适用于星地链路通信。而在 22 GHz、60 GHz、120 GHz 和 180 GHz 附近的频段,电磁波在大气中传输受到的衰减形成峰值,适用于星间链路通信,可以避免来自地面的干扰或被地面截获传输信息。

针对目前高通量卫星采用的频段,在 15～35 GHz 频段(即 K 频段和 Ka 频段)内,水分子对电磁波的吸收占据主导地位,并在 22 GHz 处因谐振吸收而形成一个损耗峰值;在 35～80 GHz 频段(即 Q 频段和 V 频段)内,以氧分子对电磁波的吸收为主,并在 60 GHz 附近因谐振吸收形成一个显著的损耗峰值。

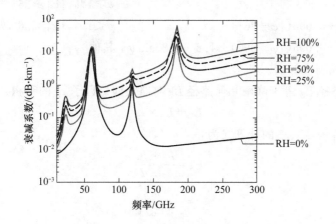

图 6-1　电磁信号在大气层传输的衰减特性(RH 为相对湿度)

(4) 雨衰

卫星通信信号穿过降雨区后,雨滴对穿越其中的无线电波产生的吸收、耗散和去极化等导致信号能量损失的现象,称为雨衰。通信卫星信号传播过程中由于受降雨的影响,会对卫星的传输链路产生衰减。除信号强度会因降雨而衰耗外,地面接收系统的噪声温度会因降雨而增加,电磁波的极化角也会因降雨而被改变。

工作频率越高,波长越短,当降雨量较大时,波长短的无线电波穿透能力差,从而产生雨衰影响。雨衰的大小与雨滴直径和电磁波波长有直接的关系,雨滴半径为 0.025～0.3 cm,C 频段的电波波长大约 7.5 cm,可见雨滴对 C 频带影响较小,一般为 2 dB;而 Ku 和 Ka 的波长分别约为 2.3 cm、1.2 cm,受雨衰影响较大,最大可达 20 dB。

雨衰的计算需要考虑降雨率和降雨出现的年时间概率百分比。一年中有 0.01% 的时间降雨率超过 y(单位为 mm/h),可以记作 $R_{0.01}=y$。

由经典米尔散射理论可得单位衰减 γ_R 与降雨率 R 之间的关系为：

$$\gamma_R = k \ (R_{0.01})^a \tag{6-13}$$

其中：$R_{0.01}$ 表示一般年份内 0.01% 的时间中测得的降雨率；k、a 为随频率而变的参数，ITU-R 标准中给出了 k、a 的计算方法。

ITU-R 基于"等效路径长度"概念提出了雨衰预测模型，将降雨的非均匀性进行均匀化而引进能起等效作用的缩短因子，使得缩短了的有效路径长度 L_E（单位为 km）乘以单位路径衰减就是降雨引起的衰减。

$$A_{0.01} = \gamma_R L_E \tag{6-14}$$

将时间百分数为 0.01% 的降雨衰减量转换为时间百分数为 p% 的降雨衰减量的公式为：

$$A_p = A_{0.01} \left(\frac{p}{0.01}\right)^{-(0.655 + 0.033\ln A_{0.01} - \gamma(1-p)\sin\theta)} \tag{6-15}$$

其中：A_p 为预计超过年均概率为 p 的衰减，单位为 dB；p 为时间百分比；θ 为天线仰角，由地面站经纬度和卫星所处位置决定；γ 的表达式为：

$$\gamma = \begin{cases} 0 & p \geqslant 1\%, |\varphi| \geqslant 36° \\ -0.005(|\varphi - 36|) & p < 1\%, |\varphi| < 36°, \theta \geqslant 25° \\ -0.005(|\varphi - 36|) + 1.8 - 4.25\sin\theta & \text{其他} \end{cases} \tag{6-16}$$

式中，φ 为地球站所在纬度。

雨衰有效路径 L_E 等于降雨几何路径 L_S 与路径缩短因子 r_p 的乘积：

$$L_E = L_S \times r_p \tag{6-17}$$

如图 6-2 所示，L_S、r_p 的计算式为：

$$L_S = \frac{h_R - h_S}{\sin\theta} \tag{6-18}$$

$$r_p = \frac{1}{1 + L_G/L_O} \tag{6-19}$$

$$L_O = 35\exp(-0.015R_p) \tag{6-20}$$

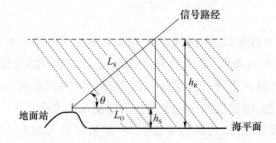

图 6-2　卫星通信信号穿过降雨层的几何图

（5）极化误差损耗

电磁波的极化方向通常以其电场矢量的空间指向来描述。在空间某位置上，沿电磁波的传播方向，其电场矢量在空间随时间变化所描绘的轨迹即为电磁波的极化方式。如果轨迹是一条直线,则称为线极化;如果轨迹是一个圆,则称为圆极化;如果轨迹是一个椭圆,则称为椭圆极化。

线极化的极化误差损耗可由下式计算获得:

$$[L_{\mathrm{p}}]=10\lg\,(\cos^2\alpha) \tag{6-21}$$

其中,α 是发射电磁波线极化方向与接收端所要求的线极化方向之间的夹角。

由于极化变换器在制造、安装时存在的误差,以及降雨对电磁波产生的衰减和退极化作用等原因,实际上不可能真正实现圆极化,一般都是椭圆极化。因此采用椭圆的长半轴和短半轴电场强度之比称为轴比,用以表示圆极化的失圆程度,即:

$$AR=20\lg\left(\frac{E_{\max}}{E_{\min}}\right) \tag{6-22}$$

其中,AR 为轴比,$\dfrac{E_{\max}}{E_{\min}}$ 为椭圆半长轴与半短轴之比。理想圆极化轴比为 0 dB,通过约束极化轴比指标,保证圆极化天线的极化性能,一般要求圆极化天线轴比小于 3 dB。对于椭圆极化的极化误差损耗,可由下式计算:

$$[L_{\mathrm{p}}]=10\lg\,\frac{1}{2}\left[1+\frac{\pm4\,AR_{\mathrm{T}}\,AR_{\mathrm{R}}+(1-AR_{\mathrm{T}}^2)(1-AR_{\mathrm{R}}^2)\cos 2\alpha}{(1+AR_{\mathrm{T}}^2)(1+AR_{\mathrm{R}}^2)}\right] \tag{6-23}$$

其中,AR_{T} 是发射电磁波的极化轴比,AR_{R} 是接收端要求的极化轴比,$4AR_{\mathrm{T}}AR_{\mathrm{R}}$ 项的符号取决于发来的电磁波极化方向与接收端所要求的极化方向的一致性,一致时为"+",否则为"−"。例如,当收发均为理想圆极化方式时,$AR_{\mathrm{T}}=AR_{\mathrm{R}}$,若旋转方向正是接收所需的方向,则可求得$[L_{\mathrm{p}}]=0$ dB;当旋转方向正相反时,$[L_{\mathrm{p}}]\to\infty$,这意味着起到了极化隔离作用。

6.2　通信链路噪声功率

1. 噪声功率及等效噪声温度

接收系统的输入端若阻抗特性匹配,则各种外部噪声和天线损耗噪声综合在一起进入接收系统的噪声功率 N 为

$$N=k\times T\times B \tag{6-24}$$

其中:T 表示天线的等效噪声温度;$k=1.39\times10^{-23}$ J/K $=-288.6$ dBW/(K · Hz),为波尔兹曼常数;B 表示接收系统的等效噪声带宽。天线的噪声主要包括天线损耗引起的噪声和背景噪声,背景噪声涵盖了太阳系噪声、宇宙噪声、大气噪声、降雨噪声和地面噪声等。

卫星接收天线的噪声温度主要与工作频率、天线性能和覆盖范围的地球背景噪声有关。地面站接收天线噪声温度与工作频率、天线性能、仰角及天气密切相关。地面站天线仰角过低时,天线噪声温度会急剧增加。天线噪声温度是在等效噪声带宽 B_{n} 内,天线在匹配条件下所接收到的噪声功率。

系统噪声温度主要由天线噪声温度和接收系统前置级低噪声放大器的噪声温度构

成。以接收天线输出口为参考点时，系统噪声温度可表示为：

$$T = T_a + T_0(L-1) + L \cdot T_e \tag{6-25}$$

其中，T_a 和 T_e 分别表示天线和低噪声放大器的噪声温度，L 为天线和放大器之间的馈线损耗。

接收系统内部的噪声包括放大器、变频器和无源网络的噪声，其性能一般用噪声系数 NF 表示，作为噪声温度的另一种表示方法。噪声系数定义为系统输入信号的信噪比与输出信号的信噪比之比，具体表达式为：

$$NF = \frac{(S/N)_{in}}{(S/N)_{out}} \tag{6-26}$$

其中，NF 的单位通常用分贝来表示。

卫星通信系统设计时，应尽量把噪声系数降到最低，以减小噪声对系统的影响，使整个系统的信噪比达到最优。Ku 频带转发器的噪声系数一般为 1.5～3 dB，Ka 频带转发器的噪声系数一般为 3～5 dB。

噪声系数与噪声温度的转换关系为：

$$T = T_0 \times (NF - 1) \tag{6-27}$$

其中，T_0 表示计算标准噪声的参考温度，通常取 290 K。

2. 接收系统的增益噪声温度比

接收系统的增益噪声温度比 G/T，即为接收系统的品质因数，是折算到接收天线和转发器接口面的接收天线增益与接收系统噪声温度之比，单位为 dB/k。G/T 表示为：

$$G/T = \frac{G_r}{T_{ar} + T_e} \tag{6-28}$$

其中：G_r 表示接收天线增益，无量纲；T_{ar} 表示接收天线噪声温度，是热力学温度（单位为 K）；T_e 表示转发器等效输入噪声温度，是热力学温度（单位为 K）。

在上行链路设计中，要使卫星接收到的上行信号与卫星本身的接收噪声之比足够大，以保证卫星转发的通信信号中所"夹带"的卫星本身的噪声可以忽略或在允许范围以内。与 EIRP 类似，G/T 值也是卫星天线方位角的函数。天线噪声温度 T_{ar} 主要来自于天线接收方向上的热辐射。如果接收天线的照射区全部是晴空，那么它几乎就是地面温度；但当地面全部覆盖有云层时，它就与云层温度相对应。

6.3 信息传输带宽和传输速率

1. 载波带宽

（1）载波等效噪声带宽

载波等效噪声带宽是通信链路预算的重要参数，例如进行 C/T 到 C/N、E_b/N_0 到 C/N 的计算转换时都涉及载波等效噪声带宽。载波等效噪声带宽 B_n 的物理意义是假设白噪声通过实际带通滤波器后的效果与通过带宽为 B_n 的归一化理想矩形带通滤波器的噪声功率相同。

$$
\begin{cases}
\int_{-\infty}^{\infty} P_n(\omega)\mathrm{d}f = 2B_n P_n(f_0) \\[3mm]
B_n = \dfrac{\int_{-\infty}^{\infty} P_n(\omega)\mathrm{d}f}{2P_n(f_0)} \quad (B_n \text{ 的单位为 Hz})
\end{cases}
\tag{6-29}
$$

对于数字通信系统,通常取载波扩展因子为 1.2,则载波噪声带宽表示为:

$$
B_n = 符号速率 \times 1.2 \quad (B_n \text{ 的单位为 Hz})
\tag{6-30}
$$

(2) 载波占用带宽

载波占用带宽 B_0 是指载波实际占用的带宽资源。对于数字调相信号,载波占用带宽与滚降系数 Rolloff 和符号速率相关,具体表示为:

$$
B_0 = 符号速率 \times (1 + \text{Rolloff}) \quad (B_0 \text{ 的单位为 Hz})
\tag{6-31}
$$

(3) 载波分配带宽

由于通信卫星转发器的功率放大器在饱和区存在非线性特性,会导致相邻载波间的相互干扰。为避免该现象,提高载波自身抗干扰能力,需要牺牲一定频率带宽资源,在载波占用带宽基础上增加保护带宽,因此载波实际占用的带宽大于名义带宽,称为载波分配带宽。载波的分配带宽是指通信卫星转发器实际分配给每个通道的带宽。保护带宽通常按带宽的 ±5% 设计,则有

$$
B_d = R_s(1 + \text{Rolloff} + 0.1) \quad (B_d \text{ 的单位为 Hz})
\tag{6-32}
$$

需要指出的是,保护带宽的设置与载波占用带宽相关,载波占用带宽越小,越容易受到其他载波干扰,需要分配更大的保护带宽。

(4) 功带均衡

通信卫星转发器的发射功率和频率带宽都是重要且有限的资源,为确保各载波信号正常,应使各载波满足功率和带宽均衡的要求,即载波占用的频率带宽(含保护带宽)占用转发器总带宽的比例,与该载波占用转发器的功率与转发器总功率(含多载波工作时功率回退)的比例相协调。

载波占用转发器功率的比例可采用转发器载波功率输出回退数值与转发器输出回退数值的差值表示。当载波在转发器中满足功带均衡条件时,有如下关系:

$$
\mathrm{BO_{oc}} - \mathrm{BO_o} = 10\lg(B_T / B_a) \quad (\mathrm{BO_{oc}}, \mathrm{BO_o} \text{ 的单位为 dB})
\tag{6-33}
$$

其中,$\mathrm{BO_{oc}}$ 为载波的输出回退数值,$\mathrm{BO_o}$ 为转发器输出回退数值,B_T 为转发器总带宽,B_a 为载波分配的带宽。

根据上式可知,在转发器带宽一定的情况下,转发器输出回退值越小,或者载波占用带宽越宽,则载波的输出回退值越小,转发器分配给载波的功率越大;反之,转发器分配给载波的功率就越小。

一方面,卫星通信系统设计时,要在满足系统误码率要求前提下,使系统的容量达到最大值,系统所需的功率最小;也可以说是在满足系统误码率要求的前提下,使系统的频带利用率和功率利用率最大。同样地,在系统占用带宽和功率资源一定的情况下,使系统传输的误码率实现最小。另一方面,功率和带宽资源可以互换。对于小站之间的通

信,由于地球站发射功率较小,接收能力较差,可以采用带宽利用率较低而功率利用率较高的传输体制(如 BPSK 和 QPSK);对于大站之间的通信,由于地球站发射功率较大、接收能力较强,可以采用带宽利用率较高而功率利用率较低的传输体制(如 8PSK 和 16APSK 等)。

2. 传输速率及信噪比

（1）传输速率

信息速率 R_b 定义为单位时间内传送的比特数,单位为 bit/s 或 bps,通常指信道编码之前信源输出的码速率。信号经过信道编码、调制映射后形成的速率称为符号速率 R_s,又称为传输速率。

根据上述定义可知,信息速率与符号速率之间的关系为：

$$R_s = R_b / (C_r \cdot M_r) \tag{6-34}$$

其中：C_r 为编码效率(小于 1)；M_r 为调制因子。常见的四种格式的调制因子分别为：QPSK 的 M_r 为 2 bit/s/Hz；8PSK 的 M_r 为 3 bit/s/Hz；16APSK 的 M_r 为 4 bit/s/Hz；32APSK 的 M_r 为 5 bit/s/Hz。

（2）信噪比

对于数字通信系统,常用载噪比(C/N)或者码元噪声谱密度比(E_b/N_0)表征每比特信号能量与单位带宽噪声功率(即单边带高斯白噪声功率谱密度)之比。其中,N 表示传输过程中的噪声功率谱密度,N_0 表示单位带宽内的噪声功率谱密度。C/N 与带宽有关,E_b/N_0 不随带宽变化。

接收信号的 C/N 与 E_b/N_0 关系为：

$$C/N = (E_b \cdot R_b)/(N_0 \cdot B) = (E_b/N_0) \cdot (R_b/B) \tag{6-35}$$

由此可知,C/N 这个物理量中包含了频谱效率 R_b/B 因素。

根据香农定理可知：

$$E_C = B\log_2(1 + C/N) \tag{6-36}$$

因此提高带宽 B 和 C/N 可以增加信道容量。

由信息速率可知：

$$R_b = B\log_2(1 + (E_b \cdot R_b)/(N_0 \cdot B)) \tag{6-37}$$

据此可得,$E_b/N_0 = (2^{R_b/B} - 1)/(R_b/B)$。

根据数学洛必达法则,上式最大值为 -1.6 dB,即 E_b/N_0 的香农极限是 -1.6 dB,对于以任何比特速率传输的系统,不可能以低于该值的 E_b/N_0 进行无差错传输。

6.4 高通量卫星通信链路预算

1. 基本链路预算

卫星通信系统的链路预算涉及地面站、卫星、用户终端、空间链路的星地主要参数,具体的链路预算及设计要素如表 6-1 所示。

表 6-1　系统链路设计要素

序号	上行链路 （地面站或用户终端→卫星）	下行链路 （卫星→地面站或用户终端）
1	卫星上行工作频率（单位为 GHz）	卫星下行工作频率（单位为 GHz）
2	地面天线有效面积（单位为 m）	卫星天线发射增益（单位为 dB）
3	地面天线效率	卫星天线发射损耗（单位为 dB）
4	地面天线发射增益（单位为 dB）	卫星发射功率（单位为 dBW）
5	地面发射功率（单位为 W）	发射馈线损耗（单位为 dB）
6	发射馈线损耗（单位为 dB）	输出补偿（单位为 dB）
7	地面发射 EIRP（单位为 dBW）	卫星发射 EIRP（单位为 dBW）
8	卫星接收天线增益（单位为 dB）	地面接收天线增益（单位为 dB）
9	卫星接收馈线损耗（单位为 dB）	地面接收天线噪声温度（单位为 dBK）
10	卫星天线噪声温度（单位为 dBK）	地面接收系统噪声系数（单位为 dB）
11	卫星接收系统噪声系数（单位为 dB）	地面接收等效噪声温度（单位为 dBK）
12	卫星接收等效噪温（单位为 dBK）	地面接收 G/T（单位为 dB/K）
13	卫星接收 G/T（单位为 dB/K）	空间距离（单位为 km）
14	空间距离（单位为 km）	空间传播损耗（单位为 dB）
15	空间传播损耗（单位为 dB）	接收天线指向损耗（单位为 dB）
16	用户天线指向误差（单位为 dB）	降雨损耗（单位为 dB）
17	极化损耗（单位为 dB）	极化损耗（单位为 dB）
18	降雨损耗（单位为 dB）	下行链路 C/N_0（单位为 dBHz）
19	上行链路 C/N_0（单位为 dBHz）	链路总 C/N_0（单位为 dBHz）
20		信息速率（单位为 kbit/s）
21		解扩损失（单位为 dB）
22		调制解调损失（单位为 dB）
23		E_b/N_0（单位为 dB）
24		E_b/N_0 门限理论值（单位为 dB）
25		C/N_0 门限理论值（单位为 dBHz）
26		余量（单位为 dB）

　　卫星通信链路中的载噪比和单位比特信噪比必须高于相应门限值，并留有一定余量，才能保证正常通信。因此，系统链路预算就是计算 C/N_0 或 E_b/N_0，并与相应门限值进行比较，对余量值进行评价。C 频段接收系统的链路余量一般设计为 $2.5\sim3.5$ dB，Ku 频段接收系统在考虑雨衰后的链路余量一般设计为 $0.5\sim1$ dB。

　　卫星通信系统链路的载噪比可表示为上下行链路的载波功率与噪声功率比及载波功率与干扰信号功率比的组合，其表达式为：

$$\left(\frac{C}{N}\right)_{总}^{-1}=\left(\frac{C}{N}\right)_{U}^{-1}+\left(\frac{C}{N}\right)_{D}^{-1}+\left(\frac{C}{N}\right)_{ASI}^{-1}+\left(\frac{C}{N}\right)_{ACI}^{-1}+\left(\frac{C}{N}\right)_{IM}^{-1}+\left(\frac{C}{N}\right)_{XPOL}^{-1} \qquad (6\text{-}38)$$

其中，$\left(\dfrac{C}{N}\right)_{U}$ 为上行链路载噪比，$\left(\dfrac{C}{N}\right)_{D}$ 为下行链路载噪比，$\left(\dfrac{C}{N}\right)_{ASI}$ 为相邻卫星干扰，$\left(\dfrac{C}{N}\right)_{ACI}$ 为相邻信道干扰，$\left(\dfrac{C}{N}\right)_{IM}$ 为交调干扰，$\left(\dfrac{C}{N}\right)_{XPOL}$ 为交叉极化干扰。$\left(\dfrac{C}{N}\right)_{总}$ 由公式

中的最小项决定。系统余量为 $\left(\dfrac{C}{N}\right)_{总}$ 与系统所需最低 $\left(\dfrac{C}{N}\right)$（门限）之差值，上行 $\left(\dfrac{C}{N}\right)_{U}$ 和

下行 $\left(\dfrac{C}{N}\right)_{D}$ 的计算直接与卫星指标相关。

（1）载波噪声比

上下行通信链路的载波噪声比 C/N 计算公式分别为：

$$\left.\begin{array}{l}[C/N]_U=[\mathrm{EIRP_E}]-[\mathrm{Loss_U}]+[G/T_{\mathrm{Sat}}]-[k]-[B]\\ [C/N]_D=[\mathrm{EIRP_{Sat}}]-[\mathrm{Loss_D}]+[G/T_{\mathrm{E}}]-[k]-[B]\end{array}\right\} \tag{6-39}$$

其中：$\mathrm{EIRP_E}$ 和 $\mathrm{EIRP_{Sat}}$ 分别为地面站上行和卫星下行 EIRP；$\mathrm{Loss_U}$ 和 $\mathrm{Loss_D}$ 分别为总的上行和下行传输损耗，包括自由空间传输损耗、大气损耗、天线指向误差、馈源极化调整误差和雨衰；G/T_{Sat} 和 G/T_{E} 分别为卫星有效载荷和地球站的接收系统品质因数；k 为波尔兹曼常数（1.38×10^{-23} J/K）；B 为等效噪声带宽。

噪声功率 N 可用噪声功率谱密度 N_0 表示为：

$$N=N_0B=kTB \tag{6-40}$$

则载噪比可表示为：

$$\frac{C}{N}=\frac{C}{N_0}\cdot\frac{1}{B} \tag{6-41}$$

C/N_0 与 E_b/N_0 和信息速率之间的关系为：

$$\left[\frac{C}{N_0}\right]=\left[\frac{E_b}{N_0}\right]+[R_b] \tag{6-42}$$

其中，R_b 的单位为 bit/s。

（2）载波干扰比

在链路预算中，除上行与下行的 C/T 或 C/N 外，通常还需考虑相邻信道干扰、反极化干扰、邻星干扰和交调干扰等因素。因实际干扰发生时情况复杂、随机性强，结果难以精确计算，且由于上述 4 项对链路预算结果影响较小，因此通常采用简化的估算方法。

对邻道干扰，如果载波大幅加大功率，会导致其频谱旁瓣超过其使用带宽，而进入相邻频带，此时会对相邻信道载波造成干扰。一般要求每个发射载波的旁瓣须低于主瓣 26 dB，即 $\left(\dfrac{C}{I}\right)_{\mathrm{ACI}}\geqslant26$。

邻星干扰中，下行干扰起决定性作用。邻星干扰的 C/I 主要由双星载波在接收站点的下行 EIRP 谱密度之比与接收天线的偏轴增益差（地面天线指向业务卫星的最大接收增益与指向邻星的偏轴接收增益之差值）决定。

反极化干扰应考虑被干扰信号与反极化干扰信号的功率谱密度之比，以及地面天线和卫星收发天线的极化隔离度的综合影响。假设两个极化的转发器工作状态相同，两个极化的载波都只占用转发器平均功率，反极化的载波干扰比 C/I 即可简化为天线极化隔离度的综合影响，地面天线的极化隔离度优于卫星天线，发射和接收天线交叉极化隔离度不小于 30 dB。

地面发送的多载波上行功放一般会考虑一定的线性回退，因此交调干扰可以只考虑卫星转发器引起的部分，一般要求载波与三阶交调产物之间的差值低于 23 dB，即 $\left(\dfrac{C}{I}\right)_{\mathrm{IM}}\geqslant23$。

2. 卫星处理转发链路预算

处理转发是指星上除完成信号变频和放大外,还需要完成信号解调译码和编码调制等处理再生功能。在卫星透明转发链路中,链路总载噪比与上行载噪比、下行载噪比、各干扰信号载噪比有关,即存在噪声累积效应。而处理转发链路与透明转发链路最大的区别就是上下行载噪比相互独立,须分开计算,互不影响。各段链路上的噪声、干扰的影响仅限于本段链路,即通过星上处理截断了上行噪声和干扰对下行链路的影响。因此对于处理转发链路需要分别计算上行链路和下行链路的性能,包括误码率、信噪比/载噪比、链路余量等。

通过增加星上设备的复杂程度,提高了整个星地链路的性能,上行链路和下行链路可以采用不同速率、不同调制体制、不同编码方式。处理转发的总链路性能可由以下误比特率确定:

$$Pb = Pb_u \cdot (1-Pb_d) + Pb_d \cdot (1-Pb_u) \tag{6-43}$$

其中,Pb 为链路总误比特率,Pb_u 是上行链路的误比特率,Pb_d 是下行链路的误比特率,Pb_u 和 Pb_d 分别是上行和下行 E_b/N_0 的函数,具体与采用的调制解调方式有关。由于 Pb_u 和 Pb_d 均远小于 1,因此式(6-43)可简化为:

$$Pb \approx Pb_u + Pb_d \tag{6-44}$$

由此可知,星上处理再生转发模式截断了噪声和干扰的传递,其传输性能优于透明转发链路,特别是当上下行链路的载噪比相当时,处理转发比透明转发的性能可改善约 3 dB。当然,如果上下行链路载噪比相差较大,系统的总传输能力由载噪比较差的链路决定。

3. 高通量卫星链路预算

高通量卫星采用多波束系统,多波束中每个子波束的链路预算与前述章节介绍的链路预算方法一致。其中,多波束总的等效全向辐射功率 AEIRP 可按以下公式计算:

$$AEIRP = \sum_{i=1}^{m}(P_i \cdot G_i) = \sum_{i=1}^{m} 10^{\left(\frac{EIRP_i}{10}\right)} \tag{6-45}$$

所以 $[AEIRP] = 10\lg\left(\sum_{i=1}^{m} 10^{\left(\frac{EIRP_i}{10}\right)}\right)$。

若 $EIRP_i$ 均为 $EIRP_s$,则

$$AEIRP = [EIRP_s] + [m] \tag{6-46}$$

其中,$[x]$ 表示 $10\lg(x)$。

多波束 G/T 的计算方法与前述章节介绍的链路预算方法一致。

高通量卫星的多子波束间采用频率复用方式,这必带来同频干扰的问题,常用子波束的载干比 C/I 来表示,即某一波束内接收到的有用信号功率与接收到的其他同频波束信号功率(视为干扰信号)的比值。

高通量卫星通过前向链路和返向链路实现"两跳"通信,每个链路均具有上行和下行部分。因此,高通量卫星的链路预算需综合基本链路预算方法和多波束通信链路预算方法。假设某高通量卫星系统的地面站、用户端和卫星的 EIRP、G/T 指标如表 6-2 所示,则前向链路预算如表 6-3 所示。

表 6-2 地面站和卫星 EIRP、G/T

项 目	EIRP/dBW	G/T/(dB·K⁻¹)	备 注
关口站	82	41.1	
用户站	48.6	19	0.75m 天线,2W 功放
		23	1.2m 天线,2W 功放
	51.6	25.2	1.5m 天线,1W 功放
卫星馈电链路	55	13	
卫星用户波束	59.5	13	

表 6-3 前向链路预算(晴天)

参 数	单 位	上 行	下 行
EIRP	dBW	82.00	59.50
带宽因子		7.78	7.78
OBO	dB	4.00	3.50
工作频率	GHz	29.00	20.2
通信距离	km	37 581.93	37 581.25
路径损耗	dB	213.20	210.05
大气衰落/雨衰	dB	0.50	0.50
其他损耗	dB	0.50	0.50
波尔兹曼常数	(dBW/K)/Hz	−228.60	−228.60
G/T	dB/K	13.00	25.20
信息传输速率	kbit/s	102 000.00	
调制编码类型		8PSK LDPC 3/4	
编码阶数		3/4	
调制阶数		8	
带宽需求	kHz	56 666.67	
C/N	dB	20.09	13.43
C/N(上下行)	dB	12.58	
同频波束 C/I	dB	15.00	15.00
其他 C/I	dB	18.81	22.00
总 C/I	dB	13.49	14.21
C/(N+I)	dB	12.63	10.79
C/(N+I)(上下行)	dB	8.61	
E_b/N_0		6.05	
E_b/N_0 门限	dB	5.40	
E_b/N_0 余量	dB	0.65	

4. 高通量卫星的通信容量

高通量卫星的通信容量由带宽和频谱利用效率两个方面决定,具体关系表述为:

$$E_C = B \cdot E_{ff} \tag{6-47}$$

其中,E_C 为通信容量,单位为 bit/s;B 为通信带宽,单位为 Hz;E_{ff} 为频谱效率,单位为 bit·s^{-1}·Hz^{-1}。

链路频谱效率(Spectrum Effectiveness)又称频带利用率,其定义为:数据净比特率(指有用信息速率,不包括纠错码等)或最大通信容量除以通信信道或数据链路的带宽,或单位频带内的码元传输速率,其单位为 bit·s^{-1}·Hz^{-1}。频谱效率用来衡量通信系统的有效性。对于 M 进制数字调制 MAPSK 或 MQAM,其理论最高频谱效率为 log2M(单位为 bit·s^{-1}·Hz^{-1}),例如,QPSK 的理论最高频谱效率为 2 bit·s^{-1}·Hz^{-1},32APSK 的理论最高频谱效率为 5 bit·s^{-1}·Hz^{-1},128APSK 的理论最高频谱效率为 7 bit·s^{-1}·Hz^{-1}。

带宽与频率资源和频率计划密切相关。频谱效率由调制编码方式决定,而最高阶的调制编码方式主要由系统的 C/I 决定。当系统采用的调制方式阶数已比较高时,通过进一步提高调制阶数来提升频谱效率的性价比变得很低。信关站和用户波束的位置决定了前向和返向的频率能否复用,如果可以复用,则单波束可分配的带宽更大。频率复用色数越少,单波束可分配的带宽越大,但过少的色数会降低同频波束的 C/I。单个信关站管理用户波束的数量越少,单波束可分配的带宽越大,但信关站的数量会增多。

针对美国 Viasat 公司的 Viasat-1 卫星和欧洲 Eutelsat 公司的 Ka-sat 卫星,进行通信容量分析,结果如表 6-4 所示。Viasat-1 卫星上行频率为 28.1～29.1 GHz 和 29.5～30.0 GHz,下行频率为 18.3～19.3 GHz 和 19.7～20.2 GHz,采用 4 色复用,72 个点波束,21 个信关站,其信关站和用户波束不在同一区域,因此信关站和用户波束可以空间隔离,复用同一频段。Ka-sat 卫星上行频率为 28.0～30.0 GHz,下行频率为 18.2～20.2 GHz,采用 4 色复用,82 个点波束,11 个信关站,其信关站与用户波束位置重合,不能频率复用。

表 6-4　Viasat-1 卫星和 Ka-sat 卫星通信容量计算

卫星	波束	带宽	总带宽	频谱效率	通信容量
Viasat-1	72 个	前向 750 MHz 返向 750 MHz	108 GHz	前向 8PSK3/4 前向效率=1.7 返向 QPSK4/5 返向效率=1.0	(0.75×1.7+0.75×1.0)×72 Gbit/s=145 Gbit/s
Ka-sat	82 个	前向 250 MHz 返向 250 MHz	41 GHz	前向 8PSK5/6 前向效率=1.9 返向 8PSK3/4 返向效率=1.6	(0.25×1.9+0.25×1.6)×82 Gbit/s=71.75 Gbit/s

参 考 文 献

[1] 李晖,王萍,陈敏. 卫星通信与卫星网络[M].西安:西安电子科技大学出版社,2018.

[2] 张洪太,王敏,崔万照,等. 卫星通信技术[M].北京:北京理工大学出版社,2018.

[3] 汪春霆,张俊祥,潘申富,等. 卫星通信系统[M].北京:国防工业出版社,2012.

[4] 姜锋. 卫星链路设计方法研究[J].电脑知识与技术,2009,5(9):2408-2409.

[5] 徐挺,兰海,张宏江. 静止轨道卫星通信链路预算与分析[J].中国空间科学技术,2020,40(3):83-92.

[6] Oltjon Kodheli, Eva Lagunas, Nicola Maturo, et al. Satellite Communications in the New Space Era: a Survey and Future Challenges[J]. IEEE Communications Surveys & Tutorials, 2020(10): 70-109.

[7] McCarthy K, Stocklin F, Geldzahler B, et al. NASA's evolution to Ka-band space communications for near-earth spacecraft[C]//Proceedings of the Space Ops Conference. Huntsville, AL: American Institute of Aeronautics and Astronantics Inc., 2010.

[8] ITU-R. Propagation data and prediction methods required for the design of Earth-space telecommunication systems: P. 618-13[S]. Geneva: ITU-R, 2017.

[9] ITU-R. Characteristics of precipitation for propagation modeling: P. 837-7[S]. Geneva: ITU-R, 2017.

第 7 章

主要高通量卫星通信系统

高通量卫星通信系统由卫星和地面系统组成。按照运行轨道,高通量卫星划分为地球静止轨道高通量卫星(GEO-HTS)和非静止轨道高通量卫星(NGSO-HTS)。目前的高通量卫星以 GEO-HTS 为主,但近几年 NGSO-HTS 星座系统得到了快速的发展,其将在未来的高通量卫星通信系统市场中占据重要地位。本章主要介绍 GEO-HTS 中典型的 Viasat 系统、Inmarsat-5F 系统、Echostar 系统、WGS 系统,以及 NGSO-HTS 中发展较快的 Starlink 系统、Oneweb 系统、O3B 系统。

7.1　GEO 高通量卫星通信系统

7.1.1　Viasat 卫星通信系统

1. 卫星系统

（1）卫星概况

Viasat(卫讯)卫星通信系统是由美国 Viasat 公司运营的商业高通量卫星通信系统,其利用大容量 Ka 频段点波束技术提供高速度的因特网宽带卫星通信业务。Viasat 系列卫星目前已发展两代,2011 年 10 月发射了 Viasat-1 卫星,2017 年 6 月发射了 Viasat-2 卫星。目前,正在开发第 3 代卫星通信系统 Viasat-3。

Viasat-1 卫星由 Space Systems Loral 公司研制,采用 LS-1300 平台,发射质量 6 740 kg,设计寿命 15 年。卫星有 72 个点波束,其中 63 个覆盖美国,9 个覆盖加拿大,配置 56 路 Ka 频段透明转发器。Viasat-1 卫星利用 Surfbeam 网络系统优化组合技术,使 Viasat-1 卫星的容量达到 140 Gbit/s,超过当时北美地区所有在轨卫星 C、Ku 和 Ka 频段的容量之和,单颗卫星可支持不少于 100 万个用户高速宽带接入(上传速率为 4 Mbit/s、下载速率为 10 Mbit/s)。Viasat-1 卫星的技术参数如表 7-1 所示,卫星构型如图 7-1 所示。

表 7-1　Viasat-1 卫星主要技术参数

序　号	项　目	卫星参数
1	定点位置	115°W
2	覆盖范围	美国本土、阿拉斯加、夏威夷及加拿大
3	卫星平台	美国 Space Systems Loral 公司 LS-1300 平台
4	发射重量	6 740 kg
5	工作频段	Ka 频段 上行：28.1～29.1 & 29.5～30.0 GHz 下行：18.3～19.3 & 19.7～20.2 GHz
6	天线配置	4 副收发共用 Ka 天线，口径约 2.6 m
7	波束数量	72 个点波束，波束宽度 0.4°
8	转发器配置	Ka 频段透明转发器
9	星上处理交换	25 000 路星上信道化处理交换，具备时隙交换能力，不解调，具备带宽和功率调整能力
10	EIRP	馈电波束 61 dBW，用户波束 63 dBW
11	发射时间	2011 年 2 月
12	卫星设计寿命	15 年

　　Viasat-2 卫星是 Viasat 公司继 Viasat-1 卫星之后开发的第二颗超大容量高通量通信卫星，采用 BSS-702HP 平台，有效载荷采用与 Viasat-1 卫星类似的设计，定点于 69.9°W，寿命 14 年。Viasat-2 卫星容量是 Viasat-1 卫星的 2.5 倍。Viasat-2 卫星覆盖区域是 Viasat-1 卫星的 7 倍，并具有可变点波束，覆盖北美、中美、加勒比海地区、南美洲北部以及北大西洋主要航线，满足北美到欧洲之间的海事和航空通信需求。

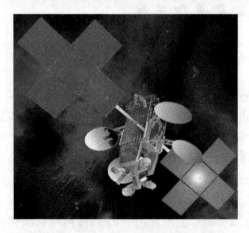

图 7-1　Viasat-1 卫星在轨展开构型图

　　Viasat 公司 2015 年 11 月宣布计划打造由 3 颗卫星组成的 Viasat-3 卫星星座。Viasat-3 卫星采用 Ka 频段，通信容量 1 Tbit/s，通信容量使用成本更低，预计降至 185 万美元/（吉比特·秒[-1]）。波音公司是卫星研制的主承包商，有效载荷由 Viasat 公司设计，采用灵活有效载荷设计,能在轨灵活调整卫星的带宽分配。前 2 颗 Viasat-3 卫星覆盖美洲、欧洲、中东和非洲等地,支持 4K 视频应用,为海事、航空移动终端提供超过百兆服务,为偏远地区提供高性价比宽带接入服务。Viasat-3 卫星将在高速高质量互联网和视频服务中占据明显优势。

(2) 卫星有效载荷

Viasat-1 卫星的转发器原理框图(以 60 个波束为例)如图 7-2 所示,该转发器结构可以按 4 的倍数进行扩展或缩减。前向链路包含 60 个通道,对应 15 个信关站,每个信关站对应 4 路转发器通道,每个信关站可发射 4 路频率和极化组合不同的信号,每路信号带宽为 250 MHz,行波管可工作在单载波状态,这提高了行波管工作效率。前向转发器可改变特定下行通道的载波频率和极化。

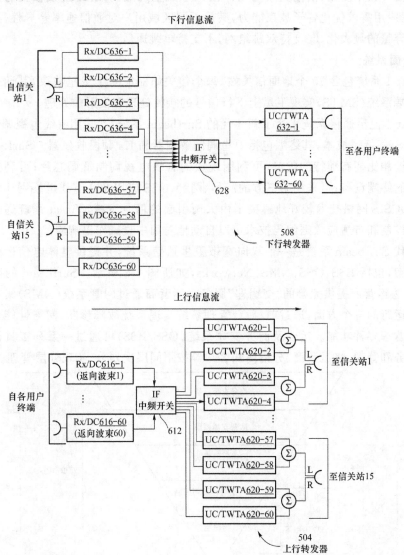

图 7-2 Viasat-1 卫星转发框图

返向链路包含接收/下变频组件（Rx/DC）、开关矩阵（IF Switch）、上变频器和行波管放大器（UC/TWTA）等，频率和极化都可改变，Rx/DC 组件将 Ka 频段信号变到中频。

Viasat-1 卫星采用了服务区和信关站频率复用技术。为最大化利用频率，采用了频率复用技术，将信关站与用户服务区分开覆盖，则可以实现频率复用，即卫星下行到信关站和到用户的波束可以采用相同频率，信关站上行和用户波束上行也可以采用相同频率。

Viasat-1 系统进行了卫星、地面和用户终端的一体化优化设计，具体内容包括：①对频率采用四色复用方式，最大化使用频谱资源，全部 1.5 GHz 带宽均可用于用户波束；②采用窄点波束（波束宽度 0.4°），产生高天线增益和高度频率复用；③优化信关站布局位置进一步提升频率复用，使信关站与用户波束形成空间隔离；④卫星仅覆盖有需求的区域，并根据应用需求优化各子波束能力，满足不同区域用户对通信速率差异性需求，实现整星通信容量的最大化；⑤支持双跳组网，不支持单跳通信。

2. 地面系统

Viasat-1 系统包含 15 个地面信关站，每个信关站对应 4 个卫星波束，其通过卫星调制解调终端系统（SMTS）实现卫星上下行信号的接收处理和发射前处理。

Viasat-1 卫星通信系统采用了新一代的 Surfbeam 系统，其采用有线电视调制解调标准 DOCSIS，降低了成本，其终端包括卫星调制解调器和 Ka 频段收发器。Surfbeam 系统与其他系统相比拥有独特的优势：可利用现成的有线电视调制解调芯片；可利用现有的运营商级的终端设备；可采用第三方的产品、网管、OSS 应用及在有线电视网广泛应用的业务。DOCSIS 网络技术较好地解决了由大雨引起的信号衰减，Viasat 系统通过上行链路的功率控制和自适应数据编码技术可以自动地对雨中衰减作出响应。

新一代 Surfbeam 系统是一个双向宽带卫星通信系统，并提供整体电信运营级的业务解决方案，包括 BSS、OSS、NMS、Networks，如所图 7-3 所示。Surfbeam 的网管系统（NMS）可为运营商提供完善的"交钥匙"服务。运营商通过网管系统（NMS）集中控制和监视系统运行的各个方面，通过前/后台管理系统实现系统故障诊断、网络性能监视和虚拟网络运营等多种功能。运营及商务支撑系统（OSS/BSS）可通过一系列工具开展高效的客户服务和管理，将运营商、分销商和客户等按不同层次划分，实现分层管理。

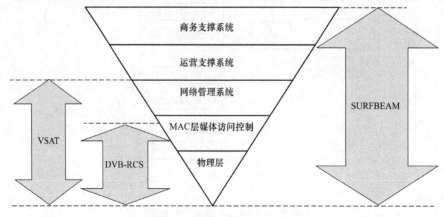

图 7-3　新一代 Surfbeam 系统分级

7.1.2　Inmarsat-5F 卫星通信系统

Inmarsat 卫星通信系统由 Inmarsat 公司（国际移动卫星公司）运营，目前在轨卫星有 Inmarsat-3F、Inmarsat-4F 和 Inmarsat-5F 三个系列共计 13 颗卫星。Inmarsat-5F 系列（即 Global Xpress）共包含 5 颗 GEO 卫星，前三颗卫星 GX-1、GX-2、GX-3 构建全球卫星宽带通信网络，提供无缝全球覆盖和移动宽带服务，GX-4 卫星与 GX-1 卫星共同增强欧洲大陆的卫星信号覆盖；GX-5 卫星用以扩展 GX 系统的全球化市场运营，以满足欧洲、中东地区和南亚地区日益增长的市场需求，特别是航空 Wi-Fi 和商业海事卫星服务。Inmarsat 卫星通信系统是首个 Ka 频段全球移动高通量卫星通信系统。Inmarsat-5F GX-1~GX-4 卫星的构型如图 7-4 所示。

图 7-4　Inmarsat-5F 卫星构型图

2015 年 12 月，Inmarsat 向欧洲空客公司采购了两颗第六代 Inmarsat-6F 卫星，全部采用该公司的 E-3000EOR 全电推卫星平台，寿命 15 年，星上配置 1 副口径 9 m 的 L 频段天线和 9 个 Ka 频段多波束天线，通过 L 和 Ka 两个频段的载荷增强其全球移动通信服务，卫星构型如图 7-5 所示。Inmarsat-6F 通信星座将拓展 Global Xpress 网络在 L 频段和 Ka 频段的服务。

图 7-5　Inmarsat-6F 卫星构型图

1. 卫星系统

Inmarsat-5FGX-1～Inmarsat-5FGX-4 四颗卫星由美国 Lockheed Martin 公司制造，采用 BSS-702HP 卫星平台，单星容量可达 50 Gbit/s。卫星配置 95 个 Ka 点波束，使 3 颗 Inmarsat-5F 卫星组成的星座提供覆盖全球的高容量，该天线可以控制点波束，以适应未来 15 年不断变化或增加的用户需求。有 6 个超宽信道的可移点波束用于大业务区域，以适应特殊区域、灾难、战争等全球重大事件需要。Inmarsat-5F GX-5 卫星采用 Spacebus-4000B2 平台研制。Inmarsat-5F 卫星的技术参数如表 7-2 所示。

表 7-2　Inmarsat-5F 卫星主要技术参数

项　　目	参　　数
覆盖范围	F1 卫星覆盖欧洲、中东、非洲；F2 卫星覆盖北美洲、南美洲及大西洋地区；F3 卫星覆盖太平洋、亚洲、美国西部；F4 卫星覆盖欧洲
卫星平台	BSS-702HP
有效载荷功率	15 000 W
发射重量	6 100 kg
工作频段	Ka 频段。 用户链路：上行 29～30 GHz，下行 19.2～20.2 GHz 馈电链路：上行 27.5～29.5 GHz，下行 17.7～19.7 GHz
波束数量	89 个 Ka 固定点波束；6 个可移动波束
EIRP	51 dBW（多点波束）；54 dBW（可动波束）
G/T	9 dB/K（多点波束）；11 dB/K（可动波束）
天线配置	14 副天线
下行速率	50 Mbit/s
上行速率	5 Mbit/s
卫星轨位	F1 卫星 62.6°E；F2 卫星 55°W；F3 卫星 179.6°E
发射时间	F1 卫星 2013 年 12 月 8 日发射；F2 卫星 2015 年 2 月 1 日发射； F3 卫星 2015 年 8 月 28 日发射；F4 卫星 2017 年 5 月 15 日发射； F5 卫星 2019 年 5 月 15 日发射
卫星寿命	15 年

Inmarsat-5F 卫星配置 2 个发射天线和 4 个接收天线，形成 89 个固定用户波束，用户波束天线工作频段为 29～30 GHz 和 19.2～20.2 GHz。89 个固定用户波束使用 72 个通道，每个通道有效带宽为 32 MHz，其中 12 个波束可使用 1 个或 2 个通道，29 个波束最多可使用 1 个通道。卫星转发器配置 67 个可同时工作的主份行波管放大器，其中 61 个用于前向链路，6 个用于返向链路。另外，还配置 6 个超宽信道的可移动用户波束，应用 8 个转发器通道，通道带宽为 100 MHz，相应配置 12 个 130 W 大功率行放。

2. 地面系统

Inmarsat-5F 系统地面信关站和用户终端指标如表 7-3 所示。有别于 Inmarsat 4F 卫星采用的 BGAN(Broadband Global Area Network)服务,Inmarsat 5F 卫星采用了 Global Xpress 通信系统,采用 Ka 频段提供 50 MHz 下行速率和 5 Mbit/s 上行速率,终端尺寸小至 60 cm。其可提供陆地、海洋、空中移动目标的宽度通信服务,为政府部门、远洋油轮、航空部门、钻井平台、海事应用、军事应用等提供全球高速接入服务。

表 7-3　Inmarsat-5 地面系统主要参数

信关站	用户终端
• 上行 27.5～29.5 GHz,下行 17.7～19.7 GHz • G/T:6 dB/K • EIRP:38 dBW • 馈电天线:13.2 m • 安全:支持标准 256 位高级加密模式 • 抗雨衰技术:具备 10 dB 动态调整能力 • 支持 16APSK、8PSK、QPSK、BPSK 等调整方式动态选择 • 支持 IPV4、IPV6 和多播技术	• 中频 L 频段接口 • 前向链路:DVB-S2 • 返向链路:多信道 D-TDMA • 每个核心模块有唯一的身份识别 ID;支持 iDirect OpenAMIP 标准,可与自动跟踪天线集成 • AES-256 加密方式加密 • 40 cm 天线:EIRP 为 46.2 dBW,G/T 为 11.3 dB/K, • 上行 3 Mbit/s,下行 40 Mbit/s • 60 cm 天线:EIRP 为 49.5 dBW;G/T 为 15 dB/K,上行 5 Mbit/s,下行 50 Mbit/s

7.1.3　Echostar 卫星通信系统

Echostar 卫星系统是美国 Hughes 公司(休斯公司)运营的高通量卫星通信系统,由 Echostar-17(Jupiter)、Echostar-19(Jupiter-2)、Echostar-24(Jupiter-3)等卫星组成。

Echostar-17 卫星于 2012 年 7 月发射,采用 Space Systems Loral 公司的 LS-1300 卫星平台,发射质量超过 6 100 kg。卫星采用透明转发,利用 Ka 频段多波束技术,通信容量超过 100 Gbit/s,并应用国际上先进的高通量卫星服务标准 IPoS。

Echostar-19(Jupiter-2)于 2016 年 12 月发射,是对 Echostar-17 的升级,也采用 Space Systems Loral 公司的 LS-1300 卫星平台,配置 138 个用户波束和 22 个馈电波束,通信容量超过 180 Gbit/s,覆盖美国本土、阿拉斯加、墨西哥、部分加拿大及中美洲区域。

2017 年 8 月,Hughes 公司与 Space Systems Loral 公司签订合同推动 Jupiter-3 / Echostar-24 的建造,预计 2021 年发射,以应对 ViaSat-3 系统的竞争,Jupiter-3 可提供 100 Mbit/s 以上的速率,通信容量将达 500 Gbit/s。

1. 卫星系统

Echostar-17 卫星共有 60 个用户波束、17 个信关波束,信关波束与用户波束空间隔离,覆盖美国东部、西部沿海地区,为覆盖区的消费者和小型企业提供高速可靠的卫星互联网接入。Echostar-17 和 Echostar-19 卫星的构型如图 7-6 和图 7-7 所示,Echostar-17 卫星的主要技术参数如表 7-4 所示。

图 7-6　Echostar-17 (Jupiter-1)卫星构型图

图 7-7　Echostar-19(Jupiter-2)卫星构型图

表 7-4　Echostar-17 卫星主要技术参数

序号	项目	参数
1	制造商	Space Systems Lord
2	覆盖范围	美国东部地区,西部海岸
3	卫星平台	LS-1300
4	发射重量	6 100 kg
5	工作频段	• 馈电链路:Ka 频段,上行 27.5～28 GHz,29.5～30 GHz,下行 17.7～18.2 GHz, 19.7～20.2 GHz • 用户链路:Ka 频段,上行 27.5～28 GHz,29.5～30 GHz,下行 17.7～18.2 GHz, 19.7～20.2 GHz
6	天线配置	4 副电口径 2.6 m 收发共用 Ka 多波束天线
7	波束数量	• 用户波束:60 个点波束,极化复用(左右旋圆极化) • 馈电波束:17 个(有 2 个备份),极化复用(左右旋极化)
8	波束宽度	0.5°(300 km)
9	转发器配置	Ka-Ka 转发器
10	EIRP	• 馈电波束:61 dBW • 用户波束:63 dBW
11	卫星轨位	105°W
12	发射时间	2012 年 7 月 5 日
13	卫星寿命	15 年

Echostar-17 卫星的有效载荷设计充分继承了 Viasat-1 卫星设计理念,主要有以下特点。

(1)卫星馈电链路与用户链路采用相同的频率,整个系统频率四色复用。为实现频率和极化复用,将信关站全部设置在服务区以外,因此可实现卫星前返向链路频率相同。

(2)1 个信关站对应 4 个用户波束,卫星信关站与用户波束之间的对应关系灵活性很大。从信关站和从用户接收到的信号都会先变到中频,通过中频开关网络对馈电波束和用户波束进行路由交换。信关站与用户波束的对应关系由地面应用系统规划决定,由地面站控制开关切换。例如,信关站 1 可以对应用户波束 1-4,也可以对应用户波束 5-8,

只要频率对应,即可切换。

2. 地面系统

Echostar-17 和 Echostar-19 均采用 Hughes 公司的 Jupiter 卫星通信系统提供高通量宽带服务。Jupiter 系统有以下优点:遵循 DVB-S2 标准,采用高阶调制和宽带载波,可以获得更高的效率和容量;拥有优化的信关站架构,每个信关站可支持 1 Gbit/s 以上的容量,信关站具备自动切换功能,可脱离其他地面系统独立运行;采用高性能芯片,可支持高速用户终端,并可同时支持多种设备;有强大的附加功能,例如,高性价比的 VNO (虚拟网络运营商)可以共享点波束系统,先进的 QoS 可将通信服务划分为不同层级,OSS(操作支持系统)工具可实现大量终端的高效管理。

Jupiter 卫星通信系统中配置 Jupiter NMS(Network Managenment System),提供了基于网络的接口,供运营商管理信关站和终端。Jupiter 信关站采用基于语法的压缩算法,通过提高压缩比来提升容量;采用 TCP 哄骗、ACK reduction、PEP 等技术实现 TCP 加速;采用 DNS 缓存来消除 DNS 寻址导致的卫星传输时延;采用基于协议的智能带宽分配功能提升通信性能。

7.1.4　WGS 卫星通信系统

宽带全球卫星通信系统(WGS)卫星项目始于 21 世纪初,是美国新一代的军事宽带卫星通信系统,也是美军有史以来功率最大、传输能力最强的卫星通信系统。WGS 卫星系统采用先进高效的宽带高通量卫星通信技术,提供 X 和 Ka 两个频段的军事通信业务,支持广播、星型拓扑、网状拓扑和点对点等多种网络拓扑,单星通信容量可超 10 Gbit/s。卫星在轨展开构型如图 7-8 所示。

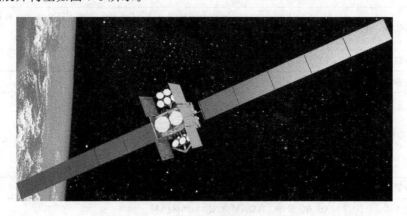

图 7-8　WGS 卫星在轨展开构型图

1. 卫星系统

美军宽带卫星通信系统以大宽带、高速率通信能力为核心,速率高达几十到几百 Mbit/s,重点保障指挥所、大型武器平台、通信枢纽等用户的高速、组网通信需求。其建设经历了国防卫星通信系统(DSCS)、军事广播卫星系统(GBS)和宽带全球卫星通信系统(WGS)。美军宽带系统发展了三代共 57 颗卫星,目前在轨 16 颗。WGS 系统包括 12 颗卫星,2007 年开始部署,目前在轨 10 颗,采用 X 和 Ka 频段,支持数字透明转发。12 颗卫星能力渐进提升,最新的 WGS-10 卫星容量达 11 Gbit/s,传输速率达 274 Mbit/s。

WGS 卫星基于 BSS-702 HP 商业卫星平台研制,功率 13kW,采用 X 和 Ka 频段。WGS 系统作为美军常规作战中高速、实时数据通信的主力,在波束覆盖、频率规划和信道路由上具备较强的灵活性,可以极大满足美国及其盟国的各类作战平台、陆海空部队及其指挥员战时对信息交换的动态需求。

WGS 卫星采用点波束、相控阵和宽带柔性转发技术,同时不断地进行技术升级,WGS(Block2)在 WGS(Block1)基础上,增加了两路射频旁路能力,专门支持机载平台数据回传,传输速率可达 274 Mbit/s;自 WGS-8 卫星起,卫星采用更先进的宽带柔性转发处理器和高阶调制技术,进一步提高传输容量,WGS-9 卫星通信容量最高可达 11 Gbit/s。WGS 卫星的主要参数如表 7-5 所示。

表 7-5　WGS 卫星的主要参数

性能指标	性能参数
卫星平台	BSS-702 卫星平台
星地通信频率	X 频段:上行 7.9~8.4 GHz;下行 7.25~7.75 GHz Ka 频段:上行 30~31 GHz;下行 20.2~21.2 GHz
星地通信速率	274 Mbit/s
发射重量	5 443 kg
卫星功率	13 kW
天线配置	14 副天线:2 副 X 频段相控阵(收/发各 1 副);2 副 X 频段对地全球覆盖喇叭天线;10 副 Ka 频段机械可转动天线(收发共用)
波束数量	19 个独立波束:8 个 X 频段相控阵波束;1 个 X 频段对地全球波束;10 个 Ka 点波束(8 个窄波束,2 个宽波束),其中 3 个波束可切换极化方向
单星通道数量	39 个 125 MHz 信道
单星容量	3.6~11 Gbit/s
等效辐射功率 EIRP	Ka 频段 1.5°窄波束(NCA)55.2~58.1 dBW Ka 频段 4.5°宽波束(ACA)42.6 dBW X 频段相控阵波束(SBX)50.7~60.2 dBW X 频段全球波束 34.3 dBW
信号类型	FDMA
调制方式	QPSK、8PSK、16QAM、32QAM、64QAM
卫星寿命	14 年

WGS 卫星分为 9 个 X 频段波束和 10 个 Ka 频段波束。其中,8 个 X 频段波束由可控制的发射和接收相控阵天线形成,它们提供覆盖区域的形成及调整能力;第 9 个 X 频段波束提供全球覆盖(通过 1 个喇叭天线实现)。10 个可移的 Ka 频段波束由机械可转到天线形成,其中包括 3 个可变极化的波束。

（1）灵活的信道交换

WGS 卫星有效载荷结构如图 7-9 所示，WGS 卫星采用数字转发器（DTP）技术，上行信号经过 X 频段和 Ka 频段天线接收后下变频到中频信号，之后输入到数字信道化器。WGS 的数字信道化器首先对中频输入信号进行模数转换；然后模数变换器的输出将在数字域内进行信道化处理，形成可独立路由交换或以组群形式（具体取决于信道化器配置）进行路由交换，1 872 条子信道，子信道带宽为 2.6 MHz。X 频段接收的 2.6 MHz 带宽的信号能交换到 Ka 频段下行发射，反之亦然。信道化器在输出前还要将数字信号经数模转换变换成中频模拟信号，送给中频/射频上变频器。在数字信道化器的设计中，子信道之间的数字交换由地面指令控制，交换矩阵的状态在一段时期内保持不变。

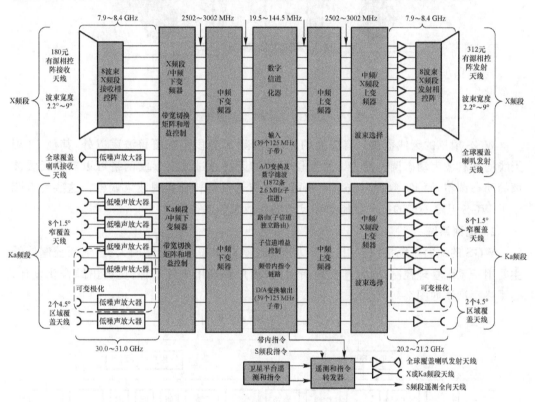

图 7-9　WGS 卫星有效载荷框图

WGS 系统采用的数字信道化器属于电路交换，即面向连接的透明转发。通过信号信道化处理，任何覆盖区的上行信号都可交换到任意其他覆盖区，甚至可以向所有覆盖区广播，瞬时处理带宽高达 4.785 GHz，具有较高的功率效率和网络结构灵活性。此外，卫星的频率计划也并不是固定不变的，Ka 频段载荷和 X 频段载荷均可以 125 MHz 子带为基本单位，为不同带宽需求的覆盖区域分配带宽资源，从而实现频率的高效、灵活应用。

（2）灵活的波束覆盖

WGS 卫星装有 14 副通信天线：在卫星对地面安装有 2 副大型 X 频段接收和发射相控阵天线，在两个角上分别安装有 X 频段全球覆盖的接收和发射喇叭天线；卫星采用可展开桁架结构来扩展天线的安装面，在桁架上安装有 10 副 Ka 频段指向机械可控的点波束天线,其中 8 副为窄覆盖天线,2 副为宽覆盖天线,如图 7-10 所示。

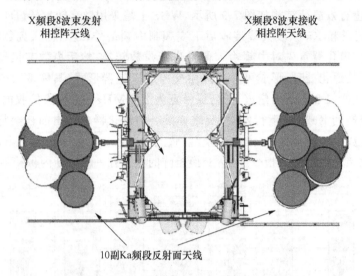

图 7-10　WGS Block I 卫星的天线配置

　　WGS 卫星的天线覆盖具有高度的灵活性,除 X 频段全球覆盖波束以外,其他 12 副天线均具有波束动态调整能力。X 频段相控阵天线通过波束形成网络可以实现天线波束的动态调整,而 Ka 频段点波束天线可通过双轴机构转动实现波束调整。这些特点赋予了 WGS 卫星一定的抗干扰能力和灵活的作战服务支持能力。

2. 地面系统

　　WGS 的地面系统按照应用,可分为地面控制终端和用户终端两大类,地面控制终端主要用于系统管理控制,同时具备通信功能;用户终端用于各军种,更突出综合化设计,美军终端型谱如图 7-11 所示。

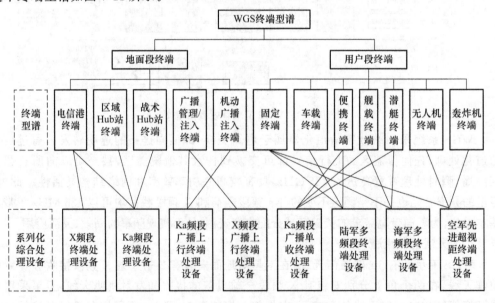

图 7-11　美军 WGS 终端型谱图

美军宽带卫星终端采用综合化、系列化发展模式,按照模块化设计,可分为天线和射频、综合处理设备两大部分,其中天线和射频部分与装载形式紧密结合,一般支持 2.4 m、1.8 m、1.2 m、0.5 m、0.45 m 等多种口径,适应固定、车载、便携、舰载、机载等不同平台要求;综合处理设备作为卫星终端的核心部分,综合性能高,可支持 TDMA、LDR、MDR 等多种体制,适用于 WGS、GBS、Milstar、AEHF 等多星、多系统。美军卫星终端一般由各军种负责研制,多根据自身需求开展多频段、综合型应用终端,如陆军 WIN-T 多频段终端、海军 NMT 多频段终端、空军 FAB-T 先进超视距终端等。

WGS 卫星系统的主要控制机构为陆军宽带卫星运行中心和空军卫星运行中心。陆军负责通信网络控制,其主要依靠分布在世界各地的商用软件及硬件设施,如 Raytheon 公司的 EclipseTM 遥测与指令系统。卫星运行控制则由空军负责,其主要使用军用通信卫星一体化指挥与控制系统 CCS-C,其将取代目前所使用的空军卫星控制网络。WGS 卫星由科罗拉多州施里弗(Schriever)空军基地第三太空作战中队控制,卫星载荷由科罗拉多州彼德逊(Peterson)空军基地陆军第 53 信号营控制。WGS 卫星的其他地面站设施包括:位于马里兰州米德堡(Fort Meade)和德特里克堡(Fort Detrick)的宽带卫星控制中心;加利福尼亚罗伯茨兵营(Camp Roberts)宽带卫星控制中心;夏威夷州瓦希阿瓦(Wahiawa)宽带卫星控制中心;驻日美军冲绳基地 Bunkner 宽带卫星控制中心;德国兰德斯图(Landstuhl)的美军国防网络中心;澳大利亚东/西部卫星地面站(SGS-E/W);连接兰德斯图、澳大利亚及夏威夷的陆地光缆。

7.2　NGSO 高通量星座系统

7.2.1　Starlink 低轨星座通信系统

美国太空探索技术公司(SpaceX)于 2015 年提出建设低轨宽带互联网星座的计划,旨在利用大规模低轨卫星提供全球高速宽带接入服务。2016 年 11 月,SpaceX 公司正式向 FCC 提交在美国运营低轨互联网通信系统的申请,文件显示该系统名为"SpaceX 非静止轨道卫星系统"(SpaceX NGSO Satellite System),共包括 4 425 颗卫星。2017 年 3 月,SpaceX 公司再次向 FCC 提交 V 频段低轨星座运营申请,并命名为"SpaceX V 频段非静止轨道卫星系统",该星座将由 7 518 颗卫星构成。由此,SpaceX 星座将包含约 12 000 颗卫星。2017 年 8 月,SpaceX 公司向美国专利局提交商标注册申请,将其两大星座计划正式统一命名为"Starlink",星座的主要应用包括卫星通信和传输服务、高速无线宽带服务以及卫星成像和遥感服务等。

SpaceX 正在以每天 6 颗的速度制造卫星,并以每月约 2 批的速度部署 Starlink 星座。截至 2021 年 3 月,SpaceX 公司已通过 24 次组网发射任务,将 1 383 颗卫星送入轨道,目前在轨卫星 1 319 颗。目前,SpaceX 已经完成了对个人 Beta 版测试的第一阶段工作,Starlink 的测试网速为 50～150 Mbit/s,其目标是达到 1 Gbit/s,时延在 20 ms 至

100 ms,也就是说 Starlink 可以提供与光纤相当的接入速率,由此提升了运营方的信心,促使 Starlink 加速了终端在本土的部署计划。

1. 卫星系统

(1) 星座概况

Starlink 星座系统包含约 12 000 颗卫星,分 2 期建设完成,其中第 1 期包含 4 425 颗卫星,第 2 期包含 7 518 颗卫星。为进一步优化 Starlink 星座方案,SpaceX 公司连续向 FCC 提交星座修改计划,根据其 2020 年 4 月 18 日向 FCC 提交的新一轮星座修改申请材料,第 1 期星座的轨道高度调低至 550km,轨道面设置、轨道高度、卫星倾角也随之做出调整,如表 7-6 所示。其计划通过降低星座轨道高度来降低网络延迟,并增加极地轨道卫星数量,为阿拉斯加等极地区域提供更好服务。

表 7-6　Starlink 星座最新修改情况

Starlink 已获授权星座轨道配置方案					
轨道面数量	72	32	8	5	6
单轨道面卫星数量	22	50	50	75	75
轨道高度/km	550	1 110	1 130	1 275	1 325
倾角/(°)	53	53.8	74	81	70
Starlink 计划修改的星座轨道配置方案(2020 年 4 月 18 日提交)					
轨道面数量	72	72	36	6	4
单轨道面卫星数量	22	22	20	58	43
轨道高度/km	550	540	570	560	560
倾角/(°)	53	53.2	70	97.6	97.6

SpaceX 公司宣称第 1 期星座部署完成后,美国大陆最多可见卫星数量约 340 颗。从容量看,卫星用户链路下行总可用带宽约 2 GHz,工作频率规划情况如表 7-7 所示,单星通信容量可达 17~23 Gbit/s。如果按照平均 20 Gbit/s 计算,首批 1 600 颗卫星的总通信容量可达 32 Tbit/s,整个星座的通信容量将达 100 Tbit/s。为确保用户接入能力、实现通信容量目标,SpaceX 将在地面互联网接入节点附近建设信关站,在星座第一阶段部署完成后,仅美国大陆预计将部署约 200 个信关站,后期将进一步根据用户需求扩充信关站数量。

表 7-7　Starlink 第 1 期星座工作频率情况

工作链路	频率范围
用户下行	10.7~12.7 GHz
馈电下行	17.8~18.6 GHz;18.8~19.3 GHz
用户上行	14.0~14.5 GHz
馈电上行	27.5~29.1 GHz;29.5~30.0 GHz
测控下行	12.15~12.25 GHz;18.55~18.60 GHz
测控上行	13.85~14.00 GHz

SpaceX 公司提出的第 2 期星座包括 7 518 颗卫星,采用 V 频段载荷,星座设计如表 7-8 所示。卫星同样具备星间链路、相控阵天线等先进载荷,用户链路和馈电链路工作于相同的频段,用户链路的上下行可用带宽分别达 3 GHz、5 GHz,具体工作频段如表 7-9 所示。

表 7-8　Starlink 第 2 期星座轨道设计

轨道高度	345.6 km	340.8 km	335.9 km
轨道倾角	53°	48°	42°
卫星数量	2 547	2 478	2 493

表 7-9　Starlink 第 2 期星座工作频率情况

工作链路	频率范围
用户下行、馈电下行	37.5～42.5 GHz
用户上行	47.2～50.2 GHz
馈电上行	50.4～52.4 GHz
测控下行	37.5～37.75 GHz
测控上行	47.2～47.45 GHz

（2）卫星概况

Starlink 卫星为实现一箭多星发射,将卫星设计成扁平构型,采用霍尔电推进系统,选用低成本的氪气作为推进剂,单颗卫星起飞重量 227 kg。卫星构型如图 7-12 所示。

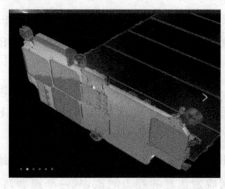

图 7-12　Starlink 第 1 期卫星示意图

为提升卫星部署效率,Starlink 卫星利用 SpaceX 公司的猎鹰 9-1.2 型火箭,采用一箭 60 星发射方式进行发射,如图 7-13 所示。

卫星采用 Ku 频段和 Ka 频段有效载荷,Starlink 卫星配备数字信号处理载荷和 4 副高通量相控阵天线,每颗卫星可覆盖半径为 1 060 km。Starlink 卫星采用激光星间链路实现空间组网,配合星上处理与相控阵波束赋形技术,可在用户层面更加灵活地调度和分配频谱资源,同时在星座层面灵活规划通信数据流,达到网络优化管理及服务连续性的目标。2021 年 1 月,美国联邦通信委员会(FCC)正式发文批准了 SpaceX 公司将 10 颗 Starlink 卫星送入极地轨道的申请,该组卫星配备了激光星间链路载荷,从而避免在两极地区布设地面站。后续的 Starlink 卫星将携带 Ka 频段和 V 频段有效载荷。

图 7-13　Starlink 一箭 60 星发射构型图

2. 地面系统

SpaceX 已向 FCC 申请增加其在美国部署 500 万个用户终端,用于 Starlink 卫星宽带通信。2020 年 9 月,SpaceX 向 FCC 反馈正在以每月数千台的速度生产用户终端,即将进入高速生产模式。Starlink 用户终端由瑞士高级电子设备生产巨头意法半导体公司(ST Microelectronics,STM)研制,该终端配有多个 STM 部件,包括处理器、GPS 接收器、射频组件等。

2018 年,SpaceX 与美国空军签署协议,在军用飞机上进行 Starlink 通信测试,用以评估 Starlink 卫星网络的性能。测试结果显示,Starlink 宽带网络可提供 610 Mbit/s 的高速互联网通道,传输速率高于空军飞机的要求。

SpaceX 公司向美国联邦通信委员会(FCC)申请开展 5 个地面站点(地-星-地)之间以及 4 个地面站与 1 架飞机(地-星-空)之间收发信息的能力测试,从一个地面站点或高速飞行的飞机向 Starlink 卫星发送信号,以评估高速运动终端的宽带互联性能;同时,SpaceX 公司还开展内部试用评测,用以测试 Starlink 系统的传输速率。

7.2.2　Oneweb 低轨星座通信系统

Oneweb 星座是由 Google 公司和 O3B 星座创始人 Greg Wyler 发起的大型高通量通信星座计划。2015 年 6 月,Oneweb 星座项目正式启动。

Oneweb 的目标市场包括：可靠的全球通信，航空低时延宽带通信，汽车蜂窝网络服务，直接到家庭、学校和医院互联网服务，偏远农村地区覆盖，核心网搭建等。Oneweb 表示将率先突破 B2B(Business to Business)卫星通信业务，率先对发达国家地面网络未覆盖的中、小型企业开展 B2B 卫星互联网接入服务，然后再全面展开对不发达国家边远地区的卫星接入服务。为此，Oneweb 借助合作伙伴来获得各国的落地运营许可，为将来开展更大规模、更全面的业务打好基础，同时有助于加快 FCC 的许可批准。

截至 2021 年 9 月，共发射 10 批，累计发射 322 颗卫星。

1. 卫星系统

(1) 星座概况

Oneweb 星座初期包含 720 颗卫星，分布在 18 个轨道面，轨道高度 1 200 km，每个轨道面均布 40 颗卫星，实现全球覆盖，每个轨道面上每隔 9°部署一颗卫星。单星通信容量约为 7.5 Gbit/s，可提供 50 Mbit/s 的宽带接入服务，按照 1:50 的带宽复用率计算，整个星座可支持约 400 万个卫星宽带一体化用户终端。对 5 颗 Oneweb 卫星的覆盖仿真结果表明 16 个波束中有 12 个波束与其他卫星的覆盖重叠，由此可保证卫星在进行渐进俯仰时，仍可以提供持续的服务。2021 年，Oneweb 公司表示，星座卫星总数将达到约 7 000 颗。

2020 年 8 月 27 日，美国联邦通信委员会批准了 Oneweb 公司提交的 1 280 颗中轨道卫星运行申请。Oneweb 此次获批的卫星将运行于 8 500 km 的中地球轨道，工作于 Q/V 频段(37.5~43.5 GHz、47.2~50.2 GHz 和 50.4~51.4 GHz)。根据 FCC 发布的文件，Oneweb 于 2017 年 6 月获批的 720 颗低轨宽带卫星也可以使用该频率。至此，Oneweb 有望打造一个中低轨卫星混合组网的星座，使用 Ku、Ka 和 V 频段在美提供宽带服务。

(2) 卫星概况

Oneweb 低轨卫星载荷工作于 Ku 频段，每颗卫星配备 2 副 Ku 频段用户天线，形成 16 个长椭圆波束，共覆盖星下 1 080 km×1 080 km 的范围，如图 7-14 所示。单个波束下行速率可达 750 Mbit/s，上行速率可达 375 Mbit/s。Oneweb 卫星不设置星间链路，通过信关站组网通信。每颗卫星携带 2 个 Ka 频段圆极化双反射面天线，同时与 2 个信关站进行通信。卫星采用氙离子电推力器进行变轨，单星质量 147.5kg。

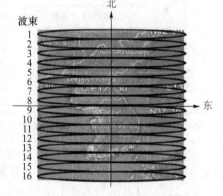

图 7-14　Oneweb 卫星 Ku 波束覆盖图

卫星采用一箭 36 星或 34 星的方式发射，计划每 21 天发射一次。卫星先发射到 450 km 的圆轨道，再通过自身装载的电推力器通过几个月时间变轨到工作轨道。卫星构型如图 7-15 所示，卫星主要技术参数如表 7-10 所示。

图 7-15　Oneweb 卫星在轨展开示意图

表 7-10　Oneweb 卫星主要参数

序号	参数名称		数值
1	轨道参数	类型	LEO，1 200 km
		倾角	87.9°
		轨道面数	18 个轨面
2		每个轨道面卫星数目	每个轨道面上 40 颗卫星
3		卫星个数	720 颗在轨，200 颗地面备份
4		卫星重量	147.5 kg
5	工作频率	信关站到卫星	27.5～29.1 GHz，29.5～30.0 GHz
		卫星到信关站	17.8～18.6 GHz，18.8～19.3 GHz，19.7～20.2 GHz（注）
		用户终端到卫星	12.75～13.25 GHz（注），14.0～14.5 GHz
		卫星到用户终端	10.7～12.7 GHz
6		接入速率	上行 50 Mbit/s，下行 200 Mbit/s
7		用户波束	每颗 LEO 卫星有 16 个椭圆用户波束
8		馈电波束	2 个馈电波束（工作在 Ka 频段），双圆极化
9		发射 EIRP（卫星用户链路）	29.9 dBW（54 MHz 带宽）

注：12.75～13.25 GHz 的用户波束上行链路、19.7～20.2 GHz 的馈电波束下行链路仅在美国境外使用。

　　Oneweb 卫星采用渐进俯仰（Progressive Pitch）技术改变 LEO 卫星信号发射的方向和电平值，从而尽量降低对 GEO 卫星的干扰。

　　Oneweb 卫星由 Oneweb 公司与欧洲 EADS 公司（空客防务及航天公司）联合成立的 Oneweb 星公司负责设计和制造，加拿大 MDA 公司负责卫星载荷的研制。

　　2. 地面系统

　　Oneweb 初步规划的信关站为 55 到 75 个，每个信关站配置 10 副以上的天线，天线口径超过 2.4 m。Oneweb 的通信终端包括机载、车载、固定安装等多种形式，终端具有小型化、一体化、低成本等特点。终端天线采用机械式双抛物面天线或低成本平板相控阵天线，尺寸为 30～75 cm。卫星波束及卫星的切换均采用无缝方式，使用户不会有感知。

美国 Hughes 公司承担 Oneweb 星座地面通信系统的研发、设计和生产,美国 Qualcomm(高通)公司将承担用户终端关键芯片的研发和生产。

7.2.3 O3B 中轨星座通信系统

O3B 星座通信系统是目前唯一成功投入商业运营的中轨道宽带卫星通信系统,由 O3B 网络公司建设和运营。O3B 网络公司由 Greg Wyler 于 2007 年创建,致力于面向全球通信欠发达地区的"其他 30 亿人"(Other 3 Billion,O3B)提供高速通信服务,其主要用户为互联网服务提供商、电信服务提供商、大型企业和政府机构,而非个人用户。O3B 公司目前由 SES 公司控股。

2014 年 9 月,O3B 系统正式在太平洋、非洲、中东和亚洲地区提供商业服务,提供如下五大方向的服务。

(1) O3B Trunck:为地面电信运营商提供干线传输服务。

(2) O3B Cell:为地面无线网络运营商提供蜂窝网数据回传服务。

(3) O3B Energy:面向石油和天然气企业提供离岸平台的通信服务。

(4) O3B Maritime:面向传统海事市场用户提供宽带连接。

(5) O3B Government:面向美国国防部、国防信息系统局及美国的盟国政府机构和非政府机构提供宽带服务。

1. 卫星系统

(1)星座概况

O3B 星座均运行在相同的轨道面上,即轨道高度为 7 830 km、轨道倾角为 0.04°的 MEO 轨道,主要覆盖地面南北纬 45°之间的区域。整个星座并未对卫星数量进行限制,可以按需增加卫星数量,实现在轨容量扩展。

O3B 系统的初始星座包括 12 颗卫星(9 颗主用、3 颗备用),卫星工作在 8 062 km 高度的赤道轨道上,轨道倾角小于 0.1°,每颗卫星质量 700 kg,设计寿命 10 年。12 颗卫星分别于 2013 年 6 月 25 日、2014 年 7 月 10 日和 12 月 18 日分 3 批发射,每批发射 4 颗卫星。2015 年,O3B 系统再次采购 8 颗卫星,将星座从 12 颗扩展至 20 颗,第 4 批、第 5 批卫星分别于 2018 年 3 月、2019 年 4 月发射。O3B 初始星座主要覆盖南、北纬 45°范围以内区域,单星容量为 1.6 Gbit/s。

2017 年 11 月,O3B 公司申请计划增加 30 颗 MEO 卫星,其中 8 颗属于第一代卫星,剩余的 22 颗卫星为第二代 MEO 卫星。新增的 8 颗一代 MEO 卫星分别于 2018 年 3 月、2019 年 4 月发射。

第二代 O3B 通信卫星系统由 22 颗卫星组成,实现全球覆盖。其中,12 颗卫星运行在轨道高度 8 062 km、轨道倾角为 0°的赤道圆形轨道上;另 10 颗卫星运行在轨道高度为 8 062 km、轨道角度为 70°的两个圆形轨道上。第二代星座具有规模可变能力,初期将由 7 颗高通量卫星组网,总容量达数 Tbit/s。第二代 O3B 系统将与美国军事卫星通信系统间开展互操作性合作,同时面向政府用户打造一个多轨道、多频率、高通量、灵活而开放的网络架构。

（2）卫星概况

O3B 卫星由 Thales Alenia 公司研制，采用专用卫星平台 ELiTev（寿命延长平台），单星发射质量约 700 kg，功率 1 575 W，设计寿命约 10 年。ELiTev 平台是 Thales Alenia 公司面向中低轨小型卫星星座推出的主打平台，已用于全球星第二代、铱星下一代等卫星星座。电源分系统采用三结砷化镓太阳能电池和 100 Ah 锂离子蓄电池；结构机构分系统采用铝管作为承力结构、铝蜂窝板作为面板；推进分系统采用无水肼作为推进剂，贮箱容量 154 kg，配备 8 个 1N 推力器。有效载荷采用弯管式透明转发体制，装载 12 个 65 W 行波管放大器，带宽 216 MHz，对地面配备 12 副可控天线，指向范围为 ±26°，每个天线形成一个点波束，共计 12 个点波束。其中 10 个波束为用户波束，另 2 个波束为信关站馈电波束。卫星采用一箭四星方式发射。O3B 卫星构型如图 7-16 所示。

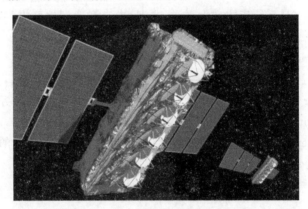

图 7-16　O3B 卫星构型图

第二代 O3B 卫星由 Boeing 公司研制，采用更先进的全电推进软件定义卫星平台 702X，卫星发射重量约 1 200 kg。卫星采用 Ka 和 V 频段，提供高通量通信能力，支持海上、航空等移动回传、IP 干线和混合 IP 通信。每颗卫星具有 4 000 多个波束的形成、调整、路由和切换能力，具有灵活的波束形成能力，以适应不同区域的宽带需求。

O3B 星座系统为实现更大的系统容量，主要采用了 Ka 频率，且每一段频率都进行了频率复用。其频率计划如图 7-17 所示，上行链路频率为 27.6～28.4 GHz、28.6～29.1 GHz、29.5～30 GHz，下行链路频率为 17.8～18.6 GHz、18.8～19.3 GHz、19.7～20.2 GHz，通信与测控采用同一频段。

2. 地面系统

O3B 星座未设计星间链路，其通过在全球多点布设地面站的方式实现星座管控。目前，O3B 系统已经在全球 9 个地点布署了地面信关站，分别是夏威夷、美国西南部、秘鲁、巴西、葡萄牙、希腊、中东、澳大利亚西部、澳大利亚东南部。O3B 系统的测控站与部分信关站合二为一，如美国本土、澳大利亚、希腊、秘鲁等地的测控站。

O3B 卫星定位于骨干节点之间的高速传输，服务的用户相对有限。作为高通量通信卫星星座，其终端为典型的、成熟的 VSAT 终端，可以安装在舰船和固定建筑物上。O3B 公司积极推广海事卫星通信服务，系统测试单艘游轮的最高通信速率达 500 Mbit/s，时

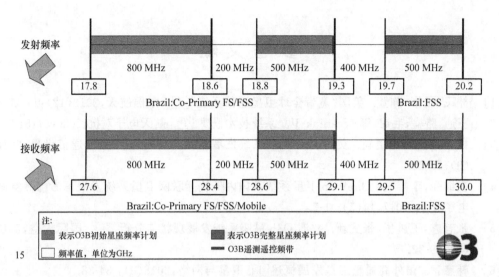

图 7-17 O3B 卫星使用的频率资源

延仅为 140 ms 左右,实现了其所宣称的"光纤的速度、卫星的覆盖"。图 7-18 给出了 O3B 卫星舰载通信终端组成示意图,其采用先进的自稳定跟踪天线、高速模型等技术,为游轮和超级游艇提供高速通信服务;在船舶正常的航行路线内,O3B 卫星自动保持跟踪,并保证船舶位于波束中心,平均每隔两小时,船舶向 O3B 卫星报告其精度和纬度的更新数据;如果船舶临时改变航线,跟踪的波束也适时进行改变。针对海事通信,O3B 系统有 1.2 m 和 2.2 m 两种口径 VSAT 终端,可实现前向 350 Mbit/s、返向 150 Mbit/s 的标称速率。

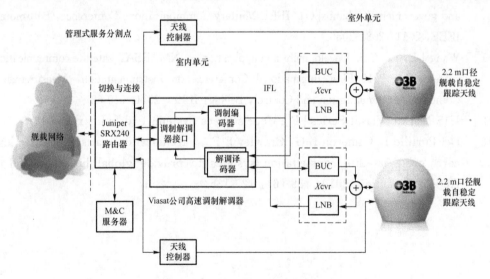

图 7-18 O3B 舰载通信终端组成示意图

参 考 文 献

［1］ 林飞,祝彬,陈萱. 美国"宽带全球卫星通信系统"［J］. 中国航天,2013(12):14-17.

［2］ 王迪,骆盛,毛锦,等. Starlink 卫星系统技术概要［J］. 航天电子对抗,2020(5):51-56.

［3］ 林莉,左鹏,张更新. 美国 OneWeb 系统发展现状与分析［J］. 数字通信世界,2018(9):22-23.

［4］ 翟继强,李雄飞. OneWeb 卫星系统及国内低轨互联网卫星系统发展思考［J］. 空间电子技术,2017,14(5)：1-7.

［5］ 张有志,王震华,张更新. 欧洲 O3b 星座系统发展现状与分析 ［J］. 国际太空,2017(3):29-32.

［6］ 韩慧鹏. 国外高通量卫星发展概述［J］. 卫星与网络,2018(8)：34-38.

［7］ 方芳,吴明阁. 全球低轨卫星星座发展研究［J］. 飞航导弹,2020(5)：88-92.

［8］ 刘全,葛新,李健十. 美国 NGSO 宽带通信星座系统管理政策研究［J］. 卫星与网络,2020(04)：60-67.

［9］ Kumar R, Taggart D, Monzingo R, et al. Wideband gapfiller satellite (WGS) system［C］. Proceedings of the 2005 IEEE Aerospace Conference, Montana：2005：1410-1417.

［10］ Mclain C, Hall W. Relative Performance of mobile network in the Ku, commercial Ka and government Ka bands［C］. IEEE Military Communications Conference, Baltimore：IEEE, 2011：2081-2086.

［11］ Wang J L, Liu C S. Development and application of INMARSAT satellite communication system［C］. 2011 First International Conference on Instrumentation, Measurement, Computer, Communication and Control, Beijing：IEEE, 2011：619-621.

［12］ HIS Markit. Viasat Series ［R］. Jane's Space Systems and Industry, 2019.

［13］ Del Portillo I, Cameron B G, Crawley E F. A technical comparison of three low earth orbit satellite constellation systems to provide global broadband ［J］. ActaAstronautica, 2019, 159 (6)：123-135.